纺织服装高等教育"十二五"部委级规划教材

FASHION DESIGN APPRECIATION

时装设计鉴赏

陈彬 编著

U0394231

东华大学出版社·上海

内容简介

本书以世界四大时装周巴黎、米兰、伦敦、纽约发布的品牌为主线，共分为四章，所列品牌均具有影响力和创造力。书中有针对性地选择能代表其风格特点的设计作品作为对象进行剖析，力图较完整和系统地介绍该品牌核心理念、设计思路、风格内涵、具体创作手段等。同时每个品牌还附带有品牌历史回顾和主设计师的设计生涯介绍，使读者能全面立体了解该品牌的总体特征。

本书资讯丰富翔实，作品分析透彻，具有观点新颖、图文并茂、贴近潮流等特点，既有一定的理论高度，又通俗易懂。可作为我国高等院校服装设计专业本科和研究生教学用书，对从事时装设计、配饰设计、时装专业相关业者和已具备时装设计基本知识的时装艺术爱好者也是一本有益的参考读物。

图书在版编目（CIP）数据

时装设计鉴赏/陈彬编著.—上海：东华大学
出版社，2015.1
ISBN 978-7-5669-0660-1
Ⅰ.①服… Ⅱ.①陈… Ⅲ.①服饰美学文化－研究 ②服装
设计－鉴赏 Ⅳ.①TS941.12 ②TS941.2
中国版本图书馆CIP数据核字（2014）第265288号

责任编辑：杜亚玲
封面设计：潘志远

时装设计鉴赏
SHIZHUANG SHEJI JIANSHANG

编著/陈彬

出版 / 东华大学出版社
    上海市延安西路1882号
    邮政编码：200051
出版社网址 / http://www.dhupress.net
天猫旗舰店 / http://dhdx.tmall.com
印刷 / 深圳市彩之欣印刷有限公司
开本 / 889mm×1194mm 1/16
印张 / 15.5   字数 / 546千字
版次 / 2015年1月第1版
印次 / 2015年1月第1次印刷
书号 / ISBN 978-7-5669-0660-1/TS · 558
定价 / 68.00元

目录 | CONTENTS

第一章
巴黎时装品牌
及作品分析

本章介绍巴黎的时装品牌，内容大体包括品牌的成长历程、具体设计风格、针对设计作品的具体分析（设计思路、设计手法、设计特点等）。文中品牌的具体排序以品牌的起始字母作依据。

第一节　巴黎时装品牌概述

一、关于巴黎

时尚代表着一种生活形式，是时髦的、流行的，抑或是一种习惯……时尚到底是什么？谁能够最好地诠释时尚？那就是巴黎！

巴黎是世人公认的"时装圣地"，它的高级订制女装（Haute Couture）在世界上独一无二，其设计、结构、工艺、面料和装饰附件代表着时装设计和制作的最高境界。巴黎是一个优雅与时尚相结合的浪漫都市，是引领时尚潮流的地方，爱美的人们可以在巴黎时装发布会上触摸到时尚的最前沿。巴黎洋溢着浓郁的时尚气息，时装作为一门艺术向来与绘画、音乐相提并论，巴黎人因其上乘的穿着品位而享誉世界。

巴黎是流行之源，世界四大时装周之一的"巴黎高级成衣时装周"始自1910年，每年3月和10月举行。此外，纱线博览会、面料展览会、内衣展、时装及便装展、服装及纺织品定牌贸易展、布料展等具有规模大、专业性强、国际化程度高、服务质量好等特点，支撑着巴黎的"世界时装之都"地

位。巴黎拥有一流的时装设计与教育院校，巴黎时装学院、法国高级时装公会学校、法国ESMOD学院等都是设计名校。

在每年巴黎的时装T台上，我们可以观摩到世界上不同的文化风情，充满俄国情调的华丽皮草、吉卜赛的复古嬉皮、日本的折纸文化……它就像一个时尚黑洞，吸引了世界上可为之所用的社会文化等因素，设计师用最新的时尚理念诠释着时装设计的新观点、新方向。所以，巴黎的时装永远充满着源源不断的艺术创意，包罗万象又独具风格，爆发出惊人的力量，驰骋在四面八方。

巴黎是一个设计师的"摇篮"，它博大的胸怀融汇了各国、各民族、各种文化和艺术所长，在这里诞生了许多令世界沸腾和经久不衰的时装服饰，也因为无数杰出的设计师们的奋斗才开创了它前所未有的辉煌。巴黎云集了来自世界各地的优秀设计师，他们为有朝一日崭露头角的希望而奔波。除了法国外，有来自欧洲本土其他国家或地区的设计新锐，如来自比利时、荷兰、瑞典、意大利、克罗地亚等的设计新锐，他们因其前卫意识和独特理念在众多不同的品牌中担当了主设计师；有来自遥远的东方日本的山本耀司、川久保玲等，他们给传统的时装王国带来了新鲜空

气，如今在时装之都的巴黎构筑了一道独特的风景线；有来自"时装小国"，如摩洛哥、新加坡、黎巴嫩、印度等地的设计师，他们带来的冲击波不可小觑；如今在巴黎也出现了中国设计师的身影，2007年马可和谢峰在"时装之都"亮相，2012年春夏来自中国的刘凌和孙大卫作为设计总监出现在法国老牌时装屋Cacharel秀场上，可以预见不远的将来，还有更多中国的年轻设计师将登上巴黎时装舞台。

二、巴黎时装品牌的风格

1. 巴黎的经典品牌

巴黎与其他时尚之都最大的区别在于巴黎拥有"呼风唤雨"的设计大师以及令人渴望而不可及的奢侈大牌，大师们赋予时装以美轮美奂的设计，细腻精致的手工以及缤纷夺目的色彩……经典老牌CHANEL（夏奈尔）、Balenciga（巴伦夏加）、Givenchy（纪梵希）和Louis Vuitton（路易·威登，简称LV）都享有简洁典雅的美誉。

由Karl Lagerfeld（卡尔·拉格菲尔德）担纲设计的CHANEL简洁却凸显华丽，廓线流畅，他手下的女性年轻娴美；从1997年起就由Nicolas Ghesquiere（尼古拉斯·盖斯基埃）操刀的

Balenciga精于缝制，典雅与孤傲同在；Christian Lacroix（克里斯汀·拉克鲁瓦）高贵豪华，璀璨夺目；Givenchy更是高手如云，Alexander McQueen（亚历山大·麦克奎因）、Julien Macdonald（朱利安·麦克唐纳德）以及现在的意大利籍设计师Riccardo Tisci（里卡多·提西），他们都将Givenchy高雅而低调奢华的传统精神发挥到极致；Jean Paul Gaultier（让·保罗·戈尔捷）曾担任总设计的Hermés（爱马仕）精致典雅，超凡卓越；在巴黎时尚界有变色龙之称的Chloé（克洛伊）有容乃大，大胆起用了不同设计风格的设计师，有风格浪漫的时装大师Karl Lagerfeld，也有活泼性感的Stella McCartney（斯特拉·麦卡托尼），亦有充满怀旧情怀的Phoebe Philo（菲比·菲洛），他们以各式不同风格、特色的成功设计演绎Chloé服装。

2. 巴黎的前卫品牌

在巴黎这个展现梦想的舞台上，少不了这么一群设计师，他们诡异奢华，变化多端，每一季发布会都是花招百出，令人没有头绪可又不得不为之惊叹疯狂，他们为传统品牌注入新鲜的内容，也带来充满前卫感的全新品牌。

当怪诞前卫的John Galliano（约翰·加里阿诺）碰上雅致传统的Dior（迪奥），才知道什么是真正的高贵奢华。John Galliano那充满了想象力的设计无时无刻不在刺激着我们的视线，他让世界上所有女性华丽的梦境更加璀璨真实。同时John Galliano还创办了自己的时装品牌Galliano，他成功地将古典风格与现代潮流相结合，并完美地融入到服装中去，这成了他设计时装中最重要的元素。走隐晦设计风格的Rick Owens（里克·欧文斯），他的服装以明朗的不对称剪裁，配合简约低调的色彩为特色，模糊了男装与女装的界线，创造出看似摩登简约却又富有年轻朝气的风格。众人皆知的巴黎时尚界搞怪"金童玉女"Jean Paul Gaultier和Vivian Westwood（薇薇安·韦斯特伍德），他们有一个相似之处便是夸张诙谐且不拘一格。Jean Paul Gaultier的设计领域完全没有界限，只有不断的创新，充满了前卫、古典、民俗、奇异风格；Vivian Westwood则是集天真与冒险主义为一身，设计中怪招频出，不循常规。有英格兰"坏男孩"之称的Alexander McQueen，最著名的设计即是性感又晦暗的流浪主义服装，他的服装设计通常充满了戏剧性，总是让服装界的卫道人士张嘴突眼、惊吓不已，2006年，Alexander McQueen推出面向年轻人的副线品牌 McQ（麦蔻），它比主线产品更年轻，更叛逆，但依旧保持McQueen的显著特征。荷兰的双子星Viktor Horsting & Rolf Snoeren（维克特·霍斯汀和洛尔夫·斯诺伦）也是在巴黎的时装秀上尽显怪诞风格，狂放而大胆，殚精竭虑地把服装带进一个奢华的梦境。他们虽然让人摸不着边际，可是细看服装便能感受到他们的别有用心，高贵的奢华与活泼、舒适的感觉完美结合，自然而优雅，

精湛的剪裁令人叹为观止，徘徊在刚柔之间，前卫艺术的风格传递着优美的内涵和高雅的本质。

3．巴黎的东方设计师品牌

随着人们对民族时尚的日益亲近，世界的各大洲、各个民族纷纷涌向了巴黎这座时装金字塔。在西方人为主流的设计师中，有几个东方面孔的设计师，他们的出现给时装周带来了不小的震动，也在向来以高雅、经典著称的巴黎时装周刮起了一股有力的亚洲风。

1981年，川久保玲（Rei Kawakubo）带着"从身体到身体"的设计理念来到了巴黎，从那时起便引起了全球时装界的注目。她将日本沉静典雅的传统元素、立体几何模式、不对称的重叠创新剪裁，呈现出很意识形态的美感，就如同她为其品牌——"Comme des Garcons"的命名一般，创意十足！与川久保玲同属"先辈"级的设计师还包括山本耀司（Yohji Yamamoto）、三宅一生（Issey Miyake），他们充满东方哲学性的设计风格和不断突破创新的裁剪技巧，向全世界人们演绎了日本美学中的不规则和缺陷文化，令各方瞩目。有趣的是，在日本设计师中似乎还存在着一根无形的"传帮带"，渡边纯弥（Junya Watanabe）曾在Comme des Garcons旗下担当川久保玲的助手，现在自创品牌Junya Watanabe，设计手法较川久保玲更贴近生活。随后，渡边纯弥又力捧自己的学生粟原大（Tao Kurihara），这种师生情在日本设计界数不胜数，如今，他们都是巴黎舞台上的佼佼者。在2008年，还有一位年轻日本设计师引起了世界的关注，那就是设计巨人山本耀司的女儿山本里美，她自创品牌Limi feu，出现在日本设计师逐渐隐退和交棒之际，这位充满才气的新生代设计师和未来山本集团的接班人，现已是巴黎时装界的新秀。

除此以外，还包括以演绎经典女人味为特色的品牌Andrew GN（邓昌涛），它是由拥有四分之一上海血统的新加坡设计师邓昌涛创立。2007年，中国设计师谢峰以及他的Jefen（吉芬）品牌、马可和她的Useless（无用）品牌也参与到了巴黎时装周中。不可否认，自2012年春夏掌舵Cacharel品牌以来，同样来自中国的刘凌和孙大卫设计组合已演绎出年轻、时尚、充满活力的现代版巴黎意蕴，其设计潜力日渐显露。来自伦敦在巴黎发展的印度籍设计师Manish Arora（曼尼什·阿罗拉）拥有鲜明的个人特色，作品有别于简约，放射着奢华的气息，同时注重对色彩的表现。

4. 巴黎的比利时设计师品牌

来自比利时的服装设计师为巴黎的舞台增添了不少光彩。20世纪80年代，熟悉世界服装时尚潮流的人，对"安特卫普六君子"的名号一定不陌生，因为是他们将比利时推入了国际时尚的前沿。除了Marina Yee（马瑞那·伊）于80年代末期退出时尚界，七年后再回到时尚界重新开始之外，其他五人，现今均已在世界服装界占有举足轻重的地位。如在巴黎舞台上常看到的Ann Demeulemeester（安·德默勒梅斯特）、Dries Van Noten（杰斯·冯·诺顿），以及后接替Marina Yee（玛丽纳·伊）成为六君子一员，也是其男友的Martin Margiela（马丁·马杰拉）等。2012年春天原本Jil Sander品牌的主设计师比利时人Raf Simon（拉夫·西蒙）掌控

Chritian Dior，成为时尚界一大热点新闻。

Ann Demeulemeester擅长黑白色彩的运用，对织物有独到的理解，设计风格时尚前卫；Dries Van Noten的服装，低调而充满了清澈和不安分的元素，就算是一块普通的材质，在Dries Van Noten手中也可以巧夺天工；至于Martin Margiela，他的设计历练纯粹到可以不问世事，粗大的线迹，微妙的结构，是一个典型的"解构"形式主义。可以说是他们奠定比利时设计师于全球时装设计界不可动摇的独特地位。同样来自安特卫普皇家艺术学院的还有Filip Arickx（费利浦·阿瑞克斯）、 An Vandevors（安·凡德沃斯）、Véronique Branquinho（维罗妮卡·布朗奎霍）和Kris Van Assche（克里斯·范阿舍）等安特卫普新军，则一代代捍卫着"安特卫普六君子"的美名。其中Filip Arickx和An Vandevorst共同创办的A.F. Vandevorst（凡德沃斯特）品牌，针织衫和性感格调是他们的拿手好戏；年纪轻轻即大放光芒的Véronique Branquinho擅长将黑、白、灰色系，佐合经典传统的时装元素，重新演绎成具有古典氛围的沉静时装，多以无色调的用色以及结构严谨的线条来呈现，不过，从她的作品中，往往很难找到一个确切的答案来界定她的服装风格；而Kris Van Assche曾荣任Dior Homme（迪奥）的主设计师，他的才华横溢可想而知。来自比利时的"安特卫普人"几乎成为了时装界的一个现象，开始主导世界服装流行趋势的话语权。

在巴黎，每一个品牌都可谓是"身怀绝技"，各具特色，每一个设计师带给巴黎时尚最经典的极致表现，而每一个品牌也给我们呈现出不同且非凡的视觉效果和服装印象。今天的巴黎依然延续着浪漫和

奢华的气息，让我们记住传奇、经典、高贵的Louis Vuitton；富丽华贵、美艳灼人的Valentino（瓦伦蒂诺），清丽脱俗、高贵典雅的Celine（赛琳）……这是历史与文化沉淀而成的一种态度，或许这就是巴黎和巴黎设计师诠释的时尚。

第二节 时装品牌及作品分析

一、A.F.Vandervorst（凡德沃斯特）

1. 品牌背景

在20世纪90年代初比利时涌现出著名的"安特卫普六君子"，包括Ann Demeulemeester、Dries Van Noten、Dirk Bikkembergs（德克比克贝格）、Dirk Vansaene（德克·范沙恩）、Walter Van Beirendonck（沃特·范·拜伦东克）和 Marina Yee。他们于20世纪80年代初毕业于安特卫普皇家艺术学院（Royal Academy of Art），1987年六人在伦敦时装周外进行了一场令时尚评论家惊叹的前卫服装秀，这是一场"叫醒评论家们"的时尚新体验，因而被英国的媒体冠上了"安特卫普六君子(The Antwerp Six)"的称号。他们以全新的解构理念、具冲击力的前卫街头风格给时装界带来了一袭春风，为比利时时装设计赢得了荣誉。经过数十年的积聚发展，如今这些设计师品牌已在业内占据了举足轻重的地位。随后新一波设计师品牌逐渐抬头，其中有Martin Margiela、 Raf Simons（拉夫·西蒙斯）、A.F. Vandervorst、 Véronique Branquinho等。An Vandevorst(生于1968年)和Filip Arickx（生于1970年），与其前辈相似，同样毕业于安特卫普皇家艺术学院，其中An Vandevorst曾在著名的六君子之一的Dries Van Noten公司负责女性系列设计和首饰设计，而Filip Arickx则在Dirk Bikkembergs手下工作过三年。在短暂的兵役后，两人开始了自由设计师和造型师的工作。1997年，他俩共同组建了A.F.Vandervorst品牌——一个由他们名字组合的品牌，在巴黎推出了他们首秀的98年秋冬系列设计后，引起媒体和业内的广泛好评。第二季作品即获巴黎时装周为提携新秀而设的"未来设计师大奖"。这一夫妻设计组合还曾为意大利皮革屋Ruffo Research设计2000年春夏和秋冬两季系列。丰富的设计经验使A.F.Vandervorst品牌成功推向市场，成为广为人知的著名时装品牌，也使A.F.Vandervorst成为比利时新生代设计师的代表。医院，尤其是战地医院的元素，如白色、红十字标记、绑腿、绷带、倒翻衣等常是A.F.Vandervorst的设计灵感，其他还包括马具、军装大衣、飞行夹克、和服等。

2. 品牌风格综述

A.F.Vandervorst品牌的风格前卫而不失浪漫，优雅不失性感，与时尚节拍相呼应，受到时尚年轻人的青睐，成为有影响力的时装品牌。A.F.Vandervorst的设计一直被认为充满着慵懒的自信、冷峻的性感、理智的思想，事实上，他们的设计经常以表达女性复杂而多变的情绪为主题，通过强烈的对比，展现女性内在的矛盾和向往自由的渴求。作为"结构派"中的实力选手，A.F. Vandevorst通过平易近人却独具匠心的系列成衣，凸显其结构派形象，这也是A.F. Vandevorst在大牌林立的时尚T台上得以立足的杀手锏吧。

3. 作品分析

2007年春夏，A.F. Vandevorst在结束了他们上个季节的Video巡演后再度重返T台，为人们带来了他们新的灵感和创意。单纯简约与高纯度色彩的娴熟运用，为我们展示了Vandevorst对于21世纪初复古风潮的思考与探索，提醒人们不要忽略他们的先锋精神。设计师对本季的服装系列作了这样的概述：我们采用了僧侣般的围巾式帽饰——从上衣、连衣裙，再到晚装，我们喜欢这种独特的装饰为整体带来的高雅圣洁的感觉。在色彩上，你可以发现很多内衣般柔和的色调，如白色、肉粉色、淡灰色，而那几件亮眼的蓝色则突出了宗教的主题。图1-1-1所示作品上装款式简洁，无袖的马甲与圆领T恤结合，别具朋克风格的黑色链饰装饰格外抢眼，将原本空旷的纯白色点缀出一些嬉皮的轻松幽默。精心布局的褶裥凸现出有夸张外轮廓的手帕裙，群身剪裁利索干净。设计师运用繁简对比，在造型、裁剪、布料、装饰上动足脑筋，从而传达出设计师所要表达的意念。

2012年春夏，夫妻档设计师An Vandevorst和Filip Arickx受肯尼亚旅游影响，从图尔卡纳和桑布卢部落的勇士们身上吸收灵感，"他们热衷于修饰和到处炫耀肢体的美丽，他们那种自豪感正是我们所热爱的"。两位设计师从非洲获得的灵感并不仅限于这种强烈的自我认同，他们还极具开创性地把非洲风情的简单方形围巾包裹出复杂的服装轮廓，恰到好处地利用佩斯利印花和模版印花来表现非洲主题。图1-1-2所示这款短外套搭配连身裙的设计中，阴郁色调的丝

图1-1-1

绸，采用厚重的层叠设计，设计出合体而具有结构感的款式，领口和衣身上的褶皱别具一格，正体现出两位设计师不一般的"结构派"实力。Vandevorst和Arickx还融入了他们喜爱的军旅风格，装饰性很强的短夹克，高绑带造型的鞋子，带出浓郁的军旅风。颇有异域风情的珠饰装饰在裙子和夹克上，摩霍克(Mohawk)部落风情的头饰，让这些混搭在一起的造型极具摇滚味道。也正如摇滚乐一样，这种不同文化和概念的融合有时也会显得乱七八糟，但这正是设计师所要传达的A.F. Vandevorst设计内涵，即传统和现代、平淡和惊艳本为矛盾因子互为交替。

图1-1-2

二、Andrew GN（邓昌涛）

1. 品牌背景

　　人才辈出的国际时尚圈，如今有越来越多的亚洲脸孔出现了，不只是日本人在西方设计界独树一帜，有更多的东方人活跃在欧美上层设计圈中，这其中混血儿Andrew GN较为突出。他是东西方风格融合的代表，同时又是简约主义的实践者。

　　Andrew GN毕业自立化政府中学和华中初级学院，后来到英国伦敦著名的中央圣马丁艺术学院就读，以全班之冠的成绩毕业。1992年他到巴黎学艺，曾在著名法国设计师Emanuel Ungaro（伊曼纽尔·温加罗）手下做助手达八个月之久。1996年

他用父亲资助一笔资金正式在巴黎创业，以自己的英文名字Andrew GN在巴黎创办时装品牌，很快就被视为领导世界时装进入21世纪的新秀之一。1997年Andrew被任命为高级时装屋Balmain（巴尔曼）成衣和饰品的艺术总监。如今Andrew在世界各地拥有众多分店，是新加坡服装界至今最成功的设计师，他的顾客包括众多明星，如Celine Dion（席琳·狄翁）、Gwyneth Paltraw（格温妮丝·帕特洛）、Nicole Kidman（妮可·基德曼）等，此外还有为数不少的皇室贵族。

2. 品牌风格综述

　　Andrew善于运用色彩与材料，以绣花、针线细

图1-2-1   图1-2-2

节进行服装创作，这与他深受小说《红楼梦》的影响有关（据说他11岁开始读《红楼梦》，而且坚持读文言文版的），《红楼梦》里对女性服饰、饮食及心情等的细致描写，对Andrew的服装设计有深远的影响。他的设计融入了东西方的文化，旗袍、蒙古式外套等神秘的东方元素在变革中与西方款型与风格进行有机地兼容，组合成另一种奇妙的和谐美和艺术享受。

3. 作品分析

    2007春夏，Andrew的设计充满未来感，大量采用丝绸、麻、水晶及银色亮面的鳄鱼皮和蛇皮，创作灵感来自日本六本木一带充满现代感的建筑物。"我一直想做一些比较现代的设计，六本木一带的建

筑物很现代，启发了我的灵感。这系列也很有未来气息，包含了太空船、彗星以及宇宙等元素。"设计师这样解释自己的创作。秉持着设计师天生对英式花园的热爱，服装上运用了绣球花、铃兰等各式花卉点缀于衣裾裙角，修饰出自然清爽的女性形象。细节处每颗钮扣都采用了立体花型，最特殊精致之处是以中国传统手艺以手工包布缝制。图1-2-1的这款堪称中西合璧的典范，呈直线裁剪结构形似中式马褂款型的上衣，与迷你短裙相配。设计师追求高档精致表现在装饰立体绣球花的胸前和袖口、缀满了闪亮的珠子具层叠效果的裙子，令人眼花缭乱。银质扣腰带很特别，是直接在皮革上剪出形状，再手工与珠宝拼镶。在设计上，设计师用最古老的方法演绎现代，将现代工艺

和剪裁与古老的装饰图案、风格相结合。大量采用的银色、水银色以及钢色，甚至连皮革也呈现出亮亮的银色，都在告诉人们这是一场充满现代感的秀，设计师是要带给大家一幅描绘未来的时尚蓝图。

2013年秋冬，Andrew GN的设计，从手包到时装都充满华贵感，设计师表示灵感来自Wiener Werkstätte和英格兰的艺术与手工艺运动。Andrew以前也曾从这个特殊历史时期汲取灵感，进行创作，但正如他在后台所说的那样，"随着年龄见长，我看待它的方式也发生了改变。今天，这样的感觉比以往更加强烈了。"图1-2-2所示整款服装的剪裁和廓型更加严谨，

设计师擅长的细节、绣花处理，对高档精致的追求在这款设计中有较多的表现，真丝罩衫的领口刺绣是来自艺术家Koloman Moser（科罗曼·莫塞尔）的图案，绗缝图案则取自Josef Hoffmann（约瑟夫·霍夫曼）的主题。廓型上有松有紧，宽松的灯笼袖、收紧的腰身、略外扩的A字裙，将奔放、内敛融为一体。色彩搭配上，将纯度相近的橘红和玫红组合在一起，以黑色来区隔串联，稳重中透出明丽。腰带的位置恰好位于上衣与裙长的黄金分割点上，设计的古典主义取向明显带出。材质上，柔软的真丝与硬质的绸缎都是华丽风格的首选料，贵气自然是不言而喻。

三、Ann Demeulemeester
（安·迪穆拉米斯特）

1. 品牌背景

Ann Demeulemeester1959年出生在法兰德斯的Kortrijk（科特耐克），曾在著名的安特卫普皇家艺术学院学习时装设计，1981年毕业。她在1985年就成立了自己的公司。1987年她与另外五位比利时设计师在伦敦时装周因以独特的造型和前卫的风格而成名，被誉为"安特卫普六君子"。自1992年起她开始在巴黎时装周举办时装展示会，1996年推出男装系列。2013年11月20日，她宣布退出自己创建的个人同名品牌。

2. 品牌风格综述

Ann Demeulemeester是时装界的数学家，她对立体几何的运用出神入化，以运用不规则设计理论

而驰名于世。在她的作品中，几何形的衣片构成随处可见。Ann Demeulemeester还是解构主义代表，她以流行于20世纪80年代末90年代初的解构主义手法对服装结构进行新的探索，每季作品都可发现设计师的感悟心得，Ann在1997年深获好评的"左倾右侧"拉链时装设计，就是Ann所擅长的解构主义风格设计，其营造出了一种特别地未完成感觉。她的设计是实验性的，常以黑为主，倡导黑色美学。设计混融了前卫、中性多种成分，并被描述为在诗歌和摇滚乐的分界线上取得了平衡，美国时装媒体称她为"Ann王后"。Ann Demeulemeester的设计常以具有冲突性的元素互相混搭，以实验性的思考对时装进行重新构建，如对面料进行二次设计，通过撕裂、磨旧等手法创造出新的时尚感。她最讨厌造作的设计，那些无谓的花饰、珠链等装饰都被她赶出了局。Ann擅长运用皮革、羊毛、法兰绒等厚实织物，同时很注重服装的整体搭配。十几年来，对每件作品，她都会画出

图1-3-1

图1-3-2

一些细节，上至头发中的装饰羽毛下到鞋子的款式。

3. 作品分析

　　深邃的黑色永远是这位来自于比利时的服装设计师Ann Demeulemeester情有独钟的颜色，Ann喜欢它的神秘感和慑人感，以及所营造出的前卫与性感。图1-3-1的这款在2006年春夏季推出的服装，也同样采用了黑色，简约而适度的设计让Ann设计的服装，具有了某种永恒的魅力，她似乎能够跨越时空，永远时尚而又远离时尚，这种具有永久生命力气质的设计正是Ann追求的重点。在Ann设计的这款服装中，上身柔软面料的重叠而产生的各种不同宽窄的线条，并在腰间做了似乎有规律的分割，但腰身处两

个尖角的连接，又为这种规律带来了灵性的动感。腰下的宽带为这款连身短款裙装营造了视觉上的延展。从肩点下滑于手肘以下的泡泡袖自然形成轻松的摆荡，与漂亮的肩线相互映衬，显示了女性的柔美。而颈部与腰间相连的简约的细带类似于男性领带的造型，与泡泡袖的柔美形成了鲜明的对比，矛盾的特质再一次出现在Ann的设计中。同时上身的简单精良的裁剪与两侧泡泡袖的运用及独特精到的穿插结构，更使整个设计显得那么的对立而又那么的引人注目。基于雪纺面料的特性，上身单一颜色的透明与半透明空间分割，使女性的气质在框架的分割中柔软地透露了出来，这种以柔克刚、阴阳相生的哲学观点在Ann的设计中表现得淋漓尽致。面料的柔软、悬垂和飘逸，

是女性服装的专用，而似乎有规律的框架又轻巧地揽住了半透明的雪纺面料的笼罩，使没有尽头的垂柔得到了控制，仿佛是女性的飘逸和妩媚从框架的漏格中流露出来，女人的性感在这种控制中显得更加的强烈。这也许就是Ann Demeulmeester设计服装的规律之一。

图1-3-2的这款2007年秋冬系列作品，女性的时尚和男性的帅气这种冲突的特质更是被Ann Demeulmeester把握得恰到好处。直率的外衣与从腰线开始炸开好似公主裙的对比，正是显示了Ann的这一设计原则。冲突性无处不在，小立领白色衬衣，黑色宽松的外衣以细带扎于腰间，放松而且自然，与系于脖颈领带样式的黑色紧致线条形成鲜明而轻松的对比。从肩膀脖颈开始的精致到"把松散系于腰间"，整个设计高贵而又放松，把女性的精致、干练和浪漫用简单的细线很好地控制了起来。

四、Atsuro Tayama（田山淳朗）

1. 品牌背景

田山淳朗1955年出生于日本熊本县，1975年毕业于日本文化服装学院，获得第44界皮尔·卡丹高级时装大奖。1978-1982年田山淳朗赴法国，在山本耀司（Yohji Yamamoto）的欧洲分公司任设计总监。1982年回国后，创建了自己的品牌"A/T"。1990年至1995年，成为法国著名品牌Cacharel的首席设计师。1991年，田山淳朗在巴黎推出以自己名字命名的时装设计系列。

2. 品牌风格综述

大多数日本服装设计师的作品，或者充斥着一些结构古怪的味道，或者喜欢从和服中汲取灵感。田山淳朗属另类，在他的设计作品中，我们看到的是华丽精致的细节和充满优雅浪漫的风格。田山淳朗的服装系列中日本元素很少出现，整体风格是西方化的，这是因为田山淳朗在欧洲生活了十多年，西方主流的设计趣味已渗入田山淳朗的思想中。田山淳朗不追求前卫而讲究实用，他能将日本特色面料糅合进欧洲的设计审美，诸如优美的线条造型、典雅的色彩调子，这是在其他日本时装设计师的作品中极其罕见的。为了表现女性的玲珑身段美，田山淳朗的设计注重合体的剪裁线条，以简洁的造型塑造出现代女性的气质。他善于使用西方的设计哲学，在轮廓中玩着强烈对比，使西式洋装有着和服的风格。

3. 作品分析

图1-4-1这款2006年秋冬田山淳朗的设计系列充满了自然轻松的味道。此款采用内敛的黑白灰色系，作品依然是设计师所擅长的优雅风范。在众多的系列中，田山淳朗将秋冬的经典元素——格纹、皮草、针织毛衣、各种式样的帽子等青春元素一一融入整合，演绎出秋冬完美的实穿性搭配效果。同时田山淳朗以镶毛短外套夹克配针织毛衣来体现出不同材质面料的搭配组合，并呈现出多样的层叠效果，打破了同色系的单调。整套服装剪裁合身，具有极强的实穿性。在风格上，尽管线条简洁大方，但考究的缎带和缀饰设计依然演绎出嬉皮的时尚味。夸张的围脖是视觉中

心，与模特额前凌乱的刘海儿一并塑造出随性自我又优雅不羁的女性形象。短马甲的设计不仅在视觉上拉长了下身，而更重要的是与里面较长的针织毛衣搭配使服装整体有了层次感，配上合体的裤装展现出女性的果敢干练。

图1-4-2的这款2007年田山淳朗秋冬系列灵感来源于20世纪50年代的经典款式，再加上20世纪60年代的设计元素，整体带有些"未来派"的设计理念。黑色针织套装、高腰节的公主裙和花苞裙是主打产品，提花和印花经过设计师的斟酌，使之看似简单质朴，但换个角度却显现出好莱坞的感觉，作品中优雅的色调及精致的工艺表现无不体现出高级时装的味道。此款高束下翻领、齐膝的风衣，加上典型的"赫本头"，将人的记忆

回溯至20世纪优雅的50年代，但田山淳朗设计的细节中充满了60年代的宇宙风格。连身裙装在前片以直线和圆弧形作分割处理，既有60年代宇宙风格开创者皮尔·卡丹或古亥吉的设计影子，同时兼具21世纪初刮起的未来主义风潮。立体造型的肩线和前片特殊形状的结构线改变了传统大衣结构的素净，使其更为明朗而富有变化。加宽了腰线的窄版剪裁配以粗呢面料使服装看起来有些硬朗，但是一根腰带便改变了整套服装的风格，增添了一份温柔。开衩的中袖突破了传统格调，柔柔的韵味中透出一点冷冽的气质。高纯度的宝石蓝给人一点纯洁和宁静。田山淳朗以此将女性的妩媚典雅与硬朗俊秀进行了很好地嫁接。

图1-4-1

图1-4-2

五、Balenciaga（巴伦夏加）

1. 品牌背景

来自西班牙的Cristobal Balenciaga（克里斯特巴尔·巴伦夏加）是20世纪早中期最著名的服装设计师之一，在服装界具有翘楚地位。他的设计具有建筑师般的曲线力度、结构变化，因此他的设计具有雕塑一样的立体效果。初创于1937年的Balenciaga品牌，在Dior新风貌之后也创造了名噪一茧时的形大衣和球形裙。随着20世纪60年代生活方式和社会意识形态发生的急剧变化，由于观念的差异，1968年巴伦夏加关闭了他的设计室。1997年Nicolas Ghesquière成为设计总监，接掌后公司的设计风格脱胎换骨，成为新世纪的时尚风向标。首季推出的"郁金香裙"剪裁结构立刻征服所有的时尚编辑，也替Ghesquière踏出成功的第一步。Balenciaga所累积的丰富资源，透过Ghesquiere的精彩诠释，至今为止，没有一季的服装作品是不受好评的。完成了2013年春夏作品后，Ghesquière的位置由华裔设计师王大仁所替代。

1971年出生的法国人Nicolas Ghesquière，11岁时为母亲的时装杂志所吸引而设计了若干草图。他早先并没有接受过任何正式的时装设计训练，于学习时期开始为Agnes B及Corinne Bocson品牌参与一些时装上的工作。19岁成为Jean Paul Gaultier的设计助理，21岁开始自行设计针织系列。成为Balenciaga主线的设计总监后，与创始人Cristobal Balenciaga一样，Ghesquière也拥有一种艺术家的专注，他从来就没有任何张扬，坚持认为：抄袭就是偷窃。所以他的作品，远远超越了肤浅的流行，有时它们甚至是反流行的。

2. 品牌风格综述

喜欢博览群书，对艺术极其敏感的Ghesquière经常看摄影展，听音乐会，他总希望自己的设计，能带给疲惫的欧洲时尚一场温和的革命。Ghesquière经常在如他所述的坏品味中找寻新的设计意念，他的设计灵感根源于带有过去回忆的东西。那种来自童年回忆的元素——也许是当年看到过或穿过的什么，都可能触发他的灵感，将其解构，再以现代感十足的方式重新演绎。例如针对一件外套开襟的方式是用扣子还是拉链，就可能让他联想起一首早年听过的歌。

由于十分敬仰品牌创始人Balenciaga对优雅的执着与丰富的创意，Ghesquière对品牌投注了全部的心力。尽管他并没有全盘接受Balenciaga早期的流行观念，但是每一系列设计他都会参考Balenciaga的设计风格，保持品牌的潮流敏感又不失个性。最近几年Ghesquière的设计明显趋于带有未来感的都市特征，正如他在2010年春夏时装秀期间所言"我希望我的设计能体现都市感而不是历史某一时刻"。

3. 作品分析

在图1-5-1这款2007年Ghesquière春夏系列中，我们可以感受到设计师的太空构想，对太空时代的幻想一直在他的作品中有所体现，而2007春夏的成衣系列，可以说是他在设计上向前的一大跨跃。Ghesquière将Thierry Mugler（蒂埃里·穆勒）和Jean Paul Gaultier在20世纪80年代时对太空的热衷，又向前推进了一大步，机械质感的形象从另一个极端同样撼动了巴黎的秀场。机器人造型、汽车零件和男孩化的阳刚轮廓，是用来打造未来感视觉效果的基本元素。硬挺的黑、白拼色短打夹克、电线般缠绕的紧身黑纱衫、大大的褐色护目镜、金光四射的包腿，把观者拖向冰凉的未来机械世界中，仿若是来自未来时空的机器人，让人不禁联想到阿诺德·施瓦辛格主演的《终结者》，还有1982年首部将电脑特技和真人表演结合的电影——《仪器》。马甲、裙装和紧身裤，都像是用镭射裁过一般精确，Ghesquière的美学像剃刀般锐利。Ghesquière 把他身上的巴黎浪漫特质和完美主义基因投射到剪裁和特殊面料的运用上，通过闪亮的尼龙丝、厚实的皮革、金属质感的紧身长裤，以及黑、白、金这些无彩色的使用，令人置身于未来太空世界。

华裔设计师Alexander Wang（王大仁）接手Balenciaga后，如何使这个老品牌焕发青春成了他的重任。如果第一季还有些拘谨，那2014年春夏秀就可以感受到更多Alexander Wang的基因——娱乐、运动。Wang这样评价自己的这场秀："我希望为这个品牌注入一些轻松随意的元素。"装点刺绣的模塑皮革搭配旋转的印花图案，以及手工编织处理都代表了设计师的创新理念，即高级时装和21世纪新科技的完美结合。线条的软化，是这季设计的最大变化，高耸的硬肩被缓和的圆肩大廓型替代。如图1-5-2，干练的运动气息短上装，搭配的是一条剪裁新颖、造型独特的高腰裤装，臀部设计成带曲线状的郁金香廓型，上衣采用激光切割印花，从上至下都是圆浑的感觉，与裤装搭配相得益彰，Alexander Wang显然把他的街头风转换为Balenciaga的高

图1-5-1

贵气场。淡雅的粉色配合白色，有轻盈的灵动感，Wang的轻松随意跃然而出，这就是一位只有29岁，擅长设计高级街头服饰的纽约青年设计师为Balenciaga带来的新气象吧——酷酷的自信，青春无敌。

图1-5-2

六、Barbara Bui（芭芭拉·布）

1. 品牌背景

历史上，法国时装设计师是世界时尚的引领者，如Dior、CHANEL、YSL等，他们经典性的设计风格影响至今。同样是法国设计师的Barbara Bui属于新生一代，其设计思想、理念与其前辈相比已大相径庭。

Barbara Bui于1956年出生于法国巴黎，母亲是法国人，父亲是越南人。东西方合璧的家庭背景使Barbara Bui从小对语言颇感兴趣，高中毕业后进入了著名的法国巴黎大学文理学院主修文学。毕业后于1983年，在巴黎她开设了第一家多品牌商店Kabuki，将自己品牌一并销售，4年后，她推出了自己品牌的第一个成衣秀。1988年，开设了第一家Barbara Bui商店，起初她的设计走的是古典线路。1999年，她首次在纽约展出设计系列，并在Soho中心地带开设了专卖店，销售大获成功。Barbara Bui颇具盛名的是裤子，是基于雌雄同体理念的设计。历经20余年的发展，Barbara Bui除拥有服装系列外，还有同品牌的饰品、香水，甚至在巴黎还有一家咖啡馆。

2. 品牌风格综述

Barbara Bui血液中燃烧着浪漫奔放的火焰——她认为在时装中应该有些好玩的东西，否则就太沉

图1-6-1

图1-6-2

闷了。她在时装上能够采众家之长并予以融合，从而别具一格。从巴黎四区的第一家店铺开始，Barbara Bui就致力于为自信、自由的新女性设计服装，她的设计简洁典雅，线条清晰，并体现着摇滚风格。由于家庭的多元文化背景，Barbara Bui的设计孕育着不合拍的娇媚，并调和了各种文化和文明，在她作品中不时体现出这种多元文化的特质。在Barbara Bui 2012年秋冬设计中，你可感受中国风纹样与西方20世纪70年代华丽风的完美融合。

3.作品分析

Barbara Bui2007年春夏的作品（图1-6-1）

主要运用抽褶和黑白圆点等元素，在黑与白之间将职业和休闲相结合，打造出让人心动不已的时装款式。左半身白色面料上的紧密、有序的黑色小圆点，再加上粗细均匀一致的黑色线条在领口、前中及口袋处的装饰，合身的裁剪等都将都市职业女性的形象诠释得淋漓尽致——时尚而干练。与此相反，右半身则峰回路转打造了一种轻松惬意的休闲连衣裙装。区别于左半身的紧密、有序的黑色小圆点，右半身则运用了稀松的，较大的黑色圆点即刻将服装带入到一种随意休闲的氛围当中。再加上袖窿与领口的下挖处理；肩部的黑色线条；结构上，腰部以下的宽松处理，尤其是侧面透明纱质面料的宽松贴袋的运用与右半身的合体，利落的口袋的对比更将轻松随意的气质发挥到了极致；下摆处黑色宽边的略显收口的处理等处处体现了休闲的味道。最后作品通过款式中心处的打褶处理及黑白条纹帽子的搭配，使款式左右两边职业与休闲的结合自然和谐融为一体，实在不能不说是一款设计中的佳作。

在2014年春夏的作品中（图1-6-2），Barbara Bui又显出她浪漫奔放的一面，她对牛仔布大变身，将其变为一种"贵族"面料，牛仔布结实耐磨的天性被改造成精致、颓废或装饰等状态。在这款西装搭短裤的设计中，Barbara Bui融合多元化文化的能力表现得淋漓尽致。首先是对面料的改造，通过剪切、磨损、以及贴饰的方法丰富了牛仔布的色彩和层次感，从深蓝到水洗白的深浅不一的自然过渡，随意撕成的碎片贴秀，赋予了牛仔布生动的表现力。在款式设计上，腰侧不规则的剪开打破视觉上的平衡感，使传统的休闲西装款变得动感十足并富有嬉皮元素的趣味感。相对于颇具设计感的牛仔布而言，超短短裤以及白色牛津鞋的运动风搭配更能体现品牌年轻精神。Barbara Bui从最初的古典线路到中性风格，到现在的多元融合，她确实是一位善变、善于创造的设计师。

七、Celine（赛琳）

1. 品牌背景

1946年Celine以皮革起家，第一家精品店是以贩卖童鞋为主，之后皮件系列也跟着上市。讲究实用的他，一针一线地缝制出如马具般手工精细的产品，受到欧洲上流社会喜爱。20世纪60年代末期，Celine决定成立女装部，从配件到服装，发展为完整的精品王国。

与Dior、LV等名牌同隶属于LVMH集团的Celine，最讲究的就是"实际"。也就是让华丽与自在共存，优雅但绝不会感到束缚。服装上，除了华丽、实穿外，Celine每一季会以三到四个主题，完成一系列的组合，以求让服装到配件，不论在款式、颜色、质感上都能互相搭配。

纽约知名服装设计师Michael Kors（迈克尔·科尔斯）从1998—1999年秋冬开始执掌Celine的设计大权，在法国时尚华丽当道的形势下，成功地融入美式简洁利落的实用风格，为21世纪的Celine奠定发展的新鲜活力。

2005年从Michael Kors手中接过帅棒的Ivana Omazic（伊凡娜·欧曼茨科），出生于克罗地亚的萨格勒布，姑妈曾在20世纪60年代为英格丽·褒曼设计服装，5岁时Ivana就有了做服装的志向。Ivana从米兰的欧洲设计学院顺利毕业后，在Romeo Gigli（罗密欧·吉利）开始了她的设计生涯。之后，她先后加入Prada（普拉达）、Jil Sander（吉尔·桑达）和Miu Miu（缪缪），这些经历给予她扎实的工作历练，并使她深深了解作为女性时装设计师的责任和使命。2008年，Ivana Omazic完成使命离开了Celine。

2008年10月做最后一场秀时，Omazic经历了每个设计师都不喜欢的噩梦：服装秀落幕，鞠躬时已经有人在等着接替自己的位置。面对Céline迅速衰落的局面，LVMH向Pheobe Philo伸出了橄榄枝。Pheobe出生在法国，父母都是英国人，两岁前一家人就搬回了英国。高中毕业后，她就读于伦敦的中央圣马丁艺术学院学习时装设计。在那里，她被20世纪90年代中期的Helmut Lang和Jil Sander深深吸引。在为Chloé做设计时，这位时尚界超级巨星已才华显露。为了满足Pheobe的条件，Céline将工作室迁往文化更加多元的伦敦，允许Pheobe用她自己的团队，并将重塑品牌的任务全权交给了她。Phoebe Philo接任Celine两年之后，Celine的独特款式就迅速走红，成为大热的奢侈品牌，无领加长袖口的白衬衫、流质感的阔腿裤、无袖的宽松裙、绉纱连体衣等都成为Celine独有的卖点，除此之外，Celine的包包也是在全球热卖，无论是囧字包还是经典的带扣包都卖到脱销的程度。

2. 品牌风格综述

创始于20世纪40年代的奢侈品品牌Celine，以字母组合或搭配两个C相连的图案作为标志，这一独特代表巴黎时尚讯号的品牌一向以坚守自己的鲜明风格著称，在华丽与实穿的完美平衡之上，将优雅奉为永恒的主题。在Ivana Omazic时代，这位神秘、低调的女设计师对品牌风格的认识极有个性，"Celine女人是不浪漫的"，在她为Celine所做的设计中，从来没有花边和荷叶边等琐碎的小女孩细节，每季的设计都展现了她无与伦比的才华和对品牌精彩绝伦的演绎。与Michael Kors时期明星化、张扬的Celine形象相比，Ivana Omazic将Celine设计得较细腻，不同于以前的旧有形象，她手下的Celine女人，是综合性的多面体，她们是有坚强个性的职业女性，她

们很活跃，喜欢迎接挑战，而内心的女性化、柔弱、敏感、精致和细腻的一面，又令她们很有女人味。Ivana的设计集中于裙装，尤其是高腰膝盖以上的套装，这是她所希望的非常现代和实用的时尚。2006年春夏是她首季作品，陪衬宽底细条腰带的风衣、线条利落的裙装，以及机车手套等配件设计别具风情。

而Pheobe Philo则努力将她的着装理念贯穿到Celine的设计中："我希望我的衣柜中全是经典标志性的设计，我不需要改变它们的款式，只要变化一下颜色和材质就可以了。我尊重的很多品牌就有自己独特的设计款。"她用品牌本身的元素来重塑品牌形象，她把设计重心放在简洁和简单上，她的到来为Celine带来一股清新的空气。Phoebe在私下的穿着就是Celine品牌风格最好的表现，她总是穿着男性化的白衬衫和黑色的裤子，就连鞋子也完全是男款，这些服装穿在她身上看起来都有些过大。在一次秋冬秀中，她推出一系列英式味道的时装，她坦言："我希望能带来一种家的感觉。总体上来说这个系列很男性化，我觉得这种风格非常自由，对女性来说也是一种解放。"

3. 作品分析

喜欢文学的Ivana Omazic每季都会在书中找到灵感，2007年秋冬季Celine的灵感来自萨冈的小说《凌乱的床》和电影《Eyes of Laura Mar》的女主角Faye Dunaway（费·唐纳薇）。《凌乱的床》女主角Beatrice（贝雅翠丝）美丽聪明又充满矛盾，正是Ivana Omazic想要塑造的自由不羁与神秘野性的女性形象，直率果敢且充满活力的Celine女郎。如图1-7-1，及膝风衣是其个性鲜明的设计，开衩是此

款特点，内开衩九分袖、衣下摆长开衩。整款设计带有叛逆感，机车手套、报童帽的搭配表现出现代强势女人的特质。同时又不乏柔弱一面，圆肩、收腰的A字造型、衣领内侧柔和元素——塔夫绸的加入，刚柔相济秀出女性的复杂情怀。最引人注目的叠加式宽腰带的巧妙构思来源于设计师生活中的一个小场景：男友无意间围在腰上的一块布和一根皮带。大敞领大衣颇受瞩目，暖意融融的驼色风衣拥有一个引人遐思的大领子，还默契地与立领融合在一起。抵御风寒的护耳帽，大衣里露出的黑纱衬衣又显露出Celine女郎的匆忙和派对将要展现的热力。

　　Céline女郎总是让人充满好奇，你一定会忍不住去构想Céline女郎究竟过着怎样的生活，Pheobe手中的Céline 女郎有些居家，有些慵懒又充满艺术感。2013年秋冬季，Pheobe引入了朴素精炼、直击人心的优雅风，这是将Céline女郎新老元素的一种完美融合（图1-7-2）。这些在面料选择中表现得淋漓尽致，触感一流、素净雅致，且温馨惬意。本次系列中也融入了中世纪元素的理念：柔和而丰满的线条、采用的色系、大衣的夸张廓型，无不有所凸显。这款水蓝色的大衣柔软又充满质感，造型独特，呈略夸张的茧形。肩部是一字的造型，简洁中带些硬朗风格。大衣下摆开衩，形成优雅的弧线。 Pheobe的设计总是蕴含着一丝男子气概。Pheobe结合当季流行特点，将袖子设计成可以折叠，形成一硕大的视觉点，似随意披搭的一件外套，将模特紧紧地包裹着，这是一种裹身感与舒适度的交融。

图1-7-1

图1-7-2

八、CHANEL（夏奈尔）

1. 品牌背景

　　CHANEL是一个有悠久历史的著名品牌，创始人CHANEL于1913年在法国巴黎创立该品牌，1914年，Coco开设了两家时装店，影响后世深远的时装品牌CHANEL宣告正式诞生。Coco CHANEL对时装美学的独特见解和难得一见的才华，使她结交了不少诗人、画家和知识分子，她的朋友中就有抽象画派大师毕加索、法国诗人导演尚·高克多等。当时正是法国时装和艺术发展的黄金时期，也造就了CHANEL时装永远有着高雅、简洁、精美的风格。

　　Chanel逝世后，1983年起由设计天才Karl Lagerfeld（卡尔·拉格菲尔德）接班。Karl Lagerfeld总是佩戴着墨镜，手持折扇，脑后拖着辫子，人们称他为"时装界的凯撒大帝"。他1938年出于德国汉堡一个富商家中，童年的他经常随母亲的高跟鞋耳濡目染于高级时装店，顺其自然地接收着时装国度里透射出的无穷魅力。在他幼小的审美哲学中尤为喜爱巴黎的时装，12岁时，他早熟地意识到自己今世只为时装而生。1952年全家移居巴黎，2年后，只有16岁的Karl Lagerfeld凭借"国际羊毛局设计竞赛外衣组冠军"的称号闯进巴黎时装界，迈出了他时装艺术职业生涯的第一步。Lagerfeld在1983年开始接任CHANEL设计大权，这位来自德国的设计师，遇上了浪漫的法国女人Coco Chanel，他用血液里即存的精准与冷静，将CHANEL重新包装出新世纪的风貌。后来的事实证明Lagerfeld叛逆的天才与特点与年轻时的CHANEL如出一辙，并将CHANEL王国领向另一个巅峰。

2. 品牌风格综述

　　在品牌创立之初，CHANEL设计了不少创新的款式，例如针织水手裙(tricot sailor dress)、黑色迷你裙(little black dress)、樽领套衣等。而且，Chanel从男装上取得灵感，为女装添上了一点男儿味道，一改当年女装过分艳丽的绮靡风尚。例如，将西装褛 (Blazer)加入女装系列中，又推出女装裤子。"Chanel代表的是一种风格、一种历久弥新的独特风格"，CHANEL女士如此形容自己的设计，并不是思索接下来要做什么，而是自问接下来要以何种方式表现，这么一来鼓动将永不停止。热情自信的Chanel女士将这股精神融入了她的每一件设计，使ChanelL成为了相当具有个人风格的品牌。

　　1983年接手CHANEL的Lagerfeld有着自由、任意和轻松的设计心态，他总是不可思议地把两种对立的艺术品感觉统一在设计中，既奔放又端庄，既有法国人的浪漫、诙谐，又有德国式的严谨、精致。他没有不变的造型线和偏爱的色彩，但从他的设计中自始至终都能领会到"CHANEL"的纯正风范。一直以来，Lagerfeld擅长利用简约方式表达出都会典雅、时髦的概念以及富现代感的风格，透过布料及材质的优点与特色，进而表达时尚感的独有魅力。这位推动时尚变化的大师，拥有卓越杰出的设计理念，始终坚持完美的品质，在简洁得体的剪裁设计中透露出利落内敛的独特品味。他可以称是最能领会CHANEL时装真谛的设计师。从接管CHANEL王国开始，他便建立备忘录，着力揣摩CHANEL在1939年以前约15年中的全部作品所折射出的女性形象。

法国路易十四时代的装饰风格、18世纪洛可可纹饰和浓郁东方风味的日本屏风画，都成为他创作灵感的来源。他的时装总是充满了一种难以言状的情愫和无法拒绝的诱惑力，继承着Coco CHANEL的精神内核，却又充斥着属于Lagerfeld"我行我素"的个人陶醉。欣赏他为不同品牌所作的设计，可以体会到他迷一般的魅力。

3. 作品分析

图1-8-1所示这款CHANEL2007年秋冬装，带来的是一场低调的浮华盛宴。这款套装为CHANEL经典的斜纹花呢外套，从牛仔夹克的外型变化而来。纯白外套与黑色紧身衫形成强烈对比，少了点淑女路线的中规中矩和成熟女人的矜持严肃，多了点校园学生的青春稚嫩和雅痞群体的时尚随性，Largefeld稍稍跳脱出了往日的奢华框架，开始向高校女生的美感哲学一点点地亲近。如果仅以经典的直身对称格局示人，不免平淡。Largefeld采用高腰的设计，更多一份通透活力，增添年轻感觉。格纹方方正正，细致而规整，衣边袋口带点甜美公主风格的精致扭纹可归纳为CHANEL恒久不变的定位：专属于那些孜孜追求整体美感、眼光独到且挑剔的矜贵女人。2007年秋冬的配饰是又一大亮点，双色高筒靴、金属珠链是此季CHANEL的标志性产品。穿起大小各异的银色、黑色饰珠和水晶闪石，以仿古形式出现而又不拘一格的自由组合，彰现此季Largefeld一发不可收的优雅复古情怀，为年轻女孩增添艺术气息和淑女风范，可以说是搭配出最新CHANEL复古形象的关键配饰。作为淑女风范的代言人，CHANEL越来越不满足一味保持乖乖女的形象，在原有精髓上不断添入摩登意念，保持时尚动感、性感特质与高贵典雅的平衡。对于优雅与年

图1-8-1

轻化之间的适当尺度的把握，使CHANEL的高级订制服一直保持良好口碑和稳定的市场。

　　艺术在当今社会的曝光度极高，每家品牌都在寻找与艺术的关联，Lagerfeld当然也不会落下这一波风尚。在2014年春夏的秀场上，他展示了在巴塞尔博览会上展出的带有CHANEL特色的艺术品，巴黎大皇宫（Grand Palais）摇身一变成为了一个飞机库，白色的墙身上装饰了风格各异的油画，T台的四周也放置了许多雕塑，现场展出的75件艺术品全部都是老佛爷的杰作，当然带有明显的CHANEL元素，如著名的山茶花装饰、珍珠制成的蜘蛛网一般的壁画和一个CHANEL 5号香水机器人。在这种艺术氛围中，这一季的发布会比以往更出众，Lagerfeld在不断的解构和重构中让CHANEL华丽的转变，出自她之手的斜纹花呢已经不再是服装面料这么简单，而是充满CHANEL气息的艺术瑰宝。图1-8-2的这款标准的斜纹花呢装采用了解构、错视、拼贴、组合等艺术手法，精致中多了几分灵动的变化。配饰是Lagerfeld最出彩的设计点，无论是领口的山茶花同料布饰，手腕上的紫红、藏青色相间手镯，腰间的紫红、藏青色腰带，还是紫红色的手抓包，都是精美绝伦，相得益彰。紫红、藏青两色作为配色的基本元素多次出现，搭配出隆重感。格纹花呢依然是细致而规整，变化的是面料上的流苏，随行而动，充满浪漫的情趣。时尚发型设计教父Sam McKnight设计的假发宛如Darth Vader（电影《星球大战》里最重要的角色之一）的头盔，彩妆创意总监Peter Philip设计的眼妆像是艺术家在帆布上做的油画一样色彩斑斓，这三大巨头的通力合作再次助CHANEL成就了一段传奇。

图1-8-2

九、Chloé（克洛伊）

1. 品牌背景

Chloé 品牌从创立以来，一直以简洁美观、具可穿性而受人欢迎，虽然频繁地聘用各国名师，但品牌的风格框架并未因设计师的更迭而改变，基本保持着法兰西风格的色彩特征和优雅情调，如飘逸的衣衫线条、轻柔的花卉图案，不时有波西米亚风格的融入，演绎出飘逸浪漫的少女形象。

1952年法国人Jacques Lenoir和Gaby Aghion创立了Chloé品牌。在那新思潮冲击旧传统的战后时代，大众化的成衣品牌不断向宫廷贵族式的高级女装传统挑战，并逐渐成为社会的主流时装。Jacques和Gaby两人凭借着对女性时装的新见解和敏锐度，创造出浪漫俏丽的摩登法国时装，扭转了当时僵化古板的女装风格。在品牌发展的岁月里，不同设计风格的设计师都在Chloé工作过，如风格浪漫的Karl Lagerfeld、注重活泼运动感的Stella McCartney和充满怀旧情怀的Phoebe Philo，这几位重量级的设计师使品牌始终处于叫好又叫座的世界一线品牌地位。

2009年后，Hannah MacGibbon、Claire Waight Keller先后担任掌门人。

2.品牌风格综述

1963年Karl Lagerfeld被聘为品牌总设计师，他不负所望，延续Chloé的浪漫轻柔风格，并重新定义了波西米亚风格，令Chloé成为20世纪70年代最受时装迷欢迎的品牌。1992年，Karl Lagerfeld回巢出掌创作总监，再次带来惊喜，为裙子渗入不少嬉皮

元素。1997年，Stella McCartney继任创作总监一职，她才华横溢，想象力丰富，为浪漫主义的Chloé成熟衣服增加了一点玩味，在轻纱罗布掩映下，令衣裙看起来更活泼性感。2001年，Stella离开单干，其助手Phoebe Philo接任创作总监，她延续Stella的设计精神，以轻逸、年轻、活泼再加三分怀旧为品牌风格注入新的内涵。

Phoebe Philo擅长从生活的点滴中寻找灵感，日落、日出、骑马、爱心……这些都给予她无穷的创作源泉。她的设计被认为是"高贵、浪漫和充满法国味"的。Phoebe腼腆和浪漫的性格使她处事十分低调，与生俱来的创作天赋使她在Chloé功绩显赫，她设计的印上特别诗句、水果及动物图案的T恤和长裤系列是品牌最畅销的单品。她独力承担的二线品牌"See by Chloé"的设计，尽显其设计风格，以20世纪70年代为设计蓝本，加入浓厚的民族色彩，运用珠子颈链、刺绣织花图案及渐变色彩等元素串联的系列，让人感受到那股年轻奔放的情怀。

3. 作品分析

2006年春夏的Chloé时装秀主题是回归20世纪60年代的少女风格，Chloé的爽朗利落的崭新形象出现在人们的眼前，经典的三角裙、菊花花边的薄纱裙等令Chloé看起来犹如20世纪60年代电影中的俏丽女角。Phoebe Philo在服装的选择上倾向于优雅的成熟化，她喜欢在袖子和服装边缘上作处理，如造型夸张的羊腿袖、温文尔雅的蝴蝶袖、可爱张扬的泡泡袖，以及热情洒脱的喇叭袖……蕾丝的运用更是游刃有余，镂空的花边散布在领口、袖间、裙边，蕾丝与低领口、大身面料巧妙地结合在一起。所有的设计

不仅技法娴熟，而且洋溢着一股甜美的青春气息。配饰上更利用大型醒目的金属饰物，以浪漫夸张的方式点缀了这季的波西米亚风。图1-9-1的这款收腰的短连身裙呈X型，上下宽松，腰间收缩，设计带着20世纪60年代的波西米亚风格。袖子是温文尔雅的蝴蝶袖结构，宽松落肩表现出衣料的飘逸感，领口边沿和胸前两侧以棉质花边，结合整款淡雅的米黄色显示出少女的内敛和低调甜美感，这是设计师所欲擅长表现的60年代少女风貌。高腰处衣片单独裁制，分出上下部分，将皱褶收服其中，塑造出优雅的X造型，有点短的裙摆自然蓬松飘逸起来。

Chloé 一直是某些类型的女孩为填满自己衣柜的必去之地，它精致又不失力量，具体表现在品牌法式精巧中融入英国风、些许男孩子气的特质。不过其2014年春夏的重点是偏向法国味，而且是特定的法式风格中更突出的女性特征。"一个比原来更加性感的女孩"是品牌创意总监Clare Waight Keller对这季设计灵感的描述，她希望柔化她的"假小子"式的强硬感觉，同时又不完全丢掉它。图1-9-2的这款飘逸的设计，以亚光乔其纱为主料面料，长款上装露肩露背、深V领，视觉是流行的下沉感，同时透出巴黎时尚女郎不经意的浪漫和性感。裤子面料的特殊处理是设计中的另一特色，小方块的凹凸作出特别的肌理处理，与上装飘柔的质地形成对比。收紧、及踝的小裤口使整款设计显得精干，形成的效果也充满活力。色彩上，是中性感的青苔色和灰米色。长形项链的点缀在中心形成一个焦点，显示出信手拈来的时尚感。

图1-9-1

图1-9-2

十、Christian Dior (克里斯汀·迪奥)

1.品牌背景

Christian Dior并不是服装设计出身，他毕业于巴黎政治学院。作为企业家之子，他对艺术的热情却从未消退。在时尚领域不断浮沉后，1946已经不惑之年的克里斯汀·迪奥才在巴黎Montaigne大道开了第一家个人服饰店。1947年，Dior推出了他的第一个时装系列：急速收起的腰身凸显出与胸部曲线的对比，长及小腿的裙子采用黑色毛料点以细致的褶皱，再加上修饰精巧的肩线，他的设计颠覆了所有人的目光，被称为"New Look"，Dior重建了战后女性的美感，树立了整个20世纪50年代的高尚优雅品味，亦把Christian Dior的名字深深地烙印在女性的心中及20世纪的时尚史上。他的名字是"上帝"与"黄金"的神奇组合，金色后来也成了Dior 品牌最常见的代表色。不论是时装、化妆品或是其他产品，Dior在时尚殿堂一直雄踞顶端。

Dior之所以能成为经典，除了其创新中又带着优雅的设计，亦培育出许多优秀的年轻设计师。Yves Saint Laurent、Marc Bohan、Gianfranco Ferre以及John Galliano在Dior过世后陆续接手，他们非凡的设计功力将Dior的声势推向顶点，而他们秉持的设计精神都是一样的——Dior的精致剪裁。2013年，Dior又迎来了一位很有个性的设计师Raf Simons。

2. 品牌风格综述

Christian Dior（简称CD），一直是炫丽的高级女装的代名词。他选用高档华丽的上乘面料表现出女装耀眼、光彩夺目的华丽与高雅，倍受时装界关注。

他继承着法国高级女装的传统，始终保持高级、华丽的设计路线，做工精细，迎合上流社会成熟女性的审美品位。诱惑、创造力、女性化、华贵是CD服装风格的永恒追求。CD时装注重的是女性造型线条而并非色彩，具有鲜明的风格，强调女性隆胸丰臀、腰肢纤细、肩形柔美的曲线。Dior让黑色成为了一种流行的颜色。它的晚装豪华、奢侈，在传统和创意、古典和现代、硬朗和柔情中寻求统一。

3. 作品分析

1997年入主Dior的设计怪才John Galliano为Dior带来艺术的探索，他是一位不可救药的浪漫主义大师，也是现在少数几个首先将时装看作艺术，其次才是商业的设计师之一。Galliano擅长营造宏伟瑰丽、充满幻想的场景。在担任Dior首席设计师期间，他不断在作品中放大和加强自己所特有的热情，浪漫和感性的历史主义风格，最终为Dior留下了深刻的个性化烙印。为2007年Dior高级女装所做的设计就是东西方文化的完美交融(图1-10-1)。日式风情的和服、宽腰带与艺伎妆容经过Galliano的神奇构思，将普契尼笔下的歌剧《蝴蝶夫人》以时装的精巧形式重新演绎。既有宛如艺伎的万种风情，也有伊丽莎白时代的高雅贵气。使人们再度领略了设计师的超凡天赋——以时装秀为叙事诗，唤醒柔美与敏感的情绪。其实这已经不是Galliano第一次做这种尝试，他非常擅于将时尚混融入历史感浓重的传统风格里。设计师巧妙地将传统东洋折纸艺术运用在礼服裙摆，围裹的大型裙摆蓬松而不杂乱，弧线优美的摇曳律动展现出精湛的版型与剪裁；在色彩运用上，纯粹浓艳的高彩度色系，大红色、翠绿色、明黄色营造出视觉强

图1-10-1

烈的具东方风情的艺术效果；印染图案是东方传统的风格。鲜明的纤细青竹，锦织和服的精致刺绣，华丽大气地展示在如雕刻般精准的晚礼服上。同时，极富戏剧效果的艺伎造型也在设计师手中越发夸张魅人：松树曲枝和日式礼盒缎带的发型，以及雪白脸肌、艳红樱唇，让整体造型宛如一场缤纷奢华的新版蝴蝶夫人。对照Galliano20世纪80年代的狂野浪漫，90年代的黯黑日式风格，虽然撷取的灵感一再重复，但Galliano依然能够玩出令人激赏的崭新风貌。

2013年加盟Dior的Raf Simons也为Dior这个有着悠久历史的时尚品牌注入许多专属的个性元素，Simons继承了品牌优雅冷静的传统，并发掘出严谨、精确和一种完全不同的性感。也许是信守简约主义理念，Simons非常擅于去繁就简。在他为Dior设计的高级成衣系列中，他去除了晚礼服腰部以下繁琐的部分，廓型显得简洁。2013年秋冬秀中，Simons 将他擅长的现代艺术运用到设计中，呈现出与Dior品牌新的融合（图1-10-2）。Simons 将 Andy Warhol 的早期画作精心作为重复出现的图形元素设计在时装中，唤醒古典高贵的精致感。这款黑色主打的时装，廓型内外有别，张弛有度。黑色的圆领合体连衣裤打底，外罩V字松身薄纱吊带连身裙，在袖肩处形成了交叉重叠，别具情趣。腰部设计是设计重点，简洁而不凌乱，轻盈、飘逸展现出精湛的版型与剪裁结构。整款有多处刺绣的精细图案自由散落，带来了律动美感，艺术使Raf Simons与Dior碰撞出新的火花。

图1-10-2

十一、Christian Lacroix
（克里斯汀·拉克鲁瓦）

1. 品牌背景

　　Christian Lacroix被赞誉为法国时装的代表人物，形容他是一位经典级的设计大师并不为过。Lacroix总是以鲜艳无比的颜色以及独特设计风格赢得时尚名流的喜爱，其独树一格的女装概念，创造出另一层面的美丽定义。

　　Lacroix1951年出生于法国东南部风光如画的普罗旺斯省的一个叫Arles的小镇，大学期间攻读古希腊拉丁文学和艺术历史，获得硕士学位。1978年，27岁的Lacroix步入美国纽约大都会博物馆，参观服装历史展览，唤醒了他童年时的梦想，并促使他努力去实现。Lacroix曾在Hermés和Chloé品牌从事设计工作。1987年在巴黎创立了自己名字命名的高级女装公司，先后于1986年和1988年两次获得时装界最高奖——金顶针奖。Lacroix的设计充满了想象力，处于久远历史长河中的宫廷风格更是其不变的灵感来源。在首次个人高级女装发布会上，Lacroix设计的一款具有洛可可风格的克里诺林裙，优美的曲线造型衬托了女性的婀娜多姿，当时曾引起轰动。1990年秋冬展上，Lacroix推出西班牙风情主题的斗牛士形象服，将欧洲服装历史上传统细节，如膨袖、束腰、镶饰等穿插于作品之中。在1993年秋冬设计中，Lacroix以20世纪初的迪考艺术（Art Deco）和新样式艺术（Art Nouveau）为蓝本，融合了巴洛克艺术，再现了独特的Lacroix风格。1996年春夏时装展，当众多设计师力图营造嬉皮潮时，Lacroix依然推出华丽的服饰风格，作品选用了抽纱、刺绣、荷叶边、拼接等方法，加上Lacroix喜用的绚烂色彩，在当时独树一帜。1999年在巴黎时装周上，Lacroix设计的火焰系列——气势磅礴的晚礼服、18世纪风格的短上衣、绢网芭蕾短裙……给这次时装秀带来一抹明亮缤纷的色彩。2005年Christian Lacroix春夏女装作品，整个秀场尽显春天梦幻般的精致，刺绣、百分百女人味的蕾丝和大朵艳丽花朵的蝴蝶装饰，以及褶皱裙和银饰均一一登场。

　　2009年7月7日，Christian Lacroix在巴黎呈现了最后一次视觉盛宴，后因经济原因而被迫宣布破产。

2. 品牌风格综述

　　纵观Lacroix的设计，可以发觉其设计具有的戏剧服饰味道，宽大的衬裙裙撑、夸张的蝶型领结、耀眼灿烂的金线装饰、精致高贵的绣花，以及浓郁响亮的色彩组合，这些构成了Lacroix独特的设计风格。在时装样式上，Lacroix并不遵从于中规中矩的保守原则，而是极尽奢华之能事。在该品牌的服装中，人们可以看到千姿百态的异域风情：原始质朴的眼镜蛇绘画运动；对戴安娜·库柏的崇拜；现代吉普赛人、旅行者与流浪汉的写照……衣料极为华美，常会有出人意料的拼配组合，如再刺绣过的锦缎、毛皮、二次织绣过的蕾丝、东方韵味的印染与绣花，甚至真金刺绣等。是否过于奢侈，是否有悖常理，全不是Lacroix会顾忌的事情。作为一名出色的艺术家，Lacroix会把廉价商店与博物馆、歌舞剧院乃至斗牛士等不同场面不同风情的元素组合起来，因而设计出的服装别具一格。Lacroix还常从过去的年代中搜寻灵感，模特或影视明星，傲慢高贵或落魄浪荡，都被他巧妙地表现在作品中。20年来，Lacroix完美精确地演绎法式经典的优雅华丽风格，他那精致华贵的装饰、柔软上乘的质料、夸张艳丽的色彩，以及风格独具的剪裁设计，都成为Lacroix永远的经典。

3.作品分析

图1-11-1的这款2006年秋冬设计作品依然延续了Lacroix奢华的法国式优雅路线和贵族气息，大肆采用刺绣、拼贴，以及繁复的印花面料，完全展现出一派摩登的宫廷时装气氛。经典合体短打小外套、马甲与超短连身裙融合在优雅的浅棕色调中，在印花的衬托下，显示出浪漫的气息、创新的灵感和古典的韵味。取自宫廷的刺绣边饰点缀着有点厚重的短上装，凸显Lacroix一贯讲究细节的风格，皮质和绸缎感的面料组合给人舒适的感受，款式简洁、流畅。加之清新纯洁的妆容凸显都市职业女性的新形象。在Lacroix的设计中，总能找到最华美、最时尚、最雅致、最纯粹、最清新的元素来装饰女人的花样年华，抽象派的印花、如水墨化开般的渐变色、精巧的宫廷刺绣、小蓬裙结合迷你的长度，更轻轻盈盈地让每个想更有女人味的年轻女性，尽显高雅、飘逸、时尚、知性之美。

在2007年秋冬装中，我们又发现另一个奢华的Lacroix。虽然主调为黑色，但是各种细节的设计、印花、妆容以及发型佩饰却让整出服装灵动起来，那种来自西班牙的激情不经意地体现在夸张的款型、精美的头饰、华丽的金色纹样、奢华的毛皮上。迷离的烟熏妆、蓬松的发型等复古元素，为这一造型抹上了浓重的哥特式魅惑色彩。厚重奢华的款式，以及无处不在的精致细节，应该没有一个女人能够抵挡这迷人的华服。Lacroix沿袭一贯的宫廷式奢华，穷尽

图1-11-1

了所有精美元素，又仿佛不经意地信手拈来：闪钻、毛皮、金色锦缎，另一个时代怀着梦想的不安灵魂在此时重生。高贵的驼毛，热烈地绽放在袖口上，流动的金色图纹、饰有水晶的头饰、精致昂贵的装饰、柔软高级的质料，张扬着舞台上的华丽，也时不时地击中对于瑰丽和繁华向往的心。多层次的搭配在耀眼的光芒中显得别有情趣，黑色的紧身裤袜和上衣更衬托出金色的华丽，传统的黑色领巾带出贵族的气息，Lacroix携着来自18世纪法国和热情妖娆的西班牙精魂合体的魔咒，又一次催眠了时尚风潮中清醒挑剔的双眸（图1-11-2）。

图1-11-2

十二、Costume National

1. 品牌背景

Costume National品牌创建者Ennio Capasa（伊尼欧·卡帕沙）1960年出生于意大利南部的莱切（Lecce），父母在当地有个小服饰店，小店对于新潮流极为关注，比如它是意大利第一家销售YSL和Mary Quant的店铺。Ennio曾在店内消磨过很多时光，常常被妈妈的那些优雅顾客们所吸引。他最喜欢的一个游戏是想象用不同的衣物去打扮顾客，比如会想："如果她穿的是凉鞋而不是平底便鞋，那么她看上去会更美。"小时候由于受到东方文化的影响，在18岁到米兰艺术学院学习之前曾周游日本。毕业后，在1982-1985年间赴日本在山本耀司手下受训。1986年回国后与兄弟Carlo合作创办Costume National。1987年，结合日本的纯粹主义与街头风貌，Costume National在米兰推出首场女装发布会，但是反响平平。所以1991年他们决定跟随山本耀司和川久保玲到巴黎做秀，受到褒贬不一的各种评论，市场反响很强烈。1993年，开始拓展男装领域，他设计的男装模糊了正装与非正装的界限，是对意大利传统男装的一次变革。2000年又增加了包袋、内衣和皮革饰件，更推出以名贵罕有布料设计的Costume National Luxe系列。2004年推出二线品牌CNC。

2. 品牌风格综述

Costume National糅合东西方的时装设计之精粹，极富现代感的设计以优雅为主导，品牌风格演绎出的生活品味，集时装艺术与现实生活于一体。简洁典雅的至优裁剪比例、感性的廓型、精致的中性化风格是Costume National品牌的识别符码。

Costume National品牌的名字起源于Ennio所钟爱的一本有关制服的书，因此Costume National服装也拥有一种制服般难以抵抗的诱惑。剪裁方面更多借鉴了军服的设计。Ennio Capasa的设计挑战时装固有模式，其崭新之处永远叫人喜出望外，被誉为带动了"新意大利设计"运动。这位相信自己第一感觉的设计师将自己与最爱的设计工作完全融在一起，他最得意的设计是夹克衫和裤装。Ennio的设计强调臀部、肩部和颈部，他偏重使用暗沉的大地色系、黑白色、光泽面料、透明面料表现新新都市女郎——性感、锐利、罗曼蒂克、富有战斗性。女西服、军用防水短上衣、紧身皮装、真丝针织衫、牛仔裤都是Ennio Capasa的招牌设计。

3. 作品分析

2007年春夏的秀，在一片未来主义的主题下，设计师Ennio Capasa并没有跟风，他的重点仍然是廓型和表现女性的性感。图1-12-1的这款设计聪慧狡黠的设计师Ennio Capasa采用薄如蝉翼的绢丝材质，剪裁出不寻常的款式，宽松超现实的晚装袍采用不对称的设计。利用裁剪出人意料地伸展出上肢，怪诞性感。透明的黑色薄纱隐约间露出女性线条，飘逸的长裙随着身体的舞动流淌着。完全裸露在外的单边美腿是整款构思精华所在，布料在腿根部紧贴，向下呈伞状自由张开，设计充满了性感的诱惑。在色彩上，黑色这一设计师的最爱又一次演绎出不同凡响的韵味，纱质黑色面料与高度磨光闪着光泽的黑色腰带互相映衬，还有黑色漆皮的锥形高跟鞋，无一不彰显

图1-12-1

图1-12-2

出性感主题。设计师在上下装以材质的半透明和不透明的对比，塑造的出女性的完美身段。

2007年秋冬Costume National秀场上，设计师Ennio Capasa希望将制服和裙装中和起来，基于这点，整场秀再现了Costume National成功的公式（图1-12-2）：线条刚硬的裁剪，充满诱惑的性感。肩部和颈部的设计是Ennio Capasa的拿手之作，前后肩片分割，在袖窿处集合，袖窿是夸张的大褶，成为点睛之笔。颈部豪华的毛皮高领雍容华贵，尽显时髦前卫感。结实的宽皮带束在胯部，挺缝线明晰的直筒西装裤表现出设计师的制服情结。小带性感挑逗的露肩设计结合着男装元素一同铺陈，强调出线条上的纯粹感，演绎柔中带刚的独到风采，衬托形体上的明确风格。在色彩和选料上，设计师运用经典的黑灰色调和神秘的暗绿色，将绸缎、毛皮、针织物、全毛等不同质地的面料组合在一起，厚实的围脖、有光泽的上衣、柔软的手套和挺括的裤装，面料质感、光泽的对比和相衬，以及独到的细节处理，碰撞出洒脱又细腻的完美设计。

十三、Dries Van Noten
（德赖斯·范诺顿）

1. 品牌背景

Dries Van Noten1958年出生于比利时北部安特卫普，来自一个世代相传的裁缝师家庭，他的祖父是一位传统的裁缝，父亲则拥有一家男装店，Noten理所当然进入了服装领域。1981年毕业于现存世界上最古老的艺术学院——安特卫普皇家艺术学院，才气纵横的Noten带着熟悉各式织料的优势，尤其对提花织物的设计运用，在时装界闯出了一片天地。1985年，Noten首度在安特卫普的一家小型精品店发表他的个人品牌，随即于1986年推出男装系列，并且被评选列入安特卫普六君子之一，这是时装界对代表着才华洋溢、极富创造力的一组比利时设计师冠以的别样称呼，其最重要的莫过于唤起时尚圈对于比利时的重视，因此，他对于推进比利时的时尚走入国际，功不可没。而此次的发表，更为Dries Van Noten带来不少订单，带给他首次的订单中更有来自于纽约Barneys百货的下单，其实力无庸置疑。1991年Noten首次在巴黎时装周上举办男装秀，1993年展出了首个女装系列。

2. 品牌风格综述

比利时设计师Noten执著地追求纯粹的民族风情和前卫的设计理念相结合，在时装界独树一帜。Dries Van Noten自出道以来，由浓得化不开的ethnic(异域)风貌，到深沉的中世纪哥特调子，再至2007年推出的怀旧浪漫风格和带有未来感的设计，都各具特点，而且处理手法愈见成熟。民俗热潮仍未大肆流行前，Dries Van Noten所设计的服装就以浓厚的异国情调闻名，包括1986年在伦敦的那场荣获"安特卫普六君子"之誉的时装展。由于自身对于民俗情有独钟，造就了他独一无二的品牌精神与形象。作为专注于民间民俗性的品牌，Noten的每季作品色调非常丰富，宛若一场场充满异国风情的文化之旅，各色印花已成为Noten品牌的标志，此外色彩也是Noten设计的重点。Dries Van Noten的设计风格永远是自成一格，不被时尚潮流所左右，而这个特有现象，其实可普遍地从比利时设计师的作品中嗅到些许蛛丝马迹，亦可算是一种地区上的流行特色吧!

3. 作品分析

Dries Van Noten在2008年春夏选择回归到过去的灵感来源，或是说，他试图走回到那个拼贴混搭得宜、手工刺绣精美，充满异国情调的Dries Van Noten。但是，除了秀场（18世纪的意大利宫廷建筑）和舞台布置（大量使用蜡烛与吊灯，呈现出赭红昏黄的色泽）稍微表达出Dries Van Noten的招牌特色以外，2008年春夏系列并没有向过去的美好看齐，反倒是领着观众往"未来"的方向走去。在Dries Van Noten2008春夏的秀场上，那份改良了的校园少女味道重现眼前。图1-13-1的这款轻薄宽松的女衬衫和怀旧款式的印花七分裤的结合，搭配出灵巧慧黠，充满民族气息的时尚少女形象。松身随意的款式造型使穿着者轻松舒适，更为服装市场提供了一个休闲类的选择。印花图案的裤子，腰头采用了不同色调的印花，显得更加丰富多彩。同样印花图案的凉鞋承接了裤子的印花，跳跃的色彩与模特亮丽的妆容遥相呼应，整体感强烈，设计完整娴熟。

图1-13-1

图1-13-2

虽然民俗情调是比利时籍设计师Dries Van Noten的看门绝活，然而Noten就是自有他的一套创意，可以每季大玩特玩而不重复，这就是这位比利时设计师的过人之处。长期坚守民族风设计的Dries Van Noten在布料上下了很大功夫，Dries Van Noten使用的布料在达到舒适的条件之外，不断在剪裁与样式上进行创意，设计出每季不同的服装。图1-13-2的2014年春夏系列中，Dries Van Noten展示了魅力惊人的设计，黑色郁金香花缎、乌黑褶边、拜占庭式的金色、土耳其流苏、划破夜空的铁丝网，这些都是本季的主旋律。与此同时，Dries Van Noten选择简单朴实的方式，运用府绸、印花棉布、

天然亚麻等耐寒朴素的面料，打造富裕和贫穷阶级大胆反差的组合模式。这款将黑、白、金组合在一起的设计带着浓重的民族风情，线条丰富，层叠有序，铺张的白色、本白色、金色荷叶边，与宽松的大裙摆相辅相成，气质脱俗。在民俗风下隐约彰显出城市优雅浪漫，你可以想象女性放纵的自由精神。面料是体现农民淳朴的棉布，也有过分修饰的金色褶边荷叶，奢华与朴素的对比营造出强烈的冲撞效果，黑色长马甲背心冲淡裙装的隆重感，是设计师对这一季贯穿的黑色元素的一个呼应。这些冲突、铺垫又巧妙地在黑色、金色镶拼的露趾鞋上得到融合。

十四、Elie Saab（埃利·萨伯）

1. 品牌背景

　　Elie Saab是一位近年来受到国际时尚界关注的黎巴嫩设计师，他的礼服设计高雅而性感，是继Versace后又一位既保持经典的传统样式但又不失现代潮流、极具女性美感的设计师。他的作品从招牌的黑白蕾丝花边裙摆小洋装，到修长拖地鸡尾酒礼服都呈现出精美的性感气质，准确地传达出优雅的时尚感。

　　Elie Saab1964年出生于黎巴嫩的首都贝鲁特，他从小就显示出对艺术的兴趣。1982年他在贝鲁特开设了第一家时装屋，整个20世纪80年代，Elie Saab在中东地区建立了很高的知名度并拥有了一批忠实客户。90年代开始，Elie Saab扩展了时装业的规模，并拓展至欧洲时装中心。1998年Elie Saab在米兰的Ready to Wear成衣秀获得巨大成功，商业上大量订单纷至沓来。2000年后，Elie Saab开始在巴黎时装周上做Haute Couture高级女装秀，2003年Halle Berry（哈利·贝瑞）身着Elie Saab设计的晚装赢得奥斯卡小金人，由此他的设计越来越受到好莱坞明星，如Catherine Zeta-Jones（泽塔·琼斯）和Elizabeth Hurley（伊丽莎白·赫莉）等的追捧，中东皇室，如约旦的Rania（瑞妮娅）王后等也成为Elie Saab的拥趸。

2. 品牌风格综述

　　Elie Saab是位公认的礼服设计大师，他知道礼服的本质，知道应该用怎样的面料和配件为女性创造完美和奢华，这源于设计师对女性优雅华贵形象的营造能力。Elie Saab欣赏魅力十足的女人，对没有女人味道、有男性化倾向，还态度蛮横的女人则没有设计欲望。追求女性的曲线美感设计是礼服设计师的共同想法，Elie Saab的晚礼服设计没有过分裸露的低胸，而是恰到好处地凸现性感，那是高贵、最完美的表达。如在2005年秋冬高级订制设计中，Elie Saab以20世纪50年代好莱坞风情为摹本，设计了优雅法式帝政紧身礼服，合身而不紧身的低胸及膝套装，都呈现出贵气端庄感。

　　Elie Saab的裙装设计常以大V领的设计露出纤细的脖颈，配合出优美的胸线，加上飘逸的长裙设计着实靓丽。Elie Saab的设计手法多样，或花瓣式的错落裁剪结构，或层叠组合，或斜裁垂荡，或裹肩披挂，用以表现女性楚楚动人的效果。他擅长轻薄面料的运用，其晚装大量选用丝绸闪缎、珠光面料、带有独特花纹的雪纺纱、银丝流苏等，以斜裁、皱褶等裁剪手法产生飘逸华美效果。设计师有时还别出心裁对不同色系的丝织面料进行渐变色彩处理，产生幻化效果。Elie Saab喜用水晶和闪钻装饰，精美的纹样勾勒出服饰的精美奢华感觉。

　　或许受地中海气候的影响，Elie Saab的色彩观充满了阳光色调，如玫瑰色、金黄等，这在他春夏季发布作品中尽情展露，此外深受女人喜爱的褐色、古铜、酒红色和松石绿等优雅色彩则是他的秋冬作品最爱。

3. 作品分析

　　图1-14-1这款2007年春夏作品的设计灵感来自于20世纪70年代风格、迪斯科和法国大众明星姐

图1-14-1

图1-14-2

妹Dalida（达莉塔）和Sylvie Vartan（塞尔薇·瓦丹）。成熟优雅的法式帝政紧身礼服配上具有悬垂感的波浪褶皱塔夫绸和精心装点的法式前开衩A字裙，营造出一种浪漫的法式情调。没有过分裸露的低胸，只有单肩式的半露香肩，以轻柔的薄纱绞缠处理并遮挡住一侧手臂，恰到好处地露出不怎么张扬的性感。颜色上浅紫和粉银的搭配更加凸显富有情调的法式浪漫。袋口、裙摆处碎花的装饰透出了作品的细节感，与粉色高跟鞋的配合，加强了设计的整体感。

图1-14-2的这款Elie Saab2007秋冬的高级定制系列，如同破冰跃出的冰白精灵，用银白和带有透明感的灰黑、藏蓝，打造举手投足间的闪耀光芒。这是一款典型的Elie Saab风格设计，追求性感飘逸的女性美感。缠绕颈脖的薄纱层层叠叠，或隐或现露出柔滑的肩部曲线。前胸是设计的重点，设计师将面料做抽褶处理，产生自由的曲线。高腰线的运用使下半身显得格外修长，这是Elie Saab标志性的设计语言。裙摆以薄纱闪缎层叠构筑产生不规则的线条，使视觉充满了张力，在行走间浮游流动，一种飘渺的神秘魅惑感自然流露。

十五、Guy Laroche（姬龙雪）

1. 品牌背景

Guy Laroche 是一个与Lavin、Dior等齐名的法国品牌。"法国、浪漫、高贵、优雅"是我们看到Guy Laroche服装的第一感觉，设计师坚持"让高级定制服变成一种摩登的生活必需品，一种简单而时髦、别致的穿着法则"的设计理念，因此可穿性和舒适度成为Guy Laroche时装的一大特色。Guy Laroche的设计选料着重演绎女性的自然体态美，讲究轻盈舒适，服装剪裁细腻准确，营造出巴黎优雅浪漫的女性高雅脱俗的慑人气质。

才华横溢的服装设计师Guy Laroche 1921年出生于法国西部的拉罗切利。最早在曼哈顿经营了两年的女帽生意，后曾到法国担任法国著名设计师Jean Desses（珍·黛西丝）的助手。1957年 Guy Laroche在法国创立个人品牌，在巴黎的罗斯福大街37号开出自己的第一家服装店，展出的60余套惹人注目的作品一夜之间惊艳巴黎，令人惊奇的裁剪和材料、打褶的外套、繁复刺绣、串珠金属花边，展示了服饰的新形象。他见证了巴黎高级时装的鼎盛时期。1960年，他开拓了成衣线，举行首场成衣发布秀，1985年秋冬服装系列获得高级女装的金顶针奖项。1989年Guy Laroche辞世后，公司的设计师换主很频繁，先后有Angelo Tarlazzi、Michel Klein、Alber Elbaz、Laetitia Hecht和Herve Leroux担任过品牌的创作总监。2007年，曾于1989年在巴黎创立自己品牌并举办发布秀的瑞典设计师Marcel Marongiu担任高级女装系列创意总监，新舵手为品牌注入新元素的同时，贯彻品牌典雅大方的路线，延续Guy Laroche一贯简约而华丽的风格。

2. 品牌风格综述

Marcel Marongiu是一个非常贴近真实生活的设计师，他很重视服装和人体的一致性，强调服装必须穿起来绝对自然，让人体能够自由伸展，并且藉由人的穿着赋予服装精神与生命。Marcel Marongiu设计的晚装系列贯彻品牌瑰丽优雅的风格，以华丽妖媚的设计、配合细致贴身的剪裁，突显女性的动人曲线；休闲服及套装系列的设计流露女性柔中带刚的独立个性，既有男子气的潇洒，又不失女性的高贵。剪裁着重线条美，在塑造冷酷硬朗的形象之余，亦呈现性感温柔的女人味。主要质料包括大热的粗花呢绒、软滑弹性的针织布料、飘逸浪漫的真丝薄绸、舒服时尚的混纺布料等，裁制出优雅、富时代感的服饰，拼凑不同的线条图案，营造夺目生辉的效果。

3. 作品分析

褶皱是品牌的标志性设计，Guy Laroche品牌可以说是把褶皱的特性运用到了活灵活现的地步，每一件衣服的褶皱样式都不一样，其形态的变化都是依据具体衣服的设计理念变换而来的，有的是根据体形的变化自然形成，有的则是通过某种固定方式人工变化而来，但无论是哪种方式，其形成的效果都是能够让人感到有某种经过精心设计的巧妙感存在。图1-15-1所示的这款2007年春夏小礼服的设计中，褶皱的表现就很有性格，通过腰间的褶皱与肩部的直线衣领形成相对软和相对硬的明显对比，使原本只能带给人们松散感觉的褶皱变得利落而且现代起来，这种将两种绝对元素通过设计中介融合在一起的设计手法是设计师们经常用到的。采用相对柔软的面料，上身的两个袖口处裁剪线路清晰，

图1-15-1

图1-15-2

整体形成相对的直线长方体，从腰间开始出现褶皱，短小的裙边开始变得自然随意起来，这样，腰间的褶皱造型仿佛就成了一种规整与随意的分界线，使两种对立的设计融合在了一起。还有，肩膀上的直线条与覆盖全身的褶皱长裙也形成了简单与复杂的对比，使整个设计雍容而富有现代感。

2007年秋冬系列的成衣秀，带来的是一场色彩缤纷、款式多样的潮流盛宴，带回到20世纪80年代的风格。展示的服装结合了流行的各种元素，从面料到造型，都给人眼前一亮的惊艳感。设计师以修身剪裁、弹性衣料、波纹褶皱凸显女性的自然线条美，运用独特褶皱剪裁将巴黎的优雅浪漫气息与三四十年代好莱坞电影的怀旧感觉融合，同时在服装中又注入

了独立不羁的时尚元素，幻化出展示高雅脱俗的慑人气质，演绎出现代女性温柔与硬朗并重的独特个性，是瑰丽浪漫与完美体态的艺术结晶。新任设计师Marcel Marongiu感受到Guy Laroche品牌的精髓：精美绝伦的裁剪和皱褶。图1-15-2的这款单肩紫色的晚礼服拥有漂亮而美丽的皱褶，腰部横向的皱褶与肩带处纵向的皱褶交叉穿行，给人带有一种蕴涵丰富的感觉。布料在肩部走向与衣身皱褶走向形成反向对比，设计师正是运用这种特性来表达自己对于女性的理解和对服装的感悟，把女性的美丽和阳刚通过皱褶这个载体完美地表现了出来。软滑弹性的针织面料，带来华丽妩媚的感觉，细致贴身的剪裁加上精细皱褶线条的重复，完美地塑造出冷艳高贵的女性形象。

十六、Haider Ackermann
（海德·阿克曼）

1. 品牌背景

风行于20世纪90年代的解构主义设计手法在比利时设计师中有众多实践者，其中尤以Martin Margiela为甚，而21世纪崭露头角的设计新星Haider Ackermann是新一代解构主义传人，他具有丰富的想象力和高超技术，而今Haider Ackermann与其他比利时设计师们正打造出新一轮的比利时时装风潮。

在时装界被誉为新一代设计师的Haider Ackermann1971年出生于哥伦比亚首都波哥大，自小被一对从商的法国夫妇领养。他从小到大穿梭于埃塞俄比亚、乍得、法国、阿尔及利亚和荷兰等不同国家，自身集结了各地文化交融的背景，这为他日后创作提供了灵感源泉。1994年高中毕业后赴比利时安特卫普皇家艺术学院接受时装设计训练，这是一所涌现出当代著名的"安特卫普六君子"（Antwerp Six）的艺术学院。三年学习后因经济原因辍学，曾在John Galliano处工作。2002年Ackermann在好友Raf Simons的推波助澜之下，成功地在巴黎发表首个时装系列——2002秋冬设计，吸引了众多买家和时尚杂志编辑的眼球。两星期后，Ackermann被意大利皮革制造商Ruffo Research任命为设计总监，设计了2003年两季作品后，Ackermann开始专注于自己品牌发展。2004年获得享有盛誉的瑞士纺织大奖。

2. 品牌风格综述

或许有浪迹天涯的游历生活经历，Ackermann的作品中流露出矛盾的乡愁文化，Ackermann在设计中常以各类矛盾对比作为构思源泉，如廓型上松紧交替搭配，通常是上松下紧，以透明、具光泽的高科技面料设计出带怀旧或浪漫风格的作品，无论在风格上，还是色彩、面料，甚至化妆色彩方面。在他心目中，带点男性阳刚味道的女装最具韵味，也最能展现女性的美，所以他的作品向来以黑及灰调子居多，这在设计师的早期作品中尤其如此。Ackermann的独到剪裁技艺是其服装的一大卖点，其中最拿手的要属缠绕剪裁，恍如裹布的衣装设计，将女性的身段表露无遗。较之常规的以表现女性性感，如深深的V形领或低胸剪裁，Ackermann的设计表现来得更含蓄且更有味道。Ackermann钟情皮革材质，这有助于他的服装中性化的表现。他还善于在黑色的织锦面料上，表现出皮革的质感。

Ackermann手笔下的女性从来都与世俗远离，在她们有些离奇的外表下，隐约透露出深层的高贵和性感。Ackermann认为服装反映生活态度，他力求将高贵与平庸融合，突出作品个性。Ackermann的服装算不上具可穿性，某些设计甚至难以驾驭，但若说Ackermann设计的可观性，应该能挽回不少分数，欣赏他的作品要从剪裁及细节处理上出发，因为这不是叫人一见钟情的品牌，但却是耐看且具潜质的个性化之作。

3. 作品分析

有在Ruffo Research品牌设计经历，Ackermann对皮革的运用情有独钟。图1-16-1这款Ackermann2006年秋冬作品，皮革短装内置一件松垮的深蓝色无袖衫，宽松的马裤式收腿裤配上皮靴，一副浓烈的街头服饰打扮。露有明线的皮革

图1-16-1

图1-16-2

护肩，配上同质露指手套，坚硬的皮质腰带，自然搭系在腰下，一身帅气。整体而言，风格男性化与服装的对象表现、造型的收与放、面料的光亮与毛糙、配件的厚实与质料的轻薄形成强烈的对比，这正是Ackermann追求带有强烈矛盾冲突感的设计。女模方正的脸和一袭短发，瞬间将性别的界限抹去，分不清的中性风格刹那间呈现在眼前。这就是Ackermann所营造的时尚现代的"女强人"形象。

在图1-16-2的这款2008年春夏设计中，Ackermann将自己对服装的理解进行了一次全面的诠释。他将这款长裙进行不对称剪裁，柔软的带有光泽的织锦面料被制作成晚装，结合了丝绸般柔滑的特质，又带有皮革硬朗的折光效果，将晚装设计得独具风格。披搭式的设计手法是Ackermann的一大特色，这款长裙正是以此剪裁设计，设计师将传统礼服结构进行解构，上身采用细吊带低胸收腰结构，下身以一侧细带的系拉方式，将布料在臀部形成包裹结构，构思独特。出人意料的模特发型前卫另类，仿佛在声明那是Ackermann的服装，总是别出心裁，不安分守己，呈现出一种峻冷的中性美。

十七、Hermès（爱玛仕）

1. 品牌背景

1837年，法国人Thierry Hermès于巴黎创办了马具制造工厂，开业初期专门制造有关骑马的皮革制品作批发。踏入20世纪初，汽车诞生并逐渐流行，马具制造业因而步入黄昏，Hermès家族掌舵人毅然决定公司转向生产皮具及行李箱，重新塑造Hermès风格，这使得家族企业得以脱胎换骨般发展。1920年，爱玛仕的企业总部落成，产品线也积极拓展至手提袋、旅行袋、手套、皮带、珠宝、笔记本、烟灰缸及丝巾等，其中尤以丝巾最为人称道。1956年，经典的"凯莉手袋"(Kelly Bag)正式推出，至今"凯莉手袋"仍旧是每个爱美女士的"必有物品"。1961年，首度推出香水系列；1976年，更进军高级腕表市场。发展至今，Hermès男女装更位居一流品牌之列，成为法国著名时装及奢侈品品牌。

2. 品牌风格综述

Hermès品牌所有的产品都选用最上乘的材料，注重工艺装饰，细节精巧，其以优良的品质赢得了极好的信誉。舒适及原创精神、不迎合潮流、不刻意表达自己是Hermès的一贯追求。与皮具、箱包、丝巾等一样，Hermès的服装注重精湛工艺、高尚品味，以及自然的优雅，强调回归宁静的处世哲学。众多有才气的重量级设计师的加盟也为Hermès带来多种时尚表现。1998年比利时设计师Martin Margiela成为Hermès女装设计师，直到2004年。他为Hermès建立出极简、低调却仍然带有Margiela式风格的大胆创意，他尝试以极简单的线条、形式呈现最

高品质与剪裁，为Hermès塑造出一种解放曲线后的轻松和休闲感。之后，Gaultier接任Hermès女装设计师一职，他为爱马仕带来全新的风貌，却依旧拥有极致的巴黎风味。相较于Margiela的极简低调，Gaultier则热情洋溢，呈现的是这位巴黎设计师从小耳濡目染Hermès文化的思想。2010年10月以后，法国设计师Christophe Lemaire执掌Hermès，强调"低调实穿"的Christophe Lemaire的设计更像是改良后的"高级妈妈菜"，经典中透着耐人寻味，整道菜以其核心价值为本源——滋味。

3.作品分析

在Gaultier为Hermès所做的设计中，以飘逸的风格与追求精致完美的创意，让Hermès女装保有Hermès集团依旧的优雅，没有多余的设计，却彰显服饰的气质，同时展现衣服的机能性与高度的舒适性。Gaultier收敛起一贯的离经叛道，如轻描淡写般将传统Hermès纹样的丝绸面料设计成大一字领纱笼，低腰线上随意系扎同料饰裙，配合在比基尼泳装上，带出假日海滩上一股轻松舒适的休闲气息，同色的手镯、系带、头箍称职地装饰着飘逸的丝质纱笼，极富风情，法式的优雅和悠闲、奢华与傲气都隐含在Gaultier巧妙的设计中（图1-17-1）！

在2014春夏秀中，Christophe Lemaire将Hermès带进了春夏丛林，一如设计师所崇拜的法国画家亨利·卢梭的作品，设计图案复制了卢梭作品中悬垂的花卉、植物，搭配的长靴上面也有同系列的印花，这契合了本季的热带丛林主题。Lemaire

图1-17-1

图1-17-2

以往喜欢中性风格，但此次色彩变化构成了本次系列的主线：深紫色、蓝绿色、天蓝色、橘红色。正如Lemaire所说，Hermès女性是旅行家和冒险家。图1-17-2的这款轻松愉快的设计就很适合旅行，造型自然，款式简洁，通过色彩渲染出旅行的气氛，结合男式衬衫结构和民族情调的橘黄色衬衫带有浓郁的Lemaire设计影子，亚麻面料的中长围裙上大块色彩如水彩画般晕开，自然清新，隐约显出古朴之气。腰部的小皮饰制作精致无比，成为视觉中心。不强调腰线，不突出女性的曲线，正是Hermès的原味哲学。

十八、Hussein Chalayan
（胡赛因·卡拉扬）

1. 品牌背景

英国设计师Hussein Chalayan是土耳其人，1970年出生于塞浦路斯首都尼科西亚，刚出道就以可穿性强而又机灵迷人的服装而闻名。比起强势的John Galliano和Alexander McQueen，Chalayan更专注于创意性、实验性、概念化的思考。Hussein Chalayan的设计并不局限于实验，他还将创意与商业有机结合，创作出受市场欢迎的设计。因在材质和观念上独具开创性和革新性，他曾两次荣获英国年度设计师大奖。因在设计上常常上演的这些惊人之举，使他拥有"解构主义的怪才"和"时尚设计的魔术师"之美誉。当1993年从中央圣马丁艺术学院毕业的时候，他将其毕业设计卖给了Brown Focus公司。现在，除了他自己的服装系列设计外，他还为纽约的针织公司TSE和英国的服装连锁店Top Shop设计。Hussein Chalayan的成功证明，在时装界中，好的、新奇的想法也是一个很好的卖点。

2. 品牌风格综述

在Hussein Chalayan的设计中，你绝对看不到平庸的把戏，也没有卖弄所谓的"粗劣"艺术。Chalayan的作品常常表现的是一种概念，对服装的要求不似一般设计师以美感或迷人为终极目标，而是将设计纳入了雕塑、家具或建筑等其他领域。一切都是以创意为出发点，超越了时尚固有概念，因此作品带有强烈的现代的装置艺术和行为艺术理念。Chalayan的时装秀一向是全世界时尚人士所期盼的

精彩节目，虽然有时候会玩过了头，但是正因为他超越传统的概念，所以总给时装界带来新气象。当越来越多的设计师沉迷于奢华与媚惑时，他却始终保持着自己一贯的设计风格。他开拓出别人所不涉及的领域，相对于时尚，他选择务实，相对于奢华，他选择设计。与其说他是服装设计师，倒不如称他为艺术家更为合适。

3. 作品分析

Hussein Chalayan的设计与众不同，包括建筑和哲学法则、人类学的知识都是他的灵感源泉，因此Chalayan既是艺术家，又是社会学家。他的设计也是另类的，如吹气裙、将咖啡桌反转做成木制裙装、扶手椅转化成裙子、椅子变成旅行箱、金属饰装饰在礼服上等，几何或曲线的分割结构也是他的设计特点。主题为"未来世界"的2007年春夏秀中，Chalayan找来电影《哈利波特》中担任制作的班底来负责发布秀中的科技部分，将复古与未来科技结合在一起，重新解构了时尚界疯狂推崇的复古风。他娴熟地解构礼服结构，以轻柔的薄绸面料与刚性的金属材料随意拼接，让复古元素以未来感的方式呈现，设计出可伸展可悬垂的高腰裙片，其对高科技的运用让人叹服。如图1-18-1所示具复古结构的高腰连身裙采用铠甲式的宽肩结构，衣身以电路板的效果块状相连，造型怪异的圆顶帽更是使整款服装增添出属于21世纪的时尚感。色彩以无彩色的黑、白以及浅灰为主，加上带发光色彩的选用，Chalayan营造出他心目中的未来世界，并以一种简洁的设计方式传达其

图1-18-1

图1-18-2

复杂的思维想象。

  Chalayan的设计充满了睿智、淡雅和素洁的稍稍地装饰，色彩上多用白色、灰色或是半透明色。Chalayan最擅长把衣服做"乱"，层次乱、结构也乱，从2007年秋冬设计中就可以感受到这一风格（图1-18-2）。解构形成的各衣片，包括肩带、裙片簇成新的几何图案，内搭的吊脖衫与外裙混在一

起，分不清装饰与主体。他的装饰总以抽象为主，图案渊源广泛，如气象图、飞行路线图、电路板图等。装饰性的元素是直接装点入服装之中，半透明中隐约出现的条纹、玫瑰花图案显得与众不同。裙子后幅使用波浪的皱褶形成A字形，他至爱的无袖设计恰到好处地于领位、肩位，塑造出令人印象深刻的线条。

十九、Issey Miyake（三宅一生）

1、品牌背景

1938年三宅一生（Issey Miyake）出生于日本的广岛。1958年在东京Tama大学平面设计系毕业后，Issey Miyake到巴黎服装设计学校深造，曾先在法国高级时装公会学校学习，奠定了他深厚的剪裁技术基础，后师从名设计师Guy Laroche和Givenchy。1970年Issey Miyake设计事务所成立，开始了他的设计事业，1989年正式推出闻名于世来自古希腊服饰灵感的褶皱衣服。

1999年10月，三宅一生将品牌的设计工作交给其助手Naoki Takizawa（师泷泽直），自己则专心于A-POC系列。师泷泽直生于1960年，毕业于东京桑泽设计学院，于1989年加盟三宅一生，并一直接受三宅一生的亲自指导，1991年担任首席设计师三宅一生的助理，1993年成为三宅一生男装品牌设计师，1999年接任了设计总监的位置，2007年，师泷泽直创立了自己的品牌，离开三宅一生。2012年开始，已在三宅一生设计师工作室工作了十年的Yoshiyuki Miyamae出任Issey Miyake设计师。

2.品牌风格综述

三宅一生的设计时而浪漫，时而古典，时而华丽，时而惊艳，变化无常，无拘无束，他总是在一个你无法涉足的范围去展示不拘一格的风格风貌。三宅一生的设计目的是让穿他的衣服的人从服装结构的束缚中解脱出来，却又表现独特的体形美。有着传奇魅力的日本设计师三宅一生的作品拥有梦幻艳丽的色彩，细密的褶皱，充满东方情意的装饰元素和永远未

知的灵感来源，对设计的整体把握上，师泷泽直沿袭了三宅一生对面料和表面肌理的重视，同时也加入了他所欣赏的音乐、舞蹈元素。他充分展现了三宅一生的观念和理念：特别重视面料所传达的信息、服装线条和织物色调，同时强调内部和外部的造型结构。师泷泽直的服装风格延续了三宅的静肃禅意，并且在此基础上找到了自己的目标和方向。

师泷泽直常常通过沉稳、平和的色调，来演绎时尚热力且充满生机的服装，其特有的表现手法，如斜裁贴身裤装、柳条状装饰图案以及细褶、褶边等，能将简洁的裙子和裤装幻化出独特个性，这也是三宅一生所崇尚的时尚哲学。

21世纪时装界充斥着形形色色20世纪60、70和80年代的风格特征，而师泷泽直所创造出的美感纤细而纯洁，不仅充盈着现代时尚感，而且让人感受到日本独有的具视觉冲击力的创意美学，这种视觉独特而具震撼力，观看2006年Issey Miyake秋冬系列作品即有如此感受。浅淡灰色调的哑光金属色、深靛蓝、铁锈黄是整场大秀的色彩中心轴，在其中大放光彩。有压花效果的盔甲式紧身胸衣、不规则剪裁的裙摆、大量具有东方风情的晕染图案、折叠包缠的褶皱布料、垂荡的彩色编织绳等，正是这些构成了一个缤纷的Issey Miyake时装世界。从中可以感受到师泷泽直对服装细节和点、线、面在服装上应有的创意趣味的重视。

在Yoshiyuki Miyamae的作品中，我们可以清晰地看到对三宅一生老先生的设计风格和品牌特质天衣无缝的结合——将日本传统工艺与未来主义的高科

图1-19-1

图1-19-2

技处理结合，创造出独一无二的三宅一生。

3. 作品分析

　　图1-19-1是2006年Issey Miyake秋冬设计。彩虹色系的编织绳装饰运用是此款服装的关键点，在黑色无袖合体长裙的映衬下显得格外出挑，它们井然有序地穿插在胸前、腰间和臀两侧，并且形成自由的曲线形垂荡，构成不定形的图形效果。剩余部分在侧边形成流苏自然垂坠，弱化了穿插细节，使一切看起来自然、随性。具民间民俗效果、在颈脖处的大量堆积处理属神来之笔，成为整款的设计中心。深棕色眼影对眼神的刻画加强了设计的现代理念表现。

　　对于耳熟能详的皱褶布料（俗称一生褶），我们只知是三宅一生的创造，事实上这是师泷泽直与三宅一生的共同研发，在2007年春夏Issey Miyake秀台上，师泷泽直再次演绎了皱褶布料的神奇造型（图1-19-2）。整款服装以皱褶布料为素材，风格上延续了2006年秋冬对优雅和古典韵味的追求。服装的款式简洁洗练，没有过多装饰。师泷泽直在工艺上采用了日式服装擅长的平面直线裁剪，巧妙利用衣裙上的褶边使服装更为舒适服贴。衣裙边缘的立体造型所产生的视觉效果与衣身褶皱相呼应，营造了一种未来感和浪漫风情同在的独特美感。

二十、Jean Paul Gaultier
（让·保罗·戈尔捷）

1. 品牌背景

到2007年Jean Paul Gaultier品牌已创立30周年，Gaultier一直以他天马行空的想象力和大胆叛逆的创造力，不断挑战时装设计的传统和极限，不断改变着人们对时装的固有观点。1952年，Gaultier出生于巴黎近郊的小镇，从小在祖母身边生活，祖母那装满胸衣的衣柜成为Gaultier的启蒙者，并开启了Gaultier对时尚世界的憧憬。他18岁时的素描得到了Pierre Cardin的注意，获得了跟在著名的未来派设计大师身边学习的机会，也奠定了他日后成为设计师的基础。在Jean Patou工作时，古板、老派的设计观令他厌倦，在Gaultier于1977年创立自己的品牌时，即立下了"要将那些无聊的阻碍——打破"的誓言。

2. 品牌风格综述

Jean Paul Gaultier的设计破旧立新，常被形容为"恐怖"，他对混合手法的娴熟运用完全超出了服装的范畴。他将回收空罐变成手环，又为缎面马甲配上塑料材质的裤子，彻底打破了时尚圈的种种定律。他的设计没有模式，什么都能作为素材进行构思设计。在具体款式上，以最基本的服装款式入手，加上解构处理，如撕毁、打结，配上各式风格前卫的装饰物，或是将各种民族服饰的元素融合拼凑在一起，展现夸张和诙谐，将前卫、古典和奇风异俗混融得令人叹为观止。20世纪90年代混搭设计手法盛行，许多设计师都尝试将各种元素做混搭，但大部分只注重外在形式的美丽实践。Gaultier却深入探究个别元素的底层意义，以朋克式的

激进风格，混合、对立或拆解，再加以重新构筑，并在其中加入许多个人独特的幽默感，有点不正经又充满创意，像个爱开玩笑的大男孩，带着反叛和惊奇不断震撼整个世界。Gaultier另一个颇有成就的创举是突破现代男女时装的传统界线，他的女性服装非常强调性别特征，1990年Madonna（麦当娜）演唱会上她那金属尖锥形胸衣成为其代表作；而男装中则加入女性元素，让男模特儿穿上带有刺绣或蕾丝的裙子。他说："女人有展示自己力量的权利，男人也有揭露自己弱点的权利……关于男性化与女性化的问题，至今在女人身上已经做过太多尝试，相反地，对于男性，在时尚世界该做的事还堆积如山。"

在他的设计生涯当中，他无数次以大胆的创作而让时尚界哗然。他试过将裙子穿于长裤之外，以内衣当作外衣穿，以钟乳石装饰牛仔裤，以薄纱做成棉花糖般的衣服。总之，用变化万千来形容他的时装最适合不过。

3. 作品分析

看Jean Paul Gaultier2007年春夏作品，着实会被无比眩目的多元风格迷乱双眼（图1-20-1）。Gaultier把休闲运动服的元素与高级时装结合在一起，牛仔布做成高级晚装已是惊世骇俗，将裤腰直接提高到胸线更是让人大跌眼镜，变化部位的设计并不影响晚礼服的飘飘裙摆，纯棉面料拉出的流苏同样美艳动人，在颜色方面，牛仔布做成的礼服手套是最深色，由上至下的靛蓝渐变色如Gaultier30年的经历，

图1-20-1

图1-20-2

久经磨练，愈发光彩夺目。Gaultier脑子里永远有取之不尽用之不竭的想法，创作力源源不绝，而且无法猜透他葫芦里卖的什么药，还将带予世人什么惊世奇作。意外的搭配不断挑战着我们惯有的审美，意料之中的是无与伦比的设计奇想。

Gaultier在他的设计中，一面不断地对时尚规范发出挑战，一面寻求回归传统的精神，2014年春夏秀，就像重温一场旧时光：怀旧的卡巴莱歌舞表演被Jean Paul Gaultier 按他自己的意愿重新编排；客人们一律都是夸张的舞台或银幕装扮；模特们有机会充分展示自己的个性。将这些放到一起，你会发现自己

正身处一个美轮美奂的奇特场景之中，而这些都曾是Gaultier 在睡梦中轻而易举构想出来的。他所营造的街头感无处不在，图1-20-2这款以碎花为主体的设计就是典型的街头风格，如果你一直把碎花作为民俗风的元素，那Gaultier一定是这个"定律"的颠覆者。他将碎花料和透明的纱料组合，图案是性感的波普风。宽松的灯笼裤似乎有不寻常的表现，配合腰部随意的叠搭，一层碎花料，一层缎质的半身夹克，传递着一丝吉普赛的流浪风，又有些许街头的前卫感，男性化的大头中帮靴更诠释了两种风格。

二十一、Jean-Charles de Castelbajac
(让·查尔斯·德卡斯特巴雅克)

1. 品牌背景

1949年Castelbajac生于法国一个保守的贵族家庭，自幼受到传统观念及文化的约束。1968年，年仅19岁的Castelbajac决意作出反抗，他怀抱改变人们穿衣常规的愿望，创造了自己的第一批服装，并展示出了一个他自己的品牌设计风格。

1973年Castelbajac的第一个系列服装秀在巴黎举行，成为当时展会亮点，而设计师本人甚至被时装媒体誉为20世纪70年代的Courrèges(60年代宇宙风貌的创立者)。1975年Castelbajac推出了饱含争议的"耶稣牛仔"（Jesus Jeans）。Castelbajac的较为著名的时装发布会有：1999年冬装系列"紧急状态"、2000年冬季高级时装系列"Bellintellingentsia"、2002年冬装系列"电气传奇"等。Castelbajac也是第一个在巴黎开设概念店的人，他的概念店不仅是销售的场所，而且也是展示生活方式的地方，并同时与街头文化融为一体。

Castelbajac的设计颇具创意，其设计活动包括给巴黎老佛爷百货商店布置店面、替教皇让保罗二世设计服装、设计苏士酒的瓶子和理查德酒的包装、为大仲马笔下的三个火枪手设计戏服等。同时，他还将其设计领域延伸到家具、家居饰品、地毯和灯饰等方面。他还曾获得骑士勋章。

2. 品牌风格综述

Castelbajac是一位怀有童真心境的设计师，他的设计风格大胆、创意无限。具超现实的色彩观（常使用原色）、有激情的印花图案（包括现代绘画艺术运用）、富有幽默情趣的细节表现都是他的设计标志。他设计了著名的泰迪熊外套、卡通图案套衫、带风帽的粗呢大衣、棉被外套等。他选材独特，如绑腿纱布、渔网、木材、麦秆等。他的设计充满乐趣，让穿上他品牌服装的消费者喜不自禁。

Castelbajac是一位深受波普和街头文化影响的设计师，巴黎街头的涂鸦作品经常在他的时装里出现，每一季新作中都有诸如手绘、炭画、涂鸦等时代元素和流行文化的运用，Castelbajac以自己的语言表现时髦幽默而充满孩童般的幻想。"我不愿别人把我的作品一眼就看透！"，在过去的近40年中，Castelbajac始终不为潮流所动、坚持自我风格，因而受到消费者狂热而虔诚的崇拜。

3. 作品分析

Castelbajac 2007年春夏的设计灵感来自于美国文化，甚至秀场结束时还安排了一支美国摇滚乐队现场演唱了三首歌曲。图1-21-1的短袖大翻领上衣合体，长及胸线下，下配紧身的超短裙，内穿条纹连身裤，整体设计造型简洁但搭配奇特，作品整体充满了美式运动感和户外气息。整款以红、蓝两色为主，通过纯度较高的红色和蓝色交替使用体现了作品欢快的情调。横、竖及斜条纹的变化使用则丰富了图形变化，这是本款的主要设计特点。作品另一特色是大小不一的各色钮扣作装饰，这是Castelbajac在成人的时装世界里，展示了人们对童年的回忆。设计师还搭

图1-21-1

图1-21-2

配了色彩艳丽的棒球帽，帽上绣有"ACDC"（美国一摇滚乐队名）字样，配合美式文化的表现。造型夸张的刺猬发式更使作品形象清新可爱。

2007年秋冬的发布作品延续了Castelbajac俏皮幽默的设计风格。这一季，他取材于孩子们喜爱的玩具，这些孩子们耳熟能详的玩偶在设计大师Castelbajac的手中，变换成另一种截然不同的时尚形态，事实上这是设计师顽童心态的写照。图1-21-2，设计师尝试以玩具造型帽子与服装结合，

用制作毛绒玩具用的材料，制成具有童真气质的玩偶帽子，瞪眼、张牙舞爪的造型煞是可爱。具军装风格的外套超短结构，整体简洁，超大钮扣与宽阔的大腰带带有夸张的成分，格外醒目。色彩上，军绿色和深褐色面积占据大部分，白色和带光泽的黑色作为点缀。Castelbajac是一位富有激情的设计师，他的服装以自己的方式，表现出独特的魅力，让人们懂得服装并不仅仅是样式而已。

二十二、John Galliano（约翰·加里安诺）

1. 品牌背景

1980年John Galliano进入英国中央圣马丁艺术设计学院，尝试了绘画和建筑学习后，最终选择了时装设计。4年的求学生涯，激发了他心底最原始最纯粹的创作渴求和自我梦想。1984年，他从法国大革命中汲取灵感，奉上了个人的毕业设计作品发布会"LESIN-CROYABLES"，其作品的精湛新颖感在整个英伦引起轰动。英国品牌 Browns 甚至在发布会刚结束就将整台服装买下并在其店铺橱窗内展示。横空出世的成功让John Galliano信心倍增，大学毕业后他在伦敦东部的一个废弃的仓库里开了个人工作室，开启了其执著又狂热的设计生涯。1985年，John Galliano很快就打出了同名品牌。1988年John Galliano被评选为英国最佳设计师。在其后每季度的时装展示会上，他都推陈出新，展现顽童般天马行空的思维，被赋予"无可救药的浪漫主义大师"之名。遗憾的是，由于2011年暴出的"反犹事件"，John Galliano被LVMH集团逐出Dior品牌与自名品牌。现任设计总监是Bill Gaytten（比尔-盖登），这位现年51岁的设计师与John Galliano共同工作23年之久。

2. 品牌风格综述

John Galliano擅于打造野性、朋克、具有张力与爆发感的设计作品。他的设计能让人的心灵感受到一种震撼，激起人们对于灵魂的共鸣。有人说John Galliano设计出的不简简单单是供人穿着的衣服，而是有血有肉的东西。John Galliano充满戏剧风格的展示洋溢着历史和文化的元素，John Galliano是混搭设计（Mix & Match）的始作俑者，从Masa 战士、印第安酋长、法国大革命事件、日本艺伎、20世纪30年代的柏林，到各时代文化的元素都会被他融入设计中，经重新构思演变成新的时尚因子。他的标新立异不仅体现在作品的不规则、多元素、极度视觉化等非主流特色上，更是独立于商业利益驱动的时装界外的一种艺术的回归，是少数几个首先将时装看作艺术，其次才是商业的设计师之一。

3. 作品分析

一直以来，John Galliano这个巨星级的裁剪师，如强盗一般掠夺了古典时尚的精华，并戏剧化地融入现代元素，调制成一道别样风情的边缘产物。在2007年秋冬，John Galliano为自己同名品牌的设计定名为"最美丽的妖精"。John Galliano自己品牌不同于Dior，风格相当前卫，设计玩转于街头时尚之间，在2007秋冬作品中可体味出罗曼蒂克、矫揉造作、繁复娇贵以及些许他所着迷的20世纪90年初期风格，加上John Galliano最拿手的角度切割洋装，建构出再迷人不过的百分百巴黎情调。如图1-22-1所示，这款全黑的透明薄纱装性感迷人，最能代表John Galliano所钟情的街头嬉皮设计感。设计师配上吊袜带、黑色皮短裤、黑边长统袜，凸显街头风情。诡秘的蝴蝶文身在雪纺薄纱材质衬托下若影若现，半透明的紧身袖凸显出诱惑线条，那些层叠的褶皱激情洋溢地回旋纠结，那些零乱的乌干纱无所顾忌地招摇，加上僵尸般的形象设计处处散发出无比妖娆

图1-22-1

图1-22-2

的神秘贵妇风情。

　　John Galliano的秀通常就是时尚界狂欢的最好机会，秀场的服装只有一个永恒的主题——光与影的华丽结合。Galliano一直沉迷于20世纪30年代的服装轮廓，这从他擅长的剪裁上就可以看出，当然他也进行了大刀阔斧的革新。图1-22-2所示这款毛皮装束时装明显有着30年代风格影子，虽然在整体设计上并没有惊艳之笔，如传统的收腰X造型上装、回落

的自然腰线、搭配合体的过膝裙子，但加入奢华的皮草装饰、优雅的蝴蝶结领饰，以及精致打理的大卷发和绑带式的金属装饰高跟鞋，瞬间就摇曳出娇媚的女性形象。John Galliano一直擅长表现女性的神秘感，这款也不例外，帽檐压低的阔边帽显然就是这样一个铺垫。在色彩选择上，暖调的米黄色上下呼应，与面积较大的灰色显出有彩色与无彩色的小对比，但视觉协调，营造出低调的高贵优雅感。

二十三、Junya Watanabe（渡边淳弥）

1. 品牌背景

　　Junya Watanabe1961年生于日本东京，1984年毕业于日本文化服装学院，然后以制版师的身份进入Comme Des Garcons的个人工作室，开始他的服装生涯，由于其优异的天赋与耳濡目染的结果，所呈现的作品，令川久保玲本人啧啧称奇，逐渐成为设计首脑。1987年为品牌设计Tricot针织系列，1992年在东京时装周推出个人品牌系列——Junya Watanabe，一年后亮相于巴黎时装周。Junya Watanabe师从川久保玲，川久保玲对这爱徒备加推崇，她出资赞助了Junya Watanabe与自己同名的新生品牌，他的设计精神也与川久保玲相差不远，不成章法的架构轮廓，不同色系布料的混搭，层叠布料的包裹……但Junya Watanabe青出于蓝胜于蓝，他有自己的创新之处和特例风格，若非如此，Junya Watanabe就没有存在的必要，也不会长驻时尚界。

2. 品牌风格综述

　　Junya Watanabe是日本新一代的设计师，仔细品味Junya Watanabe的服装，就有一种震撼思想的视觉和心灵的颤动，使你过目不忘，甚至于流连忘返。Watanabe的服装就是一幢幢行走在T台上的微型建筑，他用建筑的概念来表达女性的优美线条，用极易效果表现繁复混合的方法呈现出独树一帜的"渡边风格"。

　　对Junya Watanabe作品进行分析不能忽视无序中有序的剪裁。与他的恩师川久保玲相比，Junya Watanabe的设计在风格把握和结构细节方面更注重后者。解构主义是Junya Watanabe设计的核心，

这是他整个创作体系的一个重要方面，他善于将风衣、衬衫、羊毛衫等进行打散，然后重组，构建出新的形象。在Junya Watanabe作品中可以看到不成章法的架构轮廓、颠倒错乱的口袋设计、不强调肩线的手法、长度过长的袖子、层层相叠的多层次组合等，而相伴于此的是抽褶、围裹、不对称重叠等裁剪手法。或许出于对裁剪的重视，Junya Watanabe的设计充满奇特的结构，他的创新剪裁使作品夹杂了建筑设计的效果，而这正是Junya Watanabe区别其他设计师的不同之处。

　　Junya Watanabe对材质的选用独具慧眼，他的布料表面充满了肌理创意效果，那是设计师精心构思的结果，而这被Junya Watanabe冠之以"科学散文"。他曾以糖果色彩的PVC设计裙装，用高档奢华的粗花呢设计衣衫褴褛服装。Junya Watanabe的色彩观不同于川久保玲，忧郁低调和大胆斑斓兼而有之，这吻合了他中性前卫的设计风格。

　　欣赏Junya Watanabe的服装，内心是矛盾的。的确，有人说他复杂、前卫，又有人说他是未来派的代表，缺乏可穿性……每一季的服装赞成与反对的声浪都此消彼长。可Junya Watanabe却表示"尽量简洁，朴实的东西才是最漂亮的"。

3. 作品分析

　　2006年秋冬，"解构狂人"Junya Watanabe给我们呈现的是时尚界永远风行的军装风貌，一个个行走的模特就像作战大兵，整个舞台充斥着军旅绿色、略带血腥的红色、绷带的白色和头盔的金属色。依旧是层层交叠的大翻领、立体夸张的高束领，配着拉链装饰的波浪型衣摆和褶皱……就在我们沉浸在一片绿色的海洋中迷失视觉焦点的时候，突然出现的

图1-23-1

图1-23-2

绚丽格纹和经典三色毛衣简直让人为之一振。Junya Watanabe虚掩着的张扬，忠实地呈现了活在当下的军事精神。图1-23-1为Junya Watanabe2006年秋冬的一款。宽松的上衣，几层夸大不对称平翻领重叠装饰。宽口灯笼状袖子故意设计在八分位置，给人一种不合体的垂荡感，目的是露出里面同样低调的针织衫，打破了外表有点严肃的氛围。衣服上的线迹因拼接而呈现出密密麻麻的感觉，连同歪斜的口袋、外翘的袖克夫、不经意翻出的毛边构成整款令人难忘的细节。色彩是军绿色，但经处理呈现细微差异，外露的白色和头盔金属色起点缀作用。Junya Watanabe巧用一根腰带将上下装的繁复对比划清了界限。

Junya Watanabe的2007年秋冬设计主题是"黑色浪漫风"，一贯的黑色占据主导，呈现出低调

的姿态，但作品融入了柔美浪漫的线条以重新诠释朋克、摇滚风貌，自然运用的是Watanabe钟爱的解构手法。图1-23-2这款设计具有强烈的朋克倾向，即具有冲突感、冲撞性的效果。如金属铜扣运用、拉链多处分布、黑白色对比、夸张帽饰、上下装面料质地对比和造型对比等。超大的翻领结构带出了男性化的感觉，前襟钮扣的大跨位搭扣形成一种特别的视觉效果，让原本有些松垮的上衣在腰部紧凑起来。超长的袖子露出纱质衬衫，并与短窄的衣长形成对比，腰带系结随意松垮。下身白纱裙配紧身裤袜有点唐突，但颜色的搭配碰撞出一丝优雅。另类的超大粗呢帽子有点英伦慵懒的味道，让人回想起20世纪70年代轰轰烈烈的以朋克风格为代表的街头运动。

二十四、Kenzo（高田贤三）

1. 品牌背景

出生于日本南部兵库池区姬路的一个中产家庭的Kenzo，年轻时就读于当时日本唯一的一家时装学校，是该时装学校仅有的男性学生，正是这种敢于挑战传统的不羁性格，成为Kenzo以后在服装业不断开拓和发展的"原动力"。1964年，已在日本国内积累了相当的女装设计和制作经验的Kenzo开始了梦寐以求的漫长的西方之旅，他乘坐的货船沿途不断地在世界各地许多港口装货卸货，在泊岸期间，Kenzo得以接触世界各大民族，不同的文化、不同的艺术风格令他大开眼界。Kenzo服装中的浓浓的异国情调就来自那段经历。1970年，Kenzo在巴黎创建第一家专卖店，同时在他专卖店附近的小巷中组织首次小型时装发布会，得到《ELLE》总编的极大欣赏。此后，他的时装画经常在时装刊物上登载，他设计的服装也开始受到欢迎。从此，Kenzo步入了他时装事业的青云路。1993年高田贤三先生将公司出售给LVMH，并专心埋头设计，使得服装作品更加出类拔萃。2000年Kenzo宣布退休，而整个Kenzo品牌系列设计由高田贤三的得意门徒Roy Krejberg接手，持续散发Kenzo的日式禅风。2003年，出生于意大利的Antonio Marras（安东尼·马拉斯）获LVMH集团邀请出任Kenzo艺术总监一职，2011年7月他离任由来自美国的Humberto Leon和Carol Lim替代。

2. 品牌风格综述

故乡和巴黎的两种截然不同的情感交织是高田贤三不同常人的灵感来源。他始终以巴黎为设计对象，而

东方的影响时不时地得以流露。这种风格在他事业的开端就形成了。全棉织物、和服设计中的平面理念在他的设计中随处可见。他设计出的像万花筒般变幻的色彩和图案更是令人叫绝，被人称作"色彩魔术师"。Kenzo在服装的形式上并没有特定模式，不过他的衣服很挑人，稍有不慎，就有可能从贵妇变成村姑。

2003年，Antonio Marras接任后，继续保持了Kenzo的现代感，以及其在延续了传统的同时又发展自身的特性。他喜欢用自己的方式将看上去完全不同的类型和风格混搭在一起，组合成自然的诗意，如他经常尝试运用高档精细的刺绣、在上乘面料上进行随机挖洞处理。Antonio Marras不想把Kenzo仅仅做成一个散发着浓厚的民族情怀的品牌，认为"民族"风格太局限。他认为Kenzo应该是糅合传统文化的，而民族只是其中的一个元素，提炼出不同文化的精髓，加上花卉、图案、条纹等元素，混合一起再重新组合，花费心思设计出另一面貌才是Kenzo的风格。

3. 作品分析

Antonio Marras为Kenzo2006年秋冬所作的设计，基本上延续了Kenzo的一贯民族风，同时作品融入了英伦学生可爱风格。Marras运用其华丽讲究的裁剪功力设计出西式双排翻领合体短装，内衬白衬衫和红领带，下配宽松阔口长裤。头戴的是2006年的大热配饰——报童帽，此款色彩上与上衣匹配的针织报童帽，使整套服装抛弃了郑重刻板形象的款式设计，正符合Kenzo2006年春夏的潮流精神。设计师试图在增加穿着舒适感的同时，力求刻画出女性优美的曲线。整款服装色彩的搭配别具情调，上装为深蓝色系，下装是与其形成对比的浅灰色系。上装是设计

重点，领边、袋口镶色采用与下装一致的浅灰色系，整体色彩和谐统一。丰富多彩的钮扣与色彩艳丽的帽子组成欢快乐章，使得整套色彩沉闷的服装即刻焕发出了年轻人的朝气。面料的运用也很丰富。上装硬挺的面料刻画出女性优美的曲线，而下装飘逸，悬垂的面料不但与上装形成对比，更彰显出女性腿部的优美曲线，随着模特轻快的步伐，飘逸而优美。绸缎光泽的红色领带，金属光泽的银色钮扣以及塑料的大红和深蓝色钮扣都给厚实、硬挺的上衣带来了青春的活力。再加上质地粗犷的针织报童帽与细腻飘柔的裤装面料的对比，更显得整套服装是那么得丰富多彩（图1-24-1）。

图1-24-1

2014年春夏，Carol Lim和Humberto Leon使Kenzo再次成为时尚界的焦点。由于来自美国加州，他们将设计主题引入了与家乡息息相关的海洋环境，以挽救濒临灭绝的鱼类资源。当然他们在新一季的作品中渗入了年轻人的冲浪文化，运用了大量的印花，潦草涂鸦的蓝色波纹、红色波纹，以满足Kenzo粉丝的新奇感。这款设计颇具代表，海洋主题贯穿在短袖T恤和及膝裙上，统一的海蓝色调、冲浪和海水浪花感觉的图案、不规则波状的裙边，以及夹趾拖鞋，无不显出浓郁的海洋风。圆领T恤上印有"No fish, no future（直译为没有鱼类就没有未来）"，成为设计的中心。服装的裁剪以品牌特有的方式展现独树一帜的风格，开衩被运用到衣侧和短裙中，就如同设计师所说，让微风进来吧，所有这些都是生机勃勃的体验（图1-24-2）。

图1-24-2

二十五、Lanvin(朗万)

1. 品牌背景

Lanvin是法国历史最悠久的高级时装品牌，它开创的优雅精致的风格为时尚界带来一股积淀着深厚文化底蕴的思潮。其创始人Jeanne Lanvin（珍妮·朗万）自小即对于鲜明的视觉艺术怀有极高的兴致，她热衷于采用干净而女性化的色彩，如秋海棠色、淡粉色、樱桃色、杏仁绿、矢车菊蓝等。她深受弗拉·安杰利科（意大利佛罗伦萨画派画家）壁画风格的感染，并从中古世纪的彩色玻璃中获取灵感，创造了著名的Lanvin蓝，这也是她本人最钟爱的色彩。在近半个世纪的孜孜进取中，Lanvin凭借自己不盲从潮流的硬朗作风、出类拔萃的艺术涵养、简单利落的剪裁及颜色搭配的深厚功力，赢得了无数时尚人士的追捧。2002年这个传奇品牌由摩洛哥人Alber Elbaz接手，在完美承袭Jeanne Lanvin的优雅经典传统基础上，Alber融合了个人创新，丰富、多变的设计灵感，赋予这个悠久品牌以蓬勃生机。

Alber于1961年生于摩洛哥的著名小城卡萨布兰卡，父亲为犹太人、理发师，母亲是西班牙艺术家，Alber毕业于Shenker College of Texitile and Fashion(申科纺织服装学院)。1986年，Alber到纽约为美国设计师Geoffrey Beene（杰弗里·比尼）工作，1996年他又转战巴黎成为Guy Laroche（姬龙雪）创意总监。Alber也曾在YSL（伊夫·圣·洛朗）、Kriza（克丽扎）担任过主设计师，在顶尖品牌的辗转历练，让Alber的思维日趋包罗万象，触觉日益灵敏尖锐，而在摸索过程中融合个人特色的设计风格也初具雏形。他曾被具有权威性的美国版Vouge杂志总编辑Anna Wintour（安娜·温托）赋予"当今世界3大顶级时装设计师之一"的称誉，更一举捧得美国时装设计师协会（CFDA）"国际设计师奖"的殊荣。

2. 品牌风格综述

Alber自担任Lanvin主设计师以后，遵循Lanvin女士于1930年所创立的这一品牌精髓：设计的衣服简单而不失高贵，奢侈而不繁琐。他誓言："唤醒Lanvin睡美人!"已经成为让众人心潮澎湃的真实奇迹。他从不认为自己只是一个时装设计师，觉得自己是个艺术家,不只是在设计一件衣服，而是在做一件艺术品。他是裙装大师，裙装的设计功力首屈一指，华丽的裙袍配以细致的衣领剪裁，黑色天鹅绒制的秀丽长管袖，轻薄飘逸的雪纺长裙，特别具有女人味。他设计的有着鱼尾般的拖曳后摆的鸡尾酒会晚礼服、波浪褶连身裙和加上无衬里与特殊皱折抽绳等制作而成的翩然蓬裙都已成为Lanvin的经典款式。穿上Alber设计的裙装，顿时增添了几分女人的高贵感。Alber设计理念十分简单——根据条件解决问题，他觉得时装本身就具有生命，"不是穿着它，而是穿着时与它融为一体"。凭借其对女性的万种风情的敏锐洞察，Alber总能以一个钮扣的多变方式、一件洋装的变化穿法、一朵蝴蝶结的点缀缓缓诉说他对女人的感受。

3. 作品分析

在材质布料的选取上，Alber偏爱轻薄的亮缎丝绸等矜贵布料，他认为其设计采用柔软的材质是追求轻松、舒适的穿着风格，这能无拘无束地显现女性的温婉特质，同时也能在行走间表现出优雅的节奏。他将丝绸以不同的织法呈现华丽（如罗缎）与坚挺（如罗纱）的美丽风貌，经过洗涤、软化、压皱、皱折、刺绣的处理，通过立体剪裁，将水洗丝罗缎及镶着亮片的透明罗纱幻化出女人梦境中的仙女形象。图1-25-1这款2006年春夏的作品就是这类丝绸面料的完美演绎，从胸线开始的打褶裙线条流畅自然，飘逸的造型塑造出Lanvin风格特有的高贵女人味。整体设计一改Alber以往的华丽风格，变成极端的极简主义派，简单的Lanvin式连身裙结合日本和服的高腰元素，由色系相近的白色和浅金色相拼，分割线提高至胸线的位置，加强了修长的效果。胸前恬静的蝴蝶结是整款设计焦点，表现出Alber的装饰主义倾向，别致而传神。

在Alber的操刀下，法国老牌Lanvin在保持已有风格基础上，增添了许多新鲜时尚的元素，如盛行一时的运动风在Lanvin2012年的春夏作品中便有所体现。Lanvin品牌长期以来一直是连衣裙作为主打产品，而这一次Alber独创性地尝试将运动装元素融入晚礼服，如此混搭营造出一种急迫、残缺、自然而不乏优美的气氛。实穿风格和灵活多变是Alber一直坚持的设计方向，Alber并不打算把女人们变成简单的运动范。图1-25-2的这款褶皱裙装带有明显的泳装元素，以柔滑薄纱为主，巧妙结合人体结构，分布张弛有度，打造出柔美运动风。透明的薄纱传达出一种无所隐藏的脆弱感，也不乏Lanvin的优雅精髓。吊带、绕颈的结合处理似乎使线条有些重复，但在Alber的处理下，结合胸部的拼接设计，性感又果断。袖肩的装饰处理面积虽小但凸显了奢华感，与颈部材质一并配衬出主体材质的飘逸效果。

图1-25-1

图1-25-2

二十六、Louis Vuitton（路易·威登）

1、品牌背景

1854年，Louis Vuitton革命性地设计了LV平顶皮衣箱，并在巴黎开了第一间LV店铺，创造了LV图案的第一代形象，此后，大写字母组合LV图案就一直是LV皮具的象征符号，历久不衰，从早期的LV衣箱到如今每年巴黎T台上的不断变幻的LV时装秀，LV一直屹立于国际时尚行业顶端地位，其真正原因在于LV有着自己特殊的品牌DNA，即追求品质、精益求精的态度。从LV的第二代传人开始，后继者都不断地为品牌增加新的内涵，LV第二代族人为品牌添加了国际视野和触觉，第三代则又为LV带来了热爱艺术、注重创意和创新的特色，此外每位为LV工作的设计师也将品牌文化发扬光大。1997年，由美国设计师Marc Jacobs(马克·雅可布)担任设计总监，LV在时装领域由男装延伸至女装。如今，LV是一个涵盖箱包、皮件、成衣、鞋类、钟表、珠宝、配饰等众多产品的奢侈品牌。2013年秋冬季后Marc Jacobs卸任，由原Balenciaga主设计师Nicolas Ghesquière接替。

2.品牌风格综述

LV品牌150年来一直把崇尚精致、品质、舒适的"旅行哲学"，作为设计的精髓，延续至今，不论后来延伸出来的皮件、丝巾或手表、笔，还是服装，都离不开品牌的"旅行哲学"这一概念。1997年加入LV集团的Marc Jacobs，将自己特有的纽约文化底蕴毫无保留地倾注于这瓶法国陈年佳酿，将现代气质与LV经典风格融合，为LV这个象征着巴黎传统的

精品品牌呈现出新时尚气息。1998年3月他为从未生产过服装的LV，提出"从零开始"的极简哲学，获得全球时尚界正面肯定。自此以后，他在法国的地位，乃至整个时尚界的地位日渐稳固，逐步步入了自己设计生涯的"黄金时代"。2001年，LV推出"涂鸦系列"箱包，其著名的"魅力手镯"也于同年面世。2003年，日本著名画家村上隆和Marc Jacobs合作推出了限量珍藏版的色彩绚烂"樱桃""樱花"系列，推高了LV的时尚人气。

3.作品分析

2009年秋冬，Marc Jacobs的设计堪称绝美，集合了几乎所有20世纪80年代的时尚元素，包括各种褶皱花边、当时最流行的高发髻发型，Marc Jacobs将摄影师jeune Parisienne镜头下的种种无忧无虑的巴黎风格表现得淋漓尽致。设计的作品中，有很多的细腰窄裙外套、印有皮草的褶皱泡泡裙、饰有珠宝的绸缎紧身裤。图1-26-1的这款是以性感透视的蕾丝为主料，以褶皱为手法，所设计的高腰结构连衣裙有款有型，细节突出，颇有夜巴黎的浪漫之情。肩和前胸是设计重点区域，类似披风连肩袖设计与胸前大V型结构，通过皱褶的处理呈现出锯齿状的律动美感。裙是超短蓬蓬裙，内衬深蓝色的绸缎，大褶处理使裙侧膨起，并使褶走向腰中，与上装V型结构成对应。侧腰部的粉红色装束与蕾丝穿插，半遮半掩，消解了整款色彩的沉重感，深蓝色和粉色的对比，艳而不俗，恰到好处，高发髻、厚底高跟蝴蝶结鞋，都是80年代风情万种的巴黎女郎表现。

图1-26-1

图1-26-2

在2013年春夏秀上，Marc Jacobs将他的简约主义融入在20世纪60年代风格中，打造出干练与年轻的形象，其中引人瞩目的是棋盘格纹图案，这是LV品牌最具象征意义的标志之一，也是创始人Louis Vuitton生前最后的创意。2013年春夏棋盘格则以崭新的面目示人，色彩更加青春艳丽，具有浓郁的60年代风尚。图1-26-2的这两款裙装是中长款和超短款的代表，款式简洁，均是典型的60年代的直身造型，中长款优雅、短款活泼，引人注目的棋盘格选用黄色和透明相间，虽然简单的格子有些空洞，但阳光般明媚的黄色充满积极乐观的魅力，透明格的穿插又多了几分魅惑和轻盈。由于光的因素，黄色呈现出幻彩效果。经典的Speedy包上也采用了棋盘格纹做修饰，白色质地与束发带和蝴蝶结鞋形成色彩呼应。整款的棋盘格纹被Marc Jacobs运用到极致，以LV的语言打造60年代风格的青春景象。

二十七、Manish Arora（曼尼什·阿罗拉）

1. 品牌背景

从1998年在新德里首度发布时装秀开始，Manish Arora就被当地新闻界盛赞为印度时装界一颗正在冉冉升起的新星。接着，他成功发布了第二个时装系列作品。2001年，Manish Arora推出了他的第二个品牌Fish Fry，并在印度六个主要城市作展示。2002年，Manish Arora的设第一家旗舰店在新德里开张。同年，伴随着在印度时装周上发布新一季作品，Manish Arora开始了在印度12个城市的零售事业。由于出色的设计才能，Manish Arora屡次在国际上获奖。随后Manish Arora登陆伦敦时装周，并成为最受欢迎的印度知名设计师。2010年秋冬Manish Arora转战时装圣地巴黎。

2. 品牌风格综述

在设计美学上，传统与现代似乎是格格不入，大自然与都市可能难以相容，但这一切在印度裔设计师Manish Arora的时装设计中却能找到相反的答案。Manish Arora的设计拥有鲜明的个人特色，从一出道他就想证明印度人拥有与众不同的时尚触觉，他的作品提炼了印度民族服饰的精华部分，使之演化为现代时尚感觉，同时没有印度传统服饰的拖沓繁复。Manish Arora的设计也有别于简约，作品中那刺绣精美的服饰图案和艳丽明亮的色彩表现，显露出非比一般的奢华气息。对印度传统服饰元素的时尚解读，这一切都让Manish Arora品牌吸引了众多时尚人士和买家的关注。当然了，这样的服饰设计和妆容表现虽然不太适合日常生活，但是我们从中体味到的更多

是一种超前的时尚理念。

Manish Arora的设计无疑是个大杂烩，其间的灵感来源广博，尤其喜爱从大自然和周围环境汲取创作思维，设计手法层出不穷，面料裁剪精彩而独特，色彩运用丰富多彩，图案瑰丽多姿，而所有的这些都统一在它强大的生命轮盘之上，没有让人感到乏味和疲劳。无论是孔雀的开屏、蝴蝶的展翅还是蜜蜂的忙碌，点点滴滴间感动了生命的世界。

3. 作品分析

或许是20世纪60年代风格在时尚界的盛行，Manish Arora在2007年秋冬设计中灵感除了抽象艺术外，还加入了同样是60年代风格之一的欧普艺术风格。欧普艺术风格是利用几何图形和色彩(主要是白与黑)对比产生的视幻效果的服装设计形式，1963年至1966年的短短几年中流行于服装界。擅长色彩游戏的Manish Arora这季玩起了无彩色，即使是简单的黑白灰色，Manish Arora也同样能带给大家丰富的视觉享受。如图1-27-1，款式简洁的落肩短衫搭配宽口的松身长裤，面料选用了具飘逸感的印度传统丝质面料。整款的几何图案在视觉上颇具冲击力，却又收放有度。设计师不是单纯拷贝欧普风格图形，而是融入了更多的民族元素，使图形带有一丝图腾意味。加上同类图案风格的彩色妆容，以及配搭黑色长统皮质手套，顿显灵气，使人置身于异度空间。

尽管是以实用性出发，Manish Arora认为其设计是由不同色彩、离奇的形状等千变万化的幻想特质组成的。在2014年春夏发布会上，Arora的设计将

图1-27-1

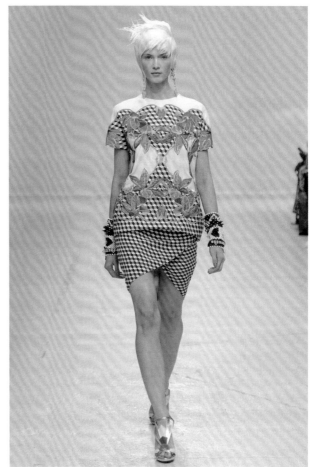

图1-27-2

迪考艺术图案和万花筒一般的植物印花结合在一起，所产生的冲突感让人耳目一新，特别是融入了一种内克尔立方图案（Necker cubes，出现在巴黎的各个小酒馆的地板上）。图1-27-2的这款叠穿的裙装具有万花筒一般的视觉效果，上装用珠子和手工装饰强化，粉嫩的红绿与灰色构成的图形富有韵律美感。合

体紧凑的廓型、敞开式立领结构、错落有致的覆势和口袋设置构成一款极富动感的短款上装，搭配同样风格的叠料短裙，一张一弛，相得益彰。串珠的手镯和凉鞋突出了色彩和图案对比，是点睛之笔，加之未来感发型，整款均透出清新的运动风尚。

二十八、Martin Margiela
（马丁·马杰拉）

1. 品牌背景

如果说20世纪80年代的川久保玲掀起了一股前卫风潮，将服饰的前后左右里外加以解构，那么来自比利时的设计师Margiela把这种设计方式更向前推进了一步。

这位比利时设计师1957年出生，1979年毕业于安特卫普皇家艺术学院，先后在意大利、比利时和法国工作过。他的第一份工作是在米兰从事流行分析，1984年他加入了Jean Paul Gaultier公司，成为其设计师助理。四年后，他成立了以个人姓名命名的工作室。1989年推出了男装系列LINE 10，1998年起推出女装系列LINE 6。

2. 品牌风格综述

Martin Margiela一向以解构及重组衣服的技术而闻名，他锐利的目光能看穿服装的构造及布料的特性，然后将它们拆散重组，重新设计出独特个性的服饰。Martin Margiela的服装在表象上体现出一种旧的"不完美"的完美，即便是那些批量生产的成衣，面料也均经过"做旧"的处理。1997年的一组作品中，Margiela有意保留了打版时在面料上留下的辅助线条，并将不经拷边的线头与缝褶一一暴露在外。

Martin Margiela的品牌分类体系很独特，它秉持其特殊的时尚观点。缝在衣服中的卷标都圈上0-23中一个数字的布片来示意衣服所属的设计系列：0是起点，意味着设计师1989年最初的精神，是手工复古女装；1为女性时装系列，即解构(deconstruction)设计；4是最有结构性的女装；6是活力的象征，为女性生活系列；10为男装系列；14为有结构的男性定制服系列；11为所有饰品配件系列；13为出版刊物系列以及绝对的白色收藏品；22为鞋子系列。

在解构主义的旗帜下，Martin Margiela大胆地把时装的传统定义进行修改——"谁说衣服破了就要丢掉"，过时的和平淡无奇的衣服经Martin Margiela巧手一改，身价就扶摇直上。这种极具环保意识的概念和独到的设计风格得到了人们很大的关注，成为一种时尚。

Martin Margiela对时装的理解本身已超出其固有概念，在20世纪末，设计师曾就服装款式和穿着形式进行概念上大胆解构尝试。21世纪，Martin Margiela仍不懈于他的先锋派的实验，除了环保概念的设计外，更尝试用旧衣架、旧人像模型来陈列其新系列，令人感到讶异的是其作品背后隐藏着设计师的无穷无尽的想象力。他的创意也远未止于衣服，他那花样百出的秀与静态展示，也颠覆了传统时装工业的常态。他的模特并非专业，没有装模作样的猫步，反倒像极了一个现代戏剧场景。甚至连模特也可以不要，仅仅就是一些与真人等高的木偶，Martin Margiela将时装带往"终极身体"的另一个极端。

不要用常规的眼光去看待Martin Margiela，他的独特从他为女人做的系列中可见一斑。三种特色包括Circle、Folding和Cut证明了他的与众不同。

Circle将一幅簇新的布或一件解构后面料再裁成一件圆形的衣服。Folding就是Margiela根据人体来将布料用对褶，然后裁成一件衣服。Cut主要用男装放大，然后将衣服拉长到穿衣者腰部下面，衣服则保留那些有粗砺的质感布边。

神秘的Martin Margiela从来没有在秀场上谢过幕，也少有人目睹过他的庐山真面目，但他的服装仍季季上演，并且引起人们的关注，也许他的秀场根本是他沉醉于玩神秘的最佳舞台，他的奇异设计成为了他神秘的吸引力。

3. 作品分析

图1-28-1的这款2007年春夏的作品设计延续Martin Margiela一贯的实验性创作。作品非常规的款式，将左右两部分解构成不同的服装形态，却有机相连。设计师以一种像石膏模样肉色的材料，做出似模具压出来的弹性胸衣,而不是缝制出来的，用这种肉色材料和红色的其他材质服装结合，创造出一种视错觉。款式上疑似泳衣和风衣的结合，色彩亮丽，配上红色彩条围巾，有一种诙谐的效果，极具设计感，解构味道浓烈。当然重新翻弄二手衣裳将之解构重制是设计师一直以来的信念与态度。在2007年春夏，Martin Margiela把20世纪80年代的柏林青年拉链骑士皮夹克制造成20世纪60年代的伦敦正式晚装外套，以及将1974年比佛利山庄俗丽帅气的追星族套头线衫重新赋予崭新风貌，也许十分难测而不可思

图1-28-1

议，但是，正统学院派系出身的设计师充满理想与能量的创作力总是让人惊异而欣赏。

图1-28-2的2007年秋冬新装，在简约的基础上，抛开细碎繁复，而以大面积抢眼的用色，建筑般的硬朗轮廓，强调挺拔纤体线条，20世纪80年代的大宽肩，经由Martin Margiela前卫艺术的带动下，在秋冬伴随立体袖位，频繁登场，但明显收敛精致许多。塑身的短装，长长的丝绒外套，干净利索。面无表情的模特被蒙上眼睛——在表现后工业时代生存的特质上，无疑Martin Margiela具有先天的捕捉力。黑灰白三色为主调，偶以金属质地银灰打点光泽，很明显，又一个神秘主义和未来主义的痴狂者。Martin Margiela希望以超前卫的手法企图将服饰推向极限，其结果，呈现了21世纪服饰美学发展的可能性。

图1-28-2

二十九、Comme Des Garcons
（像男孩一样）

1. 品牌背景

与三宅一生、山本耀司、高田贤三同时代的川久保玲同为上20世纪70年代日本时装的先锋代表，他们在世界时装舞台上展示了日本的民族风格和前卫的设计理念，给人耳目一新的感觉，不仅在巴黎时装界引起轰动效应，更成为东西方文化新一轮的融合、创新者。川久保玲并没有受过时装设计方面的专业训练，但她视角独特，创意极具爆发力，因此被誉为可

与英国Westwood相提并论的先锋派伟大设计师。

川久保玲1942年出生于东京，曾在东京草叶大学习哲学，毕业于庆应大学艺术系。1969年川久保玲便在日本开始她的设计生涯，成立自己的品牌"Comme Des Garcons"。1975年在东京作首次女装发表会。1978年再推出男装系列。1981年，正式走入国际，于巴黎发表她第一次的Collection，使传统保守的欧洲流行圈引起一阵哗然与议论纷纷，次年更以有名之乞丐装概念引领当代的流行先锋。

2. 品牌风格综述

Rei Kawakubo才是川久保玲真实的名字，这位国际级大师，始终不以她的名字来挂牌，而以一贯的Comme Des Garcons作为品牌的唯一称号，法文意思是"像个男孩"，刚好说明她设计风格长久以来所呈现的中性色彩。川久保玲的的服装完全打破传统服装中规中矩的限制，而让整体的线条不再以人体为架构，呈现建筑或雕刻式，用布料塑造突起块状的立体感；服装不再拘泥于功能性的讲究，更侧重表现艺术感受。

川久保玲是解构主义的实践者，这种在20世纪90年代大放异彩的风格冲破传统思维限制，创造出新的服装形态。川久保玲拒绝遵从一般公认的轮廓和曲线造型原理，创造出一种戏剧化的、全新的风格，如从上到下的口袋、夸张的肩部、超长的袖子、毛线衫裂口处理、拆装、翻面或重新拼接夹克、将羊毛开衫翻过来配上粗犷的肉色编织玫瑰等，其中渗入了诸多解构主义的理念。川久保玲的设计也兼有日本式的典雅沉静，她常结合了立体几何的不对称重叠，以利落的线条与沉郁色调，创造出东西合璧的效果。川久保玲的设计有两个关键词：不收边处理和缝制线裸露，是典型的解构主义。另一创举则是将黑色带入主流色系，在当时，黑色是属于葬礼的专属色彩，而川久保玲并不有所芥蒂，反而大量运用，直到如今，黑色已成为流行色系里永不凋零的常青色彩。

图1-29-1

3. 作品分析

如图1-29-1是川久保玲2006年秋冬的作品，一如既往的有着另类的设计理念，首先表现在搭配组合怪诞。粉色的小礼服裙半遮半掩地与黑色男式西服和白色衬衫配合，女性的甜美糅和在男子气的深沉中，这既是解构思潮的延续，又是川久保玲中性风的新表现。其次服装结构独具创造力。川久保玲手中的小礼服完全打破常规，虽是完整的吊带篷裙款式，却不合常理悬挂在外套上，有戏剧化的风格；当然还少不了川久保玲式的边缝，这次的毛边效果由黑色的蕾丝来表现，簇拥在裙摆上，展现出内敛的美感；川久保玲在她的设计中一直保留着许多日本元素，这次精心缠成的发髻是严谨的日式风格。整体设计繁而不复，色彩和细节都让人深深地品味到那纯净的美感，体现了东方人的内敛含蓄而不失张力。

川久保玲有着强烈的民族主义精神，在2007年春夏的时装秀中最能感受到这一点，设计师以非政治性的手法，不经意间传递出大和民族的传统特质。川久保玲喜欢在作品中玩弄隐喻式的文学，设计师运用立体派的美术概念，切割并撕裂透明的网眼薄纱，再将其重新衔接，以不规则的方式拼缀在白色收腰薄毛料洋装里，高级的解构手法直接让人联想到19世纪的法国画家布歇和毕加索！借鉴日本和服高腰线的白色宽腰带束在胸线的位置，下搭结构特别的格子裙。上衣的巨大红色圆形图案隐藏在薄纱拼缀下，若隐若现地点出设计主题。模特重彩白色妆正是日本浮世绘的典型装饰手法。川久保玲以轮廓完整的主题思想，建构混融着属于她独有的传统与反叛。

图1-29-2

三十、Rochas（罗莎）

1. 品牌背景

虽然具有89年历史的顶级时装品牌Rochas只能在历史的长河中被偶尔提起，但它空前绝后的设计风格，无与伦比的贵族气质却在时装史上有着里程碑的意义。Rochas曾经代表了颠覆、华丽，以及其按身份定制所带来的无以复制的尊贵。

创始人Marcel Rochas1902年出生于巴黎，他创业时正逢第二次世界大战，战争延缓了他的事业进程，他的香水线Madame Rochas在二三十年代已成为巴黎的名品。二战结束后，Rochas品牌迅速发展了起来，先是在高级女装的范畴，后又转到有自己的店铺和香水生产。他敏锐地觉察到女装成衣将取代高级女装成为服装业的龙头产业，他发明了2/3长度的外套，第一个为裙子缝上了口袋，从而影响到此后大半个世纪的顶级女装潮流。Rochas强调肩部设计，在他看来，肩是女性特点的缩影，他的设计女性味十足。1955年Rochas去世后，都柏林出生的设计师Peter O'Brien（彼得·欧布瑞恩）接任设计，做了12年。2003年，美国宝洁集团收购了经营不善的Rochas，并请来比利时天才设计师Olivier Theyskens，Theyskens（奥利维尔·泰斯金斯）在短短两年内便复苏了品牌。

20世纪90年代，多名英伦新锐设计师陆续登陆巴黎，取代老一辈设计师而成为多个奢侈品品牌的主设计师。当时间跨越至21世纪，英伦风渐渐退潮，而一批比利时设计师亮相登场，Olivier Theyskens即是其中一位佼佼者。

Olivier Theyskens出生于1977年的布鲁塞尔，1995年进入Ecole国家艺术学院学习。两年后，他放弃学业，于1997年8月发布的首场题为"黑暗之旅"的个人秀使他的天分得到展现，受到媒体与众多买手的关注，迅速成名。担任Rochas设计总监后，使该品牌成为女明星走红地毯的首选品牌，2006年Olivier Theyskens更获得有"时装奥斯卡"之称的CFDA（美国时装设计师协会）年度设计师大奖。

2. 品牌风格综述

Olivier Theyskens是一个技术派的设计师，他精通裁剪和面料的处理，同时又是配色的高手。他的设计带有哥特风格，又远不止这些。他的作品是现代神秘的、充满激情的，有新颖的裁剪，带有一点点危险、一点点精致，具有梦幻般的效果，他能用细小的变化使服装变得活起来。2003年3月，他受邀担任Rochas设计总监，他尊重品牌的深远的法国传统，他深知Rochas品牌的精髓：赞美诗般的蕾丝，粉红色晚装的精美，正装的一流裁制，同时又加上了自己对廓型的改进。

3. 作品分析

2006年秋冬是Olivier Theyskens为Rochas服装所作的最后谢幕，整场秀呈现冷艳、华贵和妩媚，犹如皇帝的盛装，让人永远铭记心间。冷冷的邪恶、淡调的高贵、隐世的皇族，这便是Rochas秋冬发布会的服装给人的总体感觉。一律灰色调的装扮、黑的眼线、诡异的烟熏眼妆，用黑色发卡梳起的头发，使脸部的颜色和头发的界限更加分明，也许

图1-30-1

图1-30-2

Theyskens更加喜欢这种对比绝对的效果，就连设计服装所采用的颜色与设计上的线条也与冷白色的皮肤色形成了绝对冷艳的对比。设计师运用这种设计效果让人品味到了一种威严，一种恐怖，一种不可侵犯的力量，一种可以在瞬间爆发的力量，像是寒冬中被冻结的精灵，又像是即将到来的黑暗使者，随时都可以给你意想不到的冲击。图1-30-1的这款黑色调的长礼服裙采用上收下敞呈传统造型的A字造型，但设计手法和细节极具现代感，这也是比利时设计师们所擅长的解构主义路线。胸前的分割精准而巧妙，嵌入的蕾丝拼出交错的感觉，同时自然分出胸线结构。吊带上的双层黑色蕾丝互相交错，富于层次和变化，黑白交混的印花神秘鬼魅，多层纱重叠的裙缕依然飘

逸，减轻了黑暗、冷硬的哥特味。

同样是2006年秋冬作品，图1-30-2的这款简洁的带光泽白色连衣裙，款式普通却也美轮美奂。设计师以褶皱为设计手法在领口、门襟运用，经典雅致的繁琐与现代女性的沉稳被Olivier Theyskens用布料裁剪的方式完美表现了出来。Y型领设计得大方而简洁，凸显设计师的精心构思。无袖宽沿的设计与腰线呼应，整款上身设计繁琐，形成的褶皱和下身相对直板的短裙形成对比。整款裙装包裹着模特白皙的皮肤，将即将隐世的庄严与高贵以及象征辉煌的威慑感在这一时刻被无声无息地表现了出来，这种含而不露的情调只有细细品味才能得出，这也是Olivier Theyskens设计成功的关键所在。

三十一、Sonia Rykiel（索尼亚·里基尔）

1. 品牌背景

一头蓬松的红发是Sonia Rykiel的标志，她是时尚界的红发魔女，苍白的面孔与艳红的双唇仿若魔女一般有个性。

1930年Sonia Rykiel生于法国巴黎，她没有受过正规的时装教育，童年时代橱窗里的时装给她很多熏陶，在新浪潮思想蓬勃发展的20世纪60年代，还处于怀孕期间的Sonia Rykiel就开始着手自己的服装事业，从事零售生意的丈夫给她很大帮助。从1968年的5月Sonia Rykiel在巴黎左岸Grenelle大街开设的她的第一家专卖店开始，Sonia Rykiel富于创新精神的设计就大受欢迎，同年被美国的《Women's Wear Daily》杂志冠为"针织女王"称号。1985年Sonia Rykiel荣获法国政府荣誉勋章，90年代她更被日本女性推崇为"女性主义"偶像。

如今Sonia Rykiel王国掌舵设计兼管理者是Nathalie Rykiel（Sonia Rykiel的女儿），2011年还任命了毕业于伦敦中央圣马丁学院的April Crichton为创意总监。Nathalie Rykiel于1975年加入到了这个品牌世界，是她母亲20年来最亲密的合作伙伴以及顾问，在设计上她深受母亲的影响，同时通过Nathalie的新思路促成了公司的进步和发展。

2. 品牌风格综述

Sonia Rykiel所设计的针织服装具有柔和、舒适以及性感兼具的无限魅力，传统甜美中，带点火辣的性感。她思想非常跳跃，她的设计总是充满了巴黎女性所追求的浪漫、新鲜的特质。红发魔女代表了文艺气息浓重的左岸女性，她所创造的是永不褪色的巴黎风格。

几十年来，Sonia Rykiel的天赋在服装设计中得到了淋漓尽致的发挥，她发明了把接缝及锁边裸露在外的服装，去掉了女装的里子，甚至于不处理裙子的下摆。在她每季的纯黑色服装表演台上，鲜艳的针织品、闪光的金属扣、丝绒大衣、真丝宽松裤及黑色羊毛紧身短裙散发出令人惊叹的魅力。Sonia Rykiel是条纹的忠实粉丝，从20世纪60年代至今，该品牌推出的简洁黑白格子一直散发诱人的吸引力，连品牌的彩妆及护肤品的包装也可见其标签式条纹图案。

Sonia Rykiel特立独行的性格在其服装中展露无疑，她决不盲从所谓的主流。回溯到这位"针织女王"在20世纪70年代设计她的第一件贴身的毛衣时，许多人不赞同，但她还是做了出来，结果这个直觉的坚持不但让Sonia Rykiel创造了无数洋溢着都会性感、强调自由搭配的时装，更成功造就了Sonia Rykiel充满了女性特质及无限浪漫的Sonia Rykiel精品王国。此外，相信"黑就是美"的Sonia Rykiel，将黑色的性感与干练发挥得淋漓尽致，使女性特有的温柔、慧黠、神秘散发出蛊惑诱人的吸引力！

3. 作品分析

繁花似锦的2007年春夏系列，Sonia Rykiel将设计视线带到了色彩斑斓的加勒比海岸，设计师设计了众多款式各异的连衣裙，以及以花朵和银色闪饰作装点的度假用遮阳帽。图1-31-1是其中一款，黑白条纹是Sonia Rykiel的经典招牌，设计师以此作为整款的面料，通过条纹的不同方向拼接透出趣味性。廓型属宽松的H型，加长的针织外套搭配超短裙，均匀的宽条纹轻松活泼地跳跃出快乐的阳光心情。在简洁

图1-31-1

图1-31-2

主义风格主导下，银色的皇冠状发带使整体设计更加丰满，优雅的黑色花朵用有点闪光的面料来表现，与漆皮大黑包交相辉映。

　　图1-31-2的2007年秋冬Sonia Rykiel这款为我们呈现出更为轻柔浪漫的针织女装，对于女人来说，拥有Sonia Rykiel的冬天，一定可以兼备美丽与温暖双重享受。在冬日，除了艳色，灰色也能增添别样温

情，设计师以灰黑为主调，充满诗意，通过灰色深浅变化、材质表面不同肌理来达到设计效果。在针织设计上独具一格的Sonia Rykiel巧妙地用各种工艺改变中规中矩的针织衫造型，斜向、披挂、卷边、不对称结构、蝴蝶结，加上针织品多变的纹理效果，营造出高级女装的风范。搭配的灰色斜帽沿仕女帽欲遮还掩，低调而具现代风尚。

三十二、Undercover（秘密）

1. 品牌背景

来自日本的设计大师——Jun Takahashi（高桥盾）自20世纪90年代初出道以来，一直被视为日本时装界的新希望。自他的2003年春夏季作品首次踏足巴黎舞台，系列设计技惊四座，立刻被时尚媒体称为自川久保玲、山本耀司后，唯一一位为世界时装带来无穷冲击的日本天才设计师。

Jun Takahashi1969年出生在日本群马县，1989年入读于日本文化服装学院，两年后完成服装设计课程。当年Jun Yakahashi在校内读二年级的时候，认识了低他一年级的Nigo，二人一拍即合，于1993年在原宿成立了Nowhere品牌，名字取自Beatles 名曲《Nowhere Man》。1994年，Jun Takahashi联同当时创办AFFA的藤原浩，正式成立Undercover品牌，同年首次以Undercover的名称参加了1994年东京秋冬时装展。在1998年推出立体剪裁Drape系列之后，打开了日本以外的市场,扬名时装界。Jun Takahashi的设计颇受川久保玲的影响，概念十分大胆反叛，抽象、疯狂、不规则、攻击性是对他的解说，所以其产品虽然十分受人注目，但也由于他的另类，始终给人一种高不可攀的感觉。

2. 品牌风格综述

Undercover给我们带来了与传统服饰审美相悖的时尚冲击力，对于这种令常人无法接受的"病态"风格，Takahashi曾经说过这样一句话："我觉得自己是个普通人，但我的内心存在有某些异类的东西。

我的作品中，能体现这一点。"是的，服装就是艺术，如果什么都刻意安排，随波逐流，就没有今天我们所见的缤纷霓裳。

受20世纪70年代朋克文化的影响，Jun Takahashi在学生时代就是日本版的"性枪手"乐队的成员。他擅长营造神秘诡异的T台氛围，从"黑暗糜烂"的世界中获取灵感，将肮脏美学的概念运用到服装中并且发挥得淋漓尽致。在他设计词汇中，充满着无政府主义倾向，以及各类元素的冲撞对比（撕裂、剥离、面料表面的线迹堆积等）。设计的主题沿用朋克文化的内涵：恐怖、暴力和反叛前卫，如2001年春夏设计的一套六个骷髅头闪电腰包套装，成为当时的热门产品；2002年秋冬的"WITCH'S CELLDIVISION"系列，以魔女、十字架作主题；2004年秋冬"BUT BEAUTIFUL…PART PARASITIC PART STUFFED"系列，设计师尝试全新概念性系列，延续了其异形怪兽世界观，将烂边的缝制融入系列内；2005年春季推出的"BUT BEAUTIFUL II"系列不再以暗黑异兽作主题，反而灵感取自爱丽丝奇遇记，内脏、骷髅等，一切扭曲的梦境都变成服饰元素。

3. 作品分析

Undercover2006年秋冬设计用不同材质进行包缠，让我们从包缠下的紧窄身段去欣赏他所创造出的鬼魅性感。粗呢短夹克配上金属哑光绸缎裙形成的强烈视觉反差，羽毛编织成的长外套配以有金属和水晶装饰的头部包裹，使人看到了2001年秋冬系列中骷髅的影子。图1-32-1的这款设计在同一色系、不同的材质拼接搭配呈现设计师超现实的服饰形象，乳

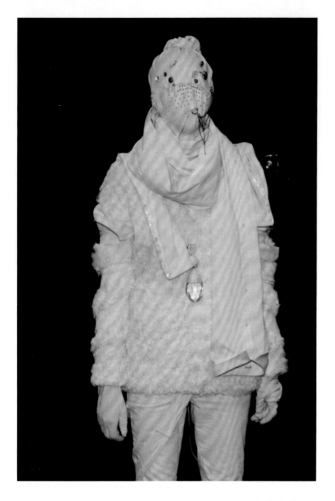

图1-32-1

图1-32-2

白色的轻盈色彩，毛茸茸的上衣与窄脚裤在融合中凸现了Takahashi刻意营造的矛盾气氛。受朋克风格熏陶，设计师将袖子设计采用朋克典型的拼接手法，毛茸茸织物与光滑梭织料带状组合，腿上的布料带同样是拼接，呼应上装。包裹着的头部面罩装饰着大小不一的铜扣和金属链子，设计师别出心裁地将头部形成设计中心，连同颈上自由搭及围绕的围巾，一种无法言状的神秘气氛就这样展现出来。

Undercover2007年秋冬女装的关键词是"和谐、统一"，设计思想是"反其道而行"，以毛料和针织等传统面料为主，融合了有高科技含量的闪光新型材质，所以也呈现出一派未来太空的景象。图-1-32-2所示俏皮有型的休闲风貌，更显得充满活力与朝气。针织和梭织料自然衔接，上衣采用了较为修长的剪裁线条，不仅是身形，而且让肩膀也呈现出自然流畅的线条。与门襟连裁的夸张造型大立领是此套服装的出彩点，从利落简洁的线条中依稀还能看到解构的痕迹。外表平凡的粗呢短裤配以深黑色毛料袜子，无声地诠释了Takahashi眼中无法透视的神秘性感。银色肩包设计既时尚新颖，又具有功能性。整体上银灰和乳白这些内敛而不失活泼的色彩，将Undercover的年轻气息和运动时尚表露无疑。

三十三、Emanuel Ungaro
（伊曼纽尔·恩加罗）

1. 品牌背景

Emanuel Ungaro出生在一个意大利移民家庭，1955年22岁的他来到了巴黎，在Courreges工作一年后转到Balenciaga手下，直至1961年。1965年Emanuel Ungaro高级时装屋在巴黎创立，其设计突出艳丽色彩，擅长以飘逸的透明薄纱、精巧的蕾丝花边、高贵的浮花锦缎设计抽褶裙装，表现女性的柔美和妖娆，他所运用的波尔卡点纹、斑马条纹、各式花纹及其自由组合图形已成为时尚经典。1996年Emanuel Ungaro被Salvatore Ferragamo公司收购，如今Ungaro隶属于Mariella Burani服装集团。

2006年40岁的美籍挪威设计师Peter Dundas（彼得·邓达斯）出任设计总监，他曾先后在JP Gaultier、Christian Lacroix和Roberto Cavalli品牌工作过，有着十几年的丰富经验，Emanuel Ungaro品牌被赋予了新潮与经典兼具的面貌。在Emanuel Ungaro2007年春夏的发布会上，设计师Peter Dundas以一种极致的方式展现了全新的Emanuel Ungaro风尚。2009年后，先后由Esteban Cortazar、Giles Deacon、Jeanne Labib-Lamour担任总设计。

2. 品牌风格综述

艳丽的色彩、丰富的图案、重复的手法……以性感、浪漫皱褶等元素著称的Emanuel Ungaro品牌，每季设计总让人眼睛为之一亮，其活泼高雅和摩登性感的风格与多种图案花样的运用为品牌赢得

了不朽的名气。

在Dundas的设计中，秉承了挪威人亲近自然的传统。在木屋中长大的他并没有像有些设计师那样从历史书本上寻取灵感，而是将视角伸向户外，2007年春夏系列灵感正是来源于蝴蝶，他幻想着步入鸟语花香的丛林中，周围的蝴蝶翩翩起舞。设计师以绚烂多姿的色彩图案、蝴蝶纹样的装饰扣件诠释了Emanuel Ungaro品牌的妩媚特性。除此之外，Emanuel Dundas还流露出Cavalli的热辣性感和淫逸风格表现。Ungaro原本鲜亮的色彩和多元的印花仍然不可或缺，从整体而言，多了俗丽的斑点、豹纹、动物纹样等过度装饰，金属亮片的拼嵌耀眼得几近眩晕。一系列收腰紧身夹克套装，以下是裙摆式的装饰荷边，虽然款式有所收敛，但从颜色的渐次丰盛中彰显了Dundas不安分的心思。

自从年轻的设计师Peter Dundas接手以来，Emanuel Ungaro就越来越偏离我们所熟悉的优雅古典风格。但Peter Dundas用他丰富的经验与独特的灵感赋予Emanuel 了Ungaro新颖与经典兼具的面貌。Emanuel Ungaro也因注入了Peter Dundas这位令人惊艳的新鲜血液，而让那些衷爱耀眼眩目的后起新贵们成为Emanuel Ungaro新的拥趸。

3. 作品分析

图1-33-1所示这款设计正体现Dundas心目中的典型Emanuel Ungaro女人形象。设计师以松软的宽肩、收腰、阔臀结构诠释了流行感，胸口处以低胸造型处理，合体细密的褶皱与袖肩处的高企松散的泡袖形成视觉对比，相得益彰，同时也将此区域成为设

图1-33-1   图1-33-2

计的重点。衣身的两处绳结编织变换了设计技巧，增添了一份女性的柔媚韵味。在材质运用上，设计师用透明薄纱与亚光绸布交替使用，加上具有复古情调的绿色，整体上演绎出花丛般的世界。

2007年的秋冬舞台上，Peter Dundas延续了上一季的性感与妖娆。设计师坦言自己十分欣赏夜总会的气氛，于是我们看到了黑色水晶大理石般的光滑舞台和色调低沉的厚重幕布——一种非常明显的场景再造。在这样充斥着娱乐、消遣和放纵意味的场所，很多人都只能想象到声色犬马的场景，而眼光锐利的设计师却能观察到出入这种场合的社交名媛身上，把玩另一种特别的衣着方式。Dundas强调整体造型，减少细部的雕琢，厚重的面料和奢华皮草的运用，大

气而成熟。极似20世纪70、80年代的迷你裙造型以及恒星或极光的图案，碰撞出另一种不同于流俗的崭新概念。在图1-33-2的这款晚装设计中，Dundas摒弃了曾经的夸张图案印花和艳丽色彩，用简洁的白色和精准的裁剪，展现摩登又性感的利落线条，从中既有以优雅著称的Ungaro风格流露，也融入了从Roberto Cavalli带来的淫逸情调。设计师在胸前设计开敞，将衣片从肩部一直划开到腰中心，与裙身相连接产生结合点，使裙子不经意间形成的放射状的垂荡效果，长及脚踝的结构更平添一丝具古希腊式美感。通过设计师的巧妙构思使原本性感的礼服立即升温，曼妙身姿倾刻间妖娆无限。

三十四、Valentino Garavani
（瓦伦蒂诺·加拉瓦尼）

1. 品牌背景

Valentino Garavani1932年出生在意大利北部的瓦格纳，少年时代即显露出艺术天赋和审美情趣。1949年，17岁的Valentino进入了米兰桑塔马塔学院学习时装，一年后，他又前往巴黎学习，学习期间曾获得了国际羊毛局举办的时装设计大奖。之后，Valentino Garavani进入了Jean Desses（珍·黛西丝）高级时装公司工作，在任Desses助手的五年期间，掌握了一定的设计知识和缝纫技艺。1960年Valentino Garavani成立了品牌公司，曾遭受挫折，但Valentino Garavani将品牌重心转移至精品系列后获得成功。1967年荣获Neiman Marcus奖。2008年Valentino正式退休，如今主设计师为Pier Paolo Piccioli与Maria Grazia Chiuri夫妻组合。

2. 品牌风格综述

Valentino Garavani的设计代表的是一种宫廷式的奢华，高调之中隐藏深邃的冷静。他那极至优雅的V型剪裁时装，更是让人折服在这种纯粹和完美的创意之中。Valentino Garavani的传奇被公认为"意大利制造"的标记，米兰成为全球时尚中心，Valentino功不可没。

Valentino在意大利语中意为"情圣"，这仿佛昭示着Valentino品牌从诞生之日起，即与高贵浪漫结下了不解之缘，他常用柔软贴身的丝质面料和光鲜华贵的亮缎布绸，采用合身的剪裁、精致的工艺以及融洽的整体配搭，展示出女人梦寐以求的风韵。Valentino对于红色有特别的喜好，这种红色就是人们熟知的"Valentino红"，他运用各种红色的雪纺绸、透明纱、绉、缎设计的礼服高贵非凡，穿上Valentino红色礼服是女人们的梦想。所有一切造就了Valentino的独特魅力，并在竞争激烈的时装圈中傲视群雄。

3. 作品分析

2007年是Valentino Garavani品牌公司届满45周年的纪念年，在春夏和秋冬两季的秀中，他将优雅高贵风格淋漓尽致展示给喜爱他作品的观众。2007年春夏女装设计中，充满浪漫的巴黎风情装扮，如搭配着各式各样缤纷眼影、往后扎起的发型、交叠着鲜艳的红色细发箍，模特在悠扬的音乐中踏踩着娉婷步伐，俏丽又可人。此外还有许多Valentino Garavani的经典一面——包括娇贵雅致的礼服、蕾丝、蝴蝶结，当然还有鲜明的亮红色——这是Valentino Garavani认为除了黑白以外的唯一色彩。图1-34-1，这款绯红色晚礼服堪称Valentino Garavani的设计浓缩，整款采用端庄雅致的A字造型，以绸缎为主体，露肩，收腰，裙装长及脚踝裙，将身材勾勒得丰满匀称。同样绯红色的薄纱覆在表面，从腰际开始向外飘开，轻舞飞扬如天仙般美妙。在细节上，Valentino Garavani以别致的单肩带结构，由绯红色的薄纱折成长条，从腰至肩斜向做成肩带，打成蝴蝶结，更添一份复古典雅。在饰物的搭配上，正红色的手抓包和露趾高跟鞋

图1-34-1

图1-34-2

采用缎纹面料，妖娆无比。

　　2014春夏，Valentino Garavani的主设计师组合Maria Grazia Chiuri和Pierpaolo Piccioli在本季作品中以歌剧作为设计灵感。设计原型是Maria Callas在Pasolini导演的经典歌剧电影中扮演的美狄亚，正如他们之前所说："这是一场时尚的歌剧。"设计师的灵感缪斯不再是带珍珠耳环、天真无邪的少女，而是神话中的女巫，Valentino Garavani名媛形象在设计师的手下变得充满神秘感。图1-34-2中，

长款连身裙搭配黑色镶边短装，虽然点缀着鲜艳色彩和细节装饰，像舞台服装般璀璨，当然是Valentino主导的精品标准——华丽、精致，但在黑色的笼罩下趋于平和。服装透过华美的几何图案装饰，在幽深中尽显出新意。本款主打了不同材质的装饰效果，半透明的黑色硬纱和厚实料以规整的珠饰装饰，加上金色的首饰，整款闪烁着不同的光彩，同时衬托出一身轻柔曼妙的好体态。在款式设计上，短夹克配长裙，传承礼服的风范，浪漫甜美。(图1-34-2)

三十五、Vanessa Bruno（凡妮莎·布鲁诺）

1. 品牌背景

与法国设计师凡妮莎·布鲁诺同名的品牌Vanessa Bruno，被巴黎时尚界誉为代表法国优雅、精致时尚风格品牌的接棒者。近几年里其品牌声势相当凌厉，单凭Vanessa Bruno在时装杂志的曝光率，就可知她已红遍日本。

设计师Vanessa Bruno1967年生于法国，母亲是20世纪60年代丹麦名模，意大利裔父亲曾创立了针织时装品牌Emmanuel Khanh。自小就生活在时尚界中的Vanessa Bruno自己也做过模特，但很快就厌倦了这种生活。15岁时，她来到法国，在巴黎的时装品牌Michel Klein、Dorothee Bis作设计助理，这一段时间的工作为她积累了宝贵的设计经验。24岁那年，自学成才的Vanessa Bruno创立了自己的品牌Vanessa Bruno，并在巴黎时装周亮相，很快在巴黎（2间）和日本（4间）开设了专卖店。现在，Vanessa不仅在日本已颇负盛名，在中国、韩国及新加坡也受到越来越多的关注和追捧。

2. 品牌风格综述

Vanessa Bruno的设计简单、舒适，带有男性服装特点；同时追求20世纪90年代女性的个性和独立，体现出现代女性的自信。

出生在巴黎、生活在巴黎的Vanessa Bruno醉心于这座城市的活力和无穷无尽的灵感，对高级时装并不是太感兴趣，她更喜欢设计舒适、易于穿着的便装。她设计的成衣灵感多源自于大自然，清新而优雅。Vanessa Bruno的服装多以天然的棉质、细亚麻和真丝作为材质，因此都有着温暖的手感。Vanessa Bruno在设计中有创新和实验精神，她经常在时装秀和时装中借鉴其他的艺术形式，如电影、摄影、建筑等。Vanessa Bruno的服装是为不喜欢造作的女性设计的，她们更关心服装的细节、舒适性和品质，Vanessa Bruno希望每件作品都能体现穿着者的气质，成为整体风格的一部分，而不仅仅只是一件服装。Vanessa Bruno喜欢在简单中营造变化，简单的连衣裙、短袖上装等常规款式，她只在领口、袖口、腰间加上些独特的细节变化，马上就会使它们鲜活起来。Vanessa Bruno每年推出亮片包，她用热潮亮眼的亮片织带与各种颜色和材质的帆布包组合，每次推出都引起抢购热潮，席卷全球，让人不由地感叹这位金发美女的设计魔力。

3. 作品分析

Vanessa Bruno每一季都会推出一些全新的款式，在线条、结构、颜色或是构想上做变化，她认为保持品牌的新鲜感是不可或缺的。在Vanessa Bruno2007年秋冬系列的服装中，设计师的设计结合了性感与摇滚音乐的精髓。不爱唱高调的Vanessa Bruno服装在本季中以厚实的棉质和顺滑的丝绸为材质，特意凸显自然垂挂和随意褶皱的线条，展现轻松舒适的生活品味。图1-35-1的这款以折裥为主要设计手法，整款看似简单，实则结构复杂，在简洁的泡泡袖连衣裙上设计师发挥了她的想象，前胸的褶皱由领口自然蜿蜒分布，独特的剪裁为

图1-35-1

图1-35-2

连衣裙注入了新的活力。黑色的紧身裤袜与白色的连衣裙对比强烈，加上随意的发型，不时地告诉人们这是Vanessa Bruno的服装：性感再加点摇滚的味道。整体穿着合体轻便自如，活泼中带点不羁，随意间流露精致。这款设计具可穿性，注重自由并且自然的配搭，体现Vanessa Bruno一贯的设计主张。

作为时尚、独立的女设计师，Vanessa Bruno了解女性的追求和喜好，更能把握时尚的节奏，设计师以舒适的面料和稍宽松的造型，将作品充满了法国时装特有的悠闲轻松感，而且简单易穿。图1-35-2的这款Vanessa Bruno的设计带着一点洒脱风格，

随着模特轻盈的脚步迈出时尚惬意的享受，轻松自如却一点不缺精致和性感。Vanessa Bruno擅长混合各种面料，尤其对丝绸面料的处理别具一格。这款设计以丝绸作面料，顺滑的丝绸在模特身上自由的流淌，流泻的线条飘荡起青春的活力。领口处是设计眼，松垮设计的多层次无袖连衣裙，结构上很复杂，分不清披挂的界限，但在颈部终结。灰蓝的色调彰显高贵的品质，深灰和银灰的对比沉稳而不失情趣。这就是Vanessa Bruno的服装：自由洒脱，可以出入大街商场，也可以在不期而至的宴会和社交场上光彩照人，带着一股不食人间烟火的仙子气息。

三十六、Véronique Branquinho（薇罗尼卡·布朗奎霍）

1. 品牌背景

Véronique Branquinho1973年6月6日出生于比利时的薇罗尼卡，孩提时代曾希望成为一名芭蕾舞演员。她在高中时学习了现代语言，但很快发现这不是她想做的。14岁时，正值"比利时六君子"风头正劲之时，使得热爱时装的Branquinho觉得时装T台变得很近，这激起她对时装的热情，因此转到了圣徒卢卡斯学校学习艺术，她先选择了绘画作为她的专业。1991年又去比利时安特卫普皇家美术学院学习时装，1995年毕业后曾在比利时的一些商业性品牌中作设计，同时一直计划开创自己的事业。1997年10月Véronique Branquinho在巴黎的艺术画廊中展示了其第一次的秀，这次展览吸引了许多国际媒体和零售商，使她的时装秀提上了日程。1998年她的第一次时装秀在巴黎发布，2003年秋冬季又开始了她的男装系列。1998年10月，Branquinho获得VH1"最佳设计新人"奖。同年与Raf Simons一起应邀为意大利皮革公司Ruffo Research设计女装系列。

2. 品牌风格综述

Véronique Branquinho是一位年轻的比利时设计师，她热衷以净色为主设计服装，以细节点缀凸显个人风格，被称为"单色浪漫主义女神"。Véronique Branquinho讲求精致细节设计，以繁复而利落的剪裁及细腻的针织手法，设计出多款针织上衣、半截裙和连身裙。她的服装能展现出低调又带点复古味道的性感情怀，尤其那些看似松身的纺纱上衣，神奇的剪裁及若隐若现的质料，更能凸显女士轻盈柔弱的身段，也彰显设计师的设计意念及高超的剪裁技术。

Véronique Branquinho 向来最讨厌别人说她爱做中性服饰。对她而言，服饰是充满趣味的拼贴游戏，不是非黑即白的死板定律，她所理解的性感不是胸部和大腿的裸露，而是极度精致的女人味。Branquinho的服装不哗众取宠，她的漂亮设计讲求实用性和功能性。Branquinho常用暗哑的色彩、男装的裁制手法以及街头风貌来调和女性化的面料，如蕾丝、雪纺和缎子，表现含而不露的性感。她的服装一直在男子气、女性味，女孩气和女人味当中寻求平衡。女性内心的丰富复杂、情感的变化多端一直赋予Branquinho灵感，她会在各个房间放上便条本，随时记下转瞬即逝的思想火花，这些亮点成为她设计的源泉，她习惯在每场秀前，首先是构思一个款型，然后往里面填充细节。她最中意的设计是一款名为"毒药"的裤装，成为她服装中的经典款。

3. 作品分析

Véronique Branquinho2006年秋冬系列延续了春夏系列的色彩，虽然天桥上的锋芒可能被其他品牌缤纷的色彩暂时盖过，但细看下，就能慢慢发现Branquinho那种内敛的吸引力，完全将女士的娇柔美态展现出来。Branquinho成功地为女士们打造出一种浪漫造型。图1-36-1的这款设计依然是设计师最喜爱的针织面料，白色的高领紧身针织衫外罩手钩紧身胸衣，构思很独特。纯手工的精致钩针制作再现出女性与生俱来的柔美，胸衣的制作在结构上也有

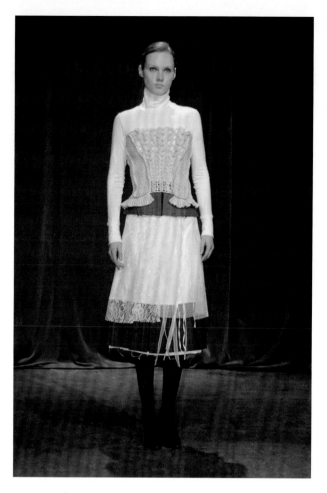

图1-36-1

图1-36-2

独特的构思，如裁剪服装那样分为清晰的胸片、下摆和侧片，突破手工织物的塑型弱点。裙装是后现代风格的表现，拼接、层叠、毛边处理、不齐整的下摆极大地丰富了整款设计语汇。对比强烈的蕾丝面料和牛仔布被设计师巧妙调和在一起，低调复古的性感悠然而现。

　　2014年春夏秀对于Veronique Branquinho来说，并不是一场传统概念的发布会，那些朦胧、透明、闪着彩虹色光芒的金银丝面料与其说来自另一个时代，不如说是来自另一个世界。图1-36-2

中，亚光金色的超长西装领马甲与紧身短裤的搭配，加长的轮廓给人强烈的印象。衬衫门襟处装饰的丝带尾端离开衬衫在空中飘动，看起来就像是它们长出了本来的边界一样，富有动感，这些细节处的独特设计，将平凡的服饰演绎得非同寻常，值得细细观赏。来源于男装的H廓型，男式的衬衫，加上柔和又很内敛的金色，Veronique Branquinho的设计一直在男子气、女人味中寻求平衡，也给时装界带来一种强烈的新鲜感。

三十七、Véronique Leroy（薇罗尼卡·里洛伊）

1. 品牌背景

提及现代比利时时装设计师，如Martin Margiela、Ann Demeulemeester、Dries Van Noten等已脍炙人口，他们在设计中体现出的设计观念代表着当今世界时装设计发展趋势。事实上，比利时时装设计也是多元的，Véronique Leroy即是其中一位风格鲜明的设计师。

Véronique Leroy1965年出生于比利时的工业城市列日，19岁时Véronique Leroy决定向时装业发展，遂移居到巴黎，那时她的许多同胞都在安特卫普皇家艺术学院求学。到法国后，她先在Studio Bercot从事设计，后跟随当时巴黎著名设计师Azzedine Alaia和Martine Sitbon工作。1991年推出她的个人品牌，她那裁剪精良的高腰裤和设计时髦的缎质衬衫在当季就得到了评论界的好评，其秀场被称为"本季最富有创意，最有前途的秀"。Véronique Leroy以她独特的方式在时尚丛林中穿行，陪伴她的是最亲密的合作伙伴——Inez van Lamsweerde和Vinoodh Matadin摄影组合，他们每一季为Véronique Leroy出谋划策，同时创作品牌的形象。2001年，Véronique Leroy受邀担任Leonard的设计总监，这是一个以印花出名的品牌，足见Véronique Leroy在图形上的天赋。

2. 品牌风格综述

Véronique Leroy的服装性感、简单、纯净，不落俗套，可穿性强，既有女性化的典雅，也有强烈的时尚风格。无论什么类型的服装，柔和的、刚毅的、职业的、休闲的，在Véronique Leroy的塑造下都烙上了她的个人风格，传达出其所要表现的女性形象——冷静、高贵、成熟，这种形象在现代社会中被广为欣赏，从而使其品牌拥有了众多的追随者。

在法国的生活使这位比利时设计师继承了法国的浪漫，其设计带有强烈的女性味道，同时受到20世纪80年代迪斯科文化的影响。Véronique Leroy能将性感及优雅完美地结合，融入自己的风格并塑造出一个人所共知的强有力鲜明形象。Véronique Leroy在设计中更注重裁剪、造型和风格，而不是装饰，高腰裤和绸缎衬衫是她的标志性设计。这位有着"时装变色龙"之称的设计师认为赋予服装灵魂是设计中最令人兴奋的事，她能从一些意想不到的题材上发掘灵感，如摔跤选手、"查理的安琪儿"等，她擅长运用变形的结构、微妙的性感、各种时髦面料的重叠来装扮女性。她的秀场风格也是独树一帜，1991年的首场秀场地看上去如同一个战时的地道一般，而2007年的秀场同样令人惊叹，在巴黎小皇宫中的秀被布置成一场装置艺术，模特穿着最新款的Véronique Leroy站在白色高台上依靠支撑杆，俨然一副"纯属木偶"的态势。所有来宾可以在模特之间来回走动，从各个角度来欣赏服饰，摄影师也可以更近距离的拍摄。

3. 作品分析

Véronique Leroy 2007年春夏的设计带有浓烈的现代女强人味道，设计并不强调花巧，有一种简约舒服的感觉。设计师Véronique Leroy这一季运用粗针线的技法进行设计，这种手工的编织使廓型有了更

图1-37-1

图1-37-2

大的伸展性，超大的膨松袖，超短的灯笼裤，性感而随意，袖口只是大袍上留出的一个洞，像外祖母信手编织的半成品，缝上装饰钮扣，束上本色的编织腰带，又充满了未来感。在迷你的线条轮廓中，清晰可见20世纪60年代的复古风情。淡雅的针织短衫，松软舒适的造型，一切显得如此的自然悠闲、柔和舒适，仿佛预示着未来服装所带给人们的现代感和舒适的享受（图1-37-1）。

在2007年秋冬系列，Veronique Leroy从以前的设计档案中挑选出一些款式，并不是简单的重复一次，而是混搭，呈现出一场非常特别的、前后一气呵成的秀场。图1-37-2这款粗犷的人字形呢大衣，袖口较阔但有束腰的设计，剪裁颇为特别，服装的结构线条都浓烈地表露在服装上，产生错觉的袖子设计，成为服装个性的设计闪光点。墨绿色不对称设计的及膝裙，带有浓重的希腊痕迹，简单地成为了一种衬托。重金属的配饰是服装另一个亮点，具有现代感又带点儿工业氛围的沉重金属宽腰带，将女性曲线展露无疑，采用直线条的粗犷手环增添一份未来感，为整体服装奠定出特有的风格特征——重金属工业时代的感觉。烟熏眼的妆容更加强调了这种风格。服装整体风格统一，完美无缺，欧洲古典文化的神韵都表现在Véronique Leroy的服装设计中，体现了设计师炉火纯青的设计手段和特立独行的设计风格。

三十八、Victor & Rolf（维克多&洛夫）

1. 品牌背景

西欧小国荷兰素以涌现众多画家而闻名于世，从古典风格的伦勃朗，到现代绘画的梵·高、蒙德利安等无不是掷地有声。相对于纯艺术绘画，荷兰的设计水平则逊色不少，然而时装设计组合Victor & Rolf多少改变世人对其时装设计的看法，这对年轻的设计组合独辟蹊径，在服装的造型结构上大胆构思，创造出区别于其他设计师的时装，在享有创意无限的时装王国巴黎崭露头角，将独特的新荷兰时装概念成为时尚美学，震撼整个时装设计界。

Victor & Rolf由Victor Horsting和Rolf Snoeren两位荷兰天才设计师组成，两人都出生于1969年。两人相识于共同求学的荷兰顶尖的Arnhem艺术学院，1992年毕业之后奔赴巴黎开创自己的事业。1993年，两人凭借一组超大尺寸的白色服装赢得一项发掘年轻设计师的大奖。他们的首场秀于1999年秋季在巴黎发布，一举成功，被认为是高级时装最炙手可热的设计组合。Groninger博物馆极其欣赏他们的作品，于1998年至2000年展出他们的作品。随着时间的推移，Victor & Rolf的设计愈发成熟，他们不仅设计价值连城的博物馆展品，更开始进军有商业价值的成衣业。2006年，他们首次试水成衣市场，为H&M设计了一组服装，其中包括极为成功的廉价婚礼礼服。

2. 品牌风格综述

Victor & Rolf两人的形象都更像是IT界的精英，两个独立的个体组成一个设计品牌本身就是一件罕见的事情，但两个人可以在风格与造型上达成如此共识，这种默契不能不令人惊叹。在时装界，也许Victor & Rolf是唯一一家可以鲜明地将我行我素的风格成功挑战时尚极限的品牌，其创意一直游走在艺术和时装设计之间，赋予时装以反传统的定义，并带有强烈的后现代主义倾向和实验性质。设计师的最可贵之处就在于创新的想法，Victor Horsting和Rolf Snoeren一直本着满足人们对于无限的追求进行创作与探索分析，但两个人的这种夸张又有别于John Gilliano的戏剧效果，因为Gilliano属于成人童话的行列，而他们在各式各样的飘带和蝴蝶结中窥见的是独属于童年时才有的梦。他们的设计拥有法国式浪漫，包含传统精湛工艺和优雅情调；又有美国设计师的利落线条，设计简洁，无过多细节处理；更难得的是他们有意大利设计师的大胆创新，是比较理性和具内涵的构思。荷兰设计组合Viktor & Rolf 就是以新奇的创意、浓烈的实验色彩和骨子里的定制情结让人们领略到主流时尚以外的另类精彩。

3. 作品分析

2006年秋冬的Victor & Rolf秀带领观众回到了最世故最优雅的20世纪50年代。绕回巴黎迂腐守旧路线，以黑色小洋装、法式风衣、灰套装或Dior感的圆篷裙晚礼服等正经装扮故作保守。为了惟妙惟肖地重现高级定制服黄金时代的时装表演方式，模特们戴上网眼面具，头上固定一小束下垂的卷发，并谨慎地模仿模特前辈们的举止，一如往常地带着诡谲的气氛。网状的击剑式面罩，欲盖弥彰凸显女性的神秘和诱惑

图1-38-1

图1-38-2

力。图1-38-1的此款设计取自风靡20世纪50年代完美夸张的X造型，但设计师设计思路是现代的，细致像折纸般的褶子拼出圆形的图案，中世纪的紧身胸衣抹胸处的多层褶用银色面料来表现。加裙撑的蓬裙，裙摆再染上金属色，尽显辉煌出众又颠覆传统。腿上也配合灰网眼长袜，将优雅高贵进行到底。

在进军成衣市场颇有收获之后，Victor & Rolf的设计也一点点开始商业化了，他们的秀还是巴黎最受欢迎的时装秀之一。2014年春夏，一场讲述校服和叛逆青年的秀上演了，背景音乐是翻唱版的"Another Brick in the Wall"，而在T型台上，

Viktor Horsting和Rolf Snoeren呈现的是剑褶裥、格子和顶饰运动夹克，用自己的方式完美改编了校园女生造型。图1-38-2中这款校园女生装，假下摆的不对称分割马甲造型，线条清晰有力，选用藏青色、黑色和白色，白色镶边很显眼，既是装饰线，也是分割线，将皮革与其他面料进行区隔。严谨的小西装领、贴袋都是校园服装的基本元素。最具挑战性的是短裙上创新的褶状设计，规整、机械感的结构令人惊叹，依稀可见Victor & Rolf品牌的原有特质。蓬蓬裙的造型活泼，充满动感，这样的校园服自然会成为吸睛之作。

三十九、Yohji Yamamoto（山本耀司）

1. 品牌背景

山本耀司1943年生于日本横滨，1966年毕业于庆应大学法律系后于1966年至1968年期间在日本文化服装学院学习时装设计，从而开启了时装设计生涯，1968年获装苑奖并得到去巴黎学习时装的奖学金，两年后从巴黎深造回国。1972年，他成立了自己的品牌成衣公司，四年后在东京举行了第一场个人发布会。1988年在东京成立山本耀司设计工作室，同年在巴黎开设时装店。

2. 品牌风格综述

很难找到贴切的语言来描述山本耀司的服装，因为他的服装充斥着一种丑陋的完美。在服装设计领域里，他的风格比较独特，有点宁静又包含一点孤寂，抽象又不失谨慎。在长长的设计生涯中，山本耀司努力以来自东方的眼光来表达对现代服装的理解，通过长期对流行服装的探讨和研究，山本耀司逐渐形成了自己的设计语汇，并得到了世界的认可。

山本耀司的设计融合了东西方的着装理念，山本从传统日本服饰吸取灵感，以和服为基础，通过层叠、悬垂、包缠等工艺手段形成一种非固定结构的着装概念，表现出具有现代意识的前卫服装。西方的观念是以紧身的造型来体现女性曲线美感，是三维的，而山本耀司作品以两维的直线裁剪为主，形成一种非对称的外观造型，这种别致的手法是日本传统服饰文化中的精髓，它不同于西式的立体裁剪。山本耀司的作品没有一点矫揉造作之感，却显得自然流畅。山本耀司的色彩观更多体现出日本文化的精髓，他的设计大多以黑灰色为主，以不同表面肌理效果的质料表达东方审美情趣，其中也透出丝丝禅意，所以山本耀司又被誉为来自东方的哲学家。由于色彩的凝重感，因此山本耀司的作品散发出浓浓的中性感，只是他的设计更体现东方味。

山本还将设计概念外延扩展，材质肌理美感取代了占据时装设计领域多时的以装饰为主的设计手法，运用材质的丰富组合来传达时尚的理念。在山本耀司的服饰中，不对称的结构屡见不鲜，他厌烦服装穿戴规规矩矩，以时装来反时装是他擅用的表现手法，呈现在我们眼帘的是一种以破碎和缺陷为基调的服装魅力。因此解构主义成为山本耀司主要的设计风格，这种流行于20世纪90年代的风格在其他日本设计大师的作品里也有表现，但山本耀司更喜欢将日本传统服饰进行解构，进而创造出全新设计。

3. 作品分析

在2006年秋冬山本耀司的T台上，他标志性的超大风格依然，简洁的剪裁，形成硕大的廓型。在女装中融入男装的设计理念，再现女性帅气摩登的优雅中性。设计理念中仍不失矛盾的影子，不对称的衣摆，故意设计的不协调的褶皱，流线阔腿裤和宫廷味式泡泡袖……经过结构的包装，一切就便展现出随意自然的别样风情。仍旧在藏青色和黑色中大显身手，整个舞台充满了一种低调沉静又夹杂一丝午后慵懒的感觉。图1-39-1这款立裁式服装的宽大松垮，营造出一种不合理的错觉。将领口线延长至腰节点，是包裹式服装最好的性感点。上衣的袖子是整套服装最具创

图1-39-1   图1-39-2

意的地方，正常的衣袖垂荡闲置，而以侧缝长度为袖窿长接入另一更为宽肥的袖子，有点离奇却又不是天马行空的设计会使我们正中下怀产生视错。随意零碎的褶裥散落在腰间，点出了整套服装的细节表现。似裙非裙的下装与上装造型相得益彰，各显独特却又融合一体。低调的深灰色配以模特金黄的头发和复古黑皮鞋，整体素净但不单调，使优雅凸显。

山本耀司的设计一向以男装女穿中性概念出发，2007年春夏持续了这种风格，包括潇洒时髦剪裁系列。这不是保守，细节的变化才是流行的关键。山本耀司的服装没有奢华的材料，没有鲜艳的色彩，只是

随性的剪裁和他个人非常喜欢的超大设计手法，却有了低调华丽和离奇高调的评价。这也许就是当今时代对前卫和个性的解释吧！图1-39-2这款服装在干净整洁的招牌白衬衫上大做文章，配以亚麻质感的窄版外套，加上尖驳头和小翻领的映照，好一派英伦绅士的味道。下装以压皱布料制成的阔腿裤相配，以致混合中有一些叛逆的酷感。白衬衫门襟的下部以深灰色缎质褶皱装饰，是整套服装的视觉焦点，体现了中性风貌中柔美细腻的设计手法。精简短发小尖头，深棕色烟熏妆，如男孩般英俊的脸庞，这一切无不解释了山本耀司低调的霸气。

四十、Yves Saint Laurent（伊夫·圣·洛朗）

1. 品牌背景

2001年，世界时装界有一件大事引起万众瞩目，法国时装设计大师Yves Saint Laurent（YSL）举办了告别时装舞台的时装表演，盛况空前。在众多设计师中能有此殊荣的恐唯有YSL莫属。YSL是一位伟大的设计师，他创造了一个经典优雅的法国品牌。自1957年开始，YSL品牌在20世纪90年代先后由Alber Elbaz和Tom Ford接手设计，风格由精致高雅转向简洁实用，2004年开始由Stefano Pilati（斯特凡诺·派拉帝）担任创意总监。1965年Stefano Pilati出生于意大利米兰的一个时尚世家，Stefano Pilati在服装设计上颇有才情，小时候曾以两位姐姐的时装杂志为灵感替姐姐设计了服装草图。这位颇具绅士风范的意大利人在20余年的设计生涯中，曾先后在Cerruti、Armani、Prada和Miu Miu品牌工作过，历经各类风格的洗礼，2000年成为YSL成衣系列的女装设计师，直至2012年秋冬完成最后一季设计离开YSL公司。2012年秋冬季结束后由Hedi Slimane替代。

2. 品牌风格综述

Yves Saint Laurent的设计既前卫又古典，Yves Saint Laurent是一位艺术家，拥有艺术家浪漫特质，又擅于调整人体体型的缺陷，他常将艺术、文化等多元因素融于服装设计中，汲取敏锐而丰富的灵感，自始至终力求高级女装如艺术品般得完美。YSL对于色彩拿捏精准，敢于挑战世俗，模特不戴胸罩展示薄透时装正是他开的先声，他设计的喇叭裙、梨型自然褶饰、嬉皮装、中性服装、透明装等无不成为时尚的宠儿，并使女性重塑自信。

Stefano Pilati接手后，凭着对织品的专精品味，加上承接YSL高级定制服对细节精致度的要求，Stefano Pilati使得YSL成衣自有一种贵族气度。在T台时装的设计中，Stefano Pilati加重日装、休闲装的比例，使YSL的形象更加全面而轻松了。虽几经变换，YSL服装自始至终都是追求艺术感、高品位、精细，最大限度地体现出女性美。

3. 作品分析

2006年YSL秋冬女装特别选在法国知名的蓬皮杜博物馆举行，在场景的设计上，特别注重细节设计的Stefano Pilati选择了一个高挑细长的粉红色空间，藉由淡雅的衬底色系突显主打的深色系服装。图1-40-1的这款黑色的古希腊风格长及脚踝礼服，上身合体，自腰处向外蓬松，造型自然。整款设计以刺绣秀出精致工艺，并以20世纪二三十年代走红的立体派艺术概念手法作点缀，绳带、珍珠、塔夫绸等多样材质的手工拼接烘托出层次感与高档品味，轻柔的黑色丝缎与神秘华丽的黑金色系装饰组合，演绎出法老王般的奢华情调，与女模的埃及艳后发型相得益彰。Stefano Pilati用设计赋予黑色不同寻常的生命，展现黑色的诱惑，抽象画派的装饰图案从胸前延伸到立领，颇得YSL设计风格精髓——艺术化的高品位。此外，黑色鞋款线条简洁利落，其透明如镜的鞋底，更在细节处展现了无限创意。

对Stefano Pilati个人而言，一直努力将YSL强

图1-40-1

图1-40-2

而有力而纯粹的风格，转化为摩登语汇，眼光独到的他重新审视了YSL风格的本质与元素：完美的剪裁、深不可测的结构以及帮助女性创造主流之外的自我风格。2007年春夏女装，Stefano Pilati不只重新运用了YSL的经典元素，更专注于美学的延展与线条的解放，同时也创造了独特的雅致品味。设计师在繁简之间，展现了充满都会格调的层次感，交织出非常巴黎的风格。Stefano Pilati为YSL设计的2007春夏女装灵感源自于希腊的象征——紫罗兰，其精彩之处莫过于优雅的剪裁轮廓，洋装、短裙或罩衫皆和谐呼应，相映成趣。整个系列端庄、纯真，Stefano Pilati透

过高超的裁剪技巧与多边的材质运用，创造出身体与服装之间的律动与充满活力的优雅。图1-40-2的这款宽松罩衫配背带裙，以纯正的黑白搭配，皱褶环领上的精巧滚边与袖子上的黑色镶条呼应，创造出精致奢华的玩味，束腰配饰让曲线更显姣好。YSL一向看重体积感的设计，而Stefano Pilati也再一次地将此特点改良运用，微微蓬松的罩衫袖、收紧裙摆口后自然蓬起的裙子以及领口皱褶制造的一点蓬松感，呈现出一个清新而不夸张的造型，加上渔网袜，营造出超乎奢华与极致之外的纯净优雅！

本章小结：

　　巴黎是世界各地时装设计精英汇集之处，不同文化背景、肤色、国别孕育着不同的设计思路，由此在巴黎时装周上演着不同的设计风格和流派，设计师尽显所能将自己的不同体验化作为时装表现出来。本章选取的是巴黎时装周上展演的设计师及品牌，可以认为他们的水平代表着时装设计的发展方向，而其中的法国本地以及来自比利时、意大利、日本等国设计师的作品非常值得细心揣摩和研究。

思考题：

　　1.分析巴黎设计师的设计风格和特点，试以具体设计师作品作说明。

　　2.分析在巴黎的比利时设计师的设计风格和特点。

　　3.分析在巴黎的日本设计师的设计风格和特点。

练习题：

　　1.选取Jean Paul Gaultier一款作品进行模仿，体验设计师的设计理念和设计内涵。

　　2.选取Ann Demeulemeester一款作品进行模仿，体验设计师的设计理念和设计内涵。

　　3.模仿Jean-Charles de Castelbajac的设计风格，在此基础上进行再设计并制作一款服装。

　　4.模仿Victor & Rolf的设计风格，在此基础上进行再设计并制作一款服装。

第二章
米兰时装品牌及
作品分析

米兰设计师对时装的理解，以及设计风格、设计思路、设计手法、设计特点均有其独特见地。本章介绍米兰时装品牌，试图就此进行深入分析，探究意大利时装品牌的独特视角。文中品牌的具体排序以品牌名称的起始字母作依据。

第一节 米兰时装品牌概述

一、关于米兰

　　"时装之都"米兰是意大利最大的工业和金融贸易中心，同时，米兰还是高级成衣发源地，世界一流的面料制造基地。时装在米兰的时尚业中一直占据着不可动摇的地位，米兰时装周也一贯被业内人士誉为引领世界时装设计和消费新潮流的"晴雨表"，各种特殊质地的布料、新颖独特的色系组合、风格各异的坤包……无不吸引着人们的"眼球"。每年2月和9月举行的"米兰高级成衣时装周"是世界四大时装周之一，引领着世界时装发展潮流。米兰的马兰哥尼时装设计学院是培育设计师的著名学院，许多优秀设计师都是从这所学院毕业的。

　　与巴黎相比，米兰没有高级女装业，米兰时装主要以高级成衣与巴黎竞争。意大利裁剪向来精良，意大利设计师在汲取巴黎高级时装精华的基础上，融合了意大利的时尚特质，加上现代商业模式运用和不断应变的设计能力，使米兰渐渐成为与巴黎比肩的时装之都，成为时尚界深受瞩目的焦点。

　　米兰的时装是新奇、性感的，当然，这种新奇和性感并不是过度裸露和卖弄风骚，它深刻而内敛，精致细腻，深入骨髓。相对于追求奢华的巴黎时装，米兰时装设计更具可穿性，米兰设计师深谙消费者的心理，他们的作品无论走街头风格，还是走性感路线都秉承实用至上原则。那么，到底是什么力量让米兰如此"多娇"呢？这当中，那些执著追求和不懈努力的设计师功不可没。意大利拥有世界三分之一的顶级时装设计大师，他们自成体系，形成了属于自己的一种风格，追求高雅、舒适、自由和性感，是现代审美情趣和生活方式的完美诠释。

二、米兰时装品牌的设计风格

1. 米兰的奢侈品品牌

　　米兰拥有诸多世界顶级的奢侈品品牌，代表意大利时装风格的Armani（阿玛尼）、Prada（普拉达）、拥有双G字母的Gucci（古奇）、双F字母的Fendi（芬迪）、性感艳丽的Versace（范思哲）都是赫赫有名的顶级品牌。

　　由Armani本人执掌帅印的Giorgio Armani(乔

治·阿玛尼），优雅含蓄，大方简洁，做工考究，服装的中性化剪裁打破阳刚与阴柔的界线，使Armani成为引领女装迈向中性风格的设计师之一，他走年轻化时装路线的副牌Emporio Armani（安波罗·阿玛尼）也秉承主线的风格，不改Giorgio Armani的设计神韵，大受年轻人的欢迎。由Miuccia Prada(缪西娅·普拉达)接管的Prada品牌注重体现现代美学的极致，将不同材质、肌理的面料统一于自然的色彩中，可以说，Prada的每一季发布会都是时尚潮流的完美展现。由美国设计大师Tom Ford（汤姆·福特）曾担纲设计的Gucci是典型的意大利品牌服饰，它一直以简单设计为主，剪裁新颖，成为典雅和奢华的象征。起家于制造手袋和皮草的Fendi，则是以创新的设计震撼时装界，设计师Karl Lagerfeld富有戏剧性的设计理念使这个意大利裘皮王者随着时间的推移不断前进，让Fendi品牌的毛皮服装更加生活化、时装化，走近更多的消费者。继创始人Gianni Versace（詹尼·范思哲）之后，Donatella Versace（唐娜泰拉·范思哲）掌管Versace的总设计，她的设计风格鲜明，款式性感漂亮，色彩鲜艳，女性味十足，衣服处处流露对梦想的写意。

2. 米兰的个性品牌

以精湛做工而闻名的意大利并没有因为太追求完美和强调米兰精神而显得"平淡无奇"，许多品牌融合了自己特有的品牌文化气质，创造出高雅、精致的风貌。它们的价格也许不像那些奢侈品品牌的产品那样高不可攀，但同样是魅力的源泉。充满野性和欲望的Roberto Cavalli（罗伯特·卡瓦里）、以一个美丽的奇迹而著称的Anna Molinari（安娜·莫里娜瑞）、以极简主义著称的Jil Sander（吉尔·珊德）、"印花王子"Emilo Pucci（埃米利奥·普奇）、梦幻般的Marni（玛连尼）、幽默诙谐的Moschino（莫斯奇诺）、充满东方风情的Etro（艾巧）、集雕塑感和中性文化为一身的Gianfranco Ferre（詹佛兰科·费雷）、"条纹专家"Missoni（米索尼）以及雪纺之王Alberta Ferretti（艾伯特·菲瑞蒂）使米兰的T台充满绚丽。

由时尚的先驱者Roberto Cavalli创立的同名品牌Roberto Cavalli是米兰时尚圈最"野"的品牌，他的作品中充满了矛盾，简单与奢华，质朴与华贵……它们的融合彻底瓦解了传统的搭配理论，成为了新生代的审美取向，隶属Roberto Cavalli副牌的Just Cavalli是专为年轻人设计的品牌，其狂野性感的风格成为时尚潮流的先锋，成为年轻人追求向往的时尚品牌。由Anna的女儿Rossella Tarabini（罗赛拉·塔拉毕尼）负责设计的Anna Molinari品牌由高雅的材质和精致的剪裁出发，打造优雅、自信的都会女性，有意思的是，一如山茶花代表高贵优雅的夏奈儿一样，绽放中的红玫瑰便是Anna的最爱，设计师巧妙地将玫瑰花融入每一件服装中，让穿上它的女人，都如绽放中的玫瑰般迷人。隶属Anna Molinari的副牌Blumarine更年轻、更具个性，强调女性特质的同时又强调反叛和个性的体现。曾由设计师Raf Simon（拉夫·西蒙）执掌，后又回归设计师Jil Sander主持的Jil Sander品牌，自始至终的将"less is more（少即是多）"设计理念贯彻到底，展现惊艳的结构之美。最早使用高科技面料的意大利品牌Emilo Pucci，设计师Matthew Williamson(马修·威廉姆森)依照Emilio擅长的图案印花设计概念为本进行创作，每一季均为Emilio Pucci带来充满惊喜的图案，颜色多彩多姿，图案鲜艳独特。由Consuelo Castiglioni（康斯薇洛·卡斯蒂廖尼）担任设计的Marni，以优雅、柔美和带有一丝梦幻般的风格掳获全球女人。由Rossella Jardini(罗赛拉·嘉蒂妮)担任创意总监的Moschino品牌高贵迷人，时尚幽默。在设计师Veronica Etro(维若妮卡·艾若)的带领下的Etro品牌，充满华贵韵味而又不乏现代气息。Gianfranco Ferré品牌，虽然创始人Gianfranco Ferré于2007年6月辞世，但是他建筑师般的完美剪裁和精湛工艺仍然是品牌的灵魂标志以针织著称的Missoni品牌也具有典型的意大利风格，几何抽象图案、多彩线条、鲜亮的充满想象的色彩搭配使Missoni服装更像一件艺术品雪纺王后Alberta Ferretti创办的同名Alberta Ferretti品牌，注重浪漫细节的简洁风格，而且每个细节都追求完美，以优美的立裁褶皱和罗马风格作为招牌，"和谐统一"是Alberta Ferretti品牌服装给人的最初印象来自撒丁岛的Antonio Marras（安东尼欧·马拉斯）在设计理念的运用上保留品牌的印花风格，又将不同类型和风格混在一起凭借其华丽而讲究的剪裁功架，不但为自己名字命名的品牌塑造了独特的形象，同时也曾为Kenzo女装注入了新的时尚理念。

3. 米兰的创意品牌

纵观米兰时装，它似乎更强调与现代人生活形态水乳相融，不仅在布料、颜色与款式上下功夫，更要在机能与美学之间取得完美平衡。令人欣喜的是，这种设计哲学也得以体现在一些算不上顶级奢侈，但是也具有时尚优雅又或是妙趣横生、注重品质的高级品牌中。

由Domenico Dolce（多梅尼科·多尔切)和Stefano Gabbana(斯特凡诺·加巴那)共同创立的Dolce & Gabbana(多尔切&加巴那)品牌服装是典型的意大利风格，它不仅浪漫、风趣，而且极度性感，女人味十足，品牌结合了来自意大利的万种风情，为时尚圈带来活力四射的风格与创意；具有非常规意味的6267品牌，由Roberto Rimondi（罗伯特·里蒙迪）和Tommaso Aquilano(托马索·阿奎拉诺)共同担任设计，每季都有不俗的创意，如今以设计师名字命名的Aquilano.Rimondi品牌更具创造力和市场潜力；由加拿大双胞胎兄弟Dean（迪安）和Dan（丹）创立的Dsquared2（D二次方），狂野奔放，让人又爱又恨；还有John Richmond（约翰·瑞奇蒙德），他的服装表现着一股不羁感性与狂野时尚，层出不穷的时尚创意让人肃然起敬，是John Richmond将时尚前沿的女性彻底解放出来；而Iceberg(艾斯伯格)公司创意总监Paolo Gerani（保罗·吉拉尼）喜欢在服装上以颜色和图案演绎复杂多变的个性，它的款式是现代的，风格永远常新，有意大利的精致优雅精神，又有英国式的优雅冷漠和美国式的随意亲切。

世界时装名城中米兰崛起最晚，可现今俨然已成为业内翘楚，并有与法国巴黎时尚一争高下之势，是巴黎霸主地位的最大威胁者。这一切与米兰设计师所作出的努力分不开，意大利时装设计师知识渊博，通晓民俗风情，他们在设计时装时不拘一格，随意发挥，设计作品使世人惊叹。

第二节 时装品牌及作品分析

一、6267

1. 品牌背景

　　Roberto Rimondi（罗伯特·里蒙迪）和 Tommaso Aquilano（托马索·阿奎拉诺）分别出生于意大利阿普里亚和博洛尼亚地区，并于1988年相识，其后建立了默契的工作关系和深厚友谊。Roberto Rimondi曾在Maxmara工作过15年，这是一个注重合作设计的品牌，在那里Roberto Rimondi结识了Tommaso Aquilano。2005年，Roberto Rimondi34岁，Tommaso Aquilano35岁，两人成立6267设计工作室，这一名称来自于Roberto Rimondi童年时代参加夏令营时的代号，他们认为这样的名字不受任何语言的限制，在世界任何角落都将一目了然。两人成功合作赢得了2005年意大利Vogue杂志主办的Who's On Next设计大赛，从此形成了先锋、前卫但相对商业化的设计风格。不到两年，这一年轻品牌迅速窜红，Roberto Rimondi和Tommaso Aquilano丰富的创造力和对时装的敏锐直觉让他们在新人辈出的米兰时装周闯出了一番天地，目前已经成为米兰时装周最受关注的品牌之一。与此同时，6267也在世界各地全面开花，尤其在美国的高端消费群体和英国零售商中影响力日甚。2009春夏创立了他们的同名品牌Aquilano.Rimondi，同时放弃了6267。

2. 品牌风格综述

　　许多媒体将Roberto Rimondi和Tommaso Aquilano这对设计师组合比作是Dolce & Gabbana（D&G）的接班人。但与妖冶性感的D&G组合不同，6267的视野是全方位的，这对新锐设计师的灵感来自多种文化的大融合，包括日本文化、绝代艳后Marie Antoinette（玛丽·安东尼）和英国文学家简·奥斯汀的浪漫故事以及用电脑处理过的梵·高作品等。同时，也对时装结构和形制进行探索，这些设计理念和品牌的DNA，一直被两位设计师贯穿在设计中，他们将法国时装的时髦、漂亮与意大利的精妙做工融合在一起，营造出新时代气质的女装。

　　在短短的几季中，6267已呈现出独特的风格，肩部处理特别，经常是瘦削或尖锐的，廓型十分有趣。细节处理值得推崇，从2006年秋冬到2008年春夏，设计师在简洁的外表之下仍采用不失张力的设计手法，在细节处增添了令人意外的精致巧思和工整的剪裁。如2008年春夏的细节处理贯穿这个系列始终，设计师将连衣裙前片设计成蓬松造型，而后背却是苗条优雅的线条。或者服装前片的轮廓鲜明，而一个低至后臀、垂式的裸露后背与之相对比。设计师认为6267的2008年春夏最重要的焦点是后背，干净利落的前片搭配不平衡的后背设计。同时色彩和图案也是设计师考虑的重点，如连衣裙的前片是印花和优美的粉红色，后背可能全是严肃的绿色，在肩部饰有金色刺绣等。

3. 作品分析

　　在2007年秋冬6267的设计中，Roberto Rimondi和Tommaso Aquilano巧妙融合了简洁且艺术摩登的现代派剪裁，其中包括沙漏形的齐膝风衣、

图2-1-1

图2-1-2

配有皮草的大翻领粗呢大衣，更有创造出一系列不同材质拼接风格的连衣裙和外套，在轻柔与力量、内敛与张扬之间找寻出一种美感法则。图图2-1-1体现出设计师与众不同的设计构思，整款以素净的黑灰为主调，以剪裁合体的连身裙结构作外形，如此将人们的焦点集中在整款的外轮廓线条上。而领型的变化和体现意大利工艺的面料肌理效果打破了原本的沉默，使人们感受到了6267灵魂深处的一丝奔放。设计师别具匠心地以粗质呢料作材质，配上合体的外形，在矜持中流露出些许性感。粗呢面料，胸前的一片深灰插入却在视觉上加强了服装分量，简洁利落的裁减凸显了内收的腰线，胸线自然立体造型衬托出女性的妩媚和性感。胸下部的多层线迹与裙下摆的百褶效果形成呼应，弱化了粗呢大衣的死板，同时给普通的连衣裙增添了设计感。透明纱质面料

的处理吻合了正在流行的未来主义之风，马术帽却透着20世纪50、60年代的复古味道。

这对新锐设计师也善于从不同角度提取素材，包括流行的东方风情，在图2-1-2的这款在2008年春夏设计中，可以体味出设计师的用意。东方式小立领和大红色调的宽松系带款式让人们感受到了浓厚的民族风情。折线式处理的偏襟设计给传统元素融入了现代感，将袖口上翻固定在袖子上，且设计成线条自然流畅的褶裥效果，从设计上冲撞了衣身结构的简单，也使整款设计更具现代感。下配以同样宽大廓型的小短裙，宽阔的褶裥带出了整体的轮廓，裙身上精致的珠片绣花图案颇具东方内敛风尚，呼应了整体设计风格，色调和谐柔和。整款设计大方简洁，让人忘却了现代都市的纷繁复杂。

二、Alberta Ferretti(艾伯特·菲瑞蒂)

1. 品牌背景

Alberta Ferretti 1950年生于意大利的Cattolica（卡托里卡），自幼就在母亲的小制衣作坊里当帮手大，受到比任何科班出身的服装设计师更多的熏陶。18岁那年，她开始经营自己的小店，出售Armani、Krizia、Versace服装。1974年Alberta设计了她的第一个女装系列，1980年Alberta与她的兄弟Massimo（马西莫）共同建立家族公司"Aeffe"，本人任总经理，Massimo任董事会主席，次年推出首个品牌秀。1984年推出Ferretti牛仔系列，然后更名为Alberta Ferretti，1997年分别在伦敦、米兰和罗马开设三个精品店。作为奢侈品集团，Alberta Ferretti还是Moschino、Pollini品牌的控股方。

当日的小店发展成了意大利数一数二的时尚集团，Alberta Ferretti也从店主晋升为集团主席，同时肩负着品牌Alberta Ferretti、二线品牌Philosophy di Alberta Ferretti的设计工作。在Ferretti的工厂里，有着世界上最先进的制衣机器，Moschino、Rifat Ozbek、Narcisob Rodriguez、Jean Paul Gaultier的成衣，还有Alberta Ferretti自己的两个品牌就在这里生产。

2. 品牌风格综述

设计师 Alberta Ferretti堪称"雪纺皇后"，Alberta Ferretti擅长轻柔、妩媚、浪漫风格的设计，女性味十足的轻纱薄缕飘带是Alberta Ferretti标志性的设计，经典设计包括：扭转褶皱、围裹和悬垂感的裁缝技巧。整体而言，Alberta Ferretti的设计时时透出些许古希腊的遗韵，综观当今时装界，Ferretti这种古典美追求在当下流行的摇滚、另类、前卫、街头中反而显得另类和与众不同。女人靠"媚"取胜，是Ferretti的至理名言，这种"媚"感更多是传统审美的表现，而非"媚"态的做作。Ferretti的设计无论颜色的搭配还是装饰品的运用都极其融洽，她擅长将一些细节加以装饰美化，不论是亮片的点缀，还是高贵的面料装饰花样，她都能处理得优雅华美，用"完美、经典"来形容Alberta Ferretti的服装一点都不过分。

3. 作品分析

备受好莱坞明星喜爱的Alberta Ferretti的2007年春夏系列让人们见识到了她的精髓。图2-2-1所示这款飘逸的V领雪纺长裙，呈高腰结构，细密的抽褶是款型呈X字，将女性曲线完美勾勒，如同希腊女神一样神圣而高贵。新奇而精美的薄绸，随着体形变化而自然皱起的泡泡袖，内衬精致的吊带裙，配以自然简单而妩媚的外裙，这种性感的设计被Alberta Ferretti发挥得淋漓尽致。无庸置疑，Ferretti是运用薄纱的高手，每季作品中都有不同效果的表现。与以往的设计不同，Ferretti在2007春夏设计中对薄纱面料运用着意表现由层叠而产生的闪色效果，金属黄与松石蓝交相辉映，使原本单一的妩媚增加了几许现代感，更加符合现代都市女性的时尚追求。

2014年春夏，Alberta Ferretti为自己标志性的梦幻色彩添加了点活力，她形容为"阳光、海洋和色彩之地"的意大利南部。不光如此，设计师还引入南

图2-2-1

图2-2-2

美安第斯山印第安原住民服饰元素，如许多款式装饰着缎带、多彩的花卉刺绣以及粗犷的条纹。图2-2-2所示这款色彩亮丽的款式，工艺细腻，白色套头短衫在两肩上平衡分布栩栩如生的花朵制作极为精美。彩条长裙廓型呈O型，与短小上装形成对比，体现服装极端女孩子气，清新而奔放。裙装主打色彩和图案既有阳光和海洋般的灿烂色彩，又有南美土著文化内涵。花朵和裙子上的条纹色彩相呼应，白色在当中起到一个铺底的衔接作用，让这些色彩在悠闲的氛围中流动。搭配的芭蕾平底鞋，轻松自在。Ferretti就是这样的设计师，她能巧妙地抓住一个亮点，展现出女人的"媚"。

三、Antonio Marras（安东尼欧·马拉斯）

1.品牌背景

Antonio Marras 是一位1961年出生的来自意大利撒丁岛的设计师，他的祖父是撒丁岛上一家面料商店的老板，从小Antonio Marras就有许多机会去接触各种各样的面料，以至于如今在他的成衣秀中，我们依稀可见不同种类的面料运用。非科班出身的Antonio Marras以自己的原创设计和独特的个人风格在国际时尚界享有卓誉，并于1996年推出高级时装，1999年3月以自己名字命名的高级成衣品牌上市。2002年6月，推出了自己的男装成衣系列。2003年9月，Antonio Marras成为Kenzo女装的艺术总监。

2.品牌风格

Antonio Marras的品牌标志性元素毫无疑问就是设计师Antonio Marras喜爱的印象派画家风格印花，每每看到它的服装，都感觉设计师似乎是把那些绘制了惬意乡村风景的名画搬到了服装上。Antonio Marras的印花并非如其他主打印花的设计师（例如Mary Katrantzou和Peter Pilotto等）那样，整件衣服几乎都被印花覆盖，Antonio Marras喜欢把印花面料裁剪成不同的几何形状，用略带解构主义的手法拼接在一起。这些年，设计师持续不断的用这种略带民族特点兼具浪漫感的拼贴手法为女装品牌注入活力。不仅是印花，Antonio Marras的女装系列也充满了浓浓的民族风格，他的设计灵感触及到世界各地，如日本、韩国、非洲，尤其受到意大利民族风的启发。设计师本人曾经说过，打造民族风格并不是他的目的，他更倾向于融合传统文化。Antonio Marras时装的面料较有特色，丝绸、雪纺绸、针织品都有采用，有质感而且飘逸。

3.作品分析

Antonio Marras的2007年春夏设计作品，秉承了一直坚持的将多种民族文化与风格融入设计，并不以国界为设计范畴的理念。他大胆吸收民族服饰特点，打破传统过于平衡的设计，充分利用东方民族服装的平面构成和直线裁剪的组合，形成宽松、自由的着装风格，很好地将东洋风格与复古情怀融为一体。体现了Antonio Marras以往的招牌的运用平面构成和直线裁剪的组合而不使用塑造立体曲线的省，作品散发出日式禅风。图2-3-1的这款设计虽然颜色上只用了黑白两色，款式也相对简单，但面料的运用却进一步地丰富了设计本身：上装柔软的面料包裹出日式的禅风，再加上黑色透明纱料与白色面料的叠加使用不仅柔和了两者间色彩上的过渡，还丰富了面料本身的肌理感觉;下装的裙子则运用挺括的面料很好地塑造了整体的A字造型。色彩上，主要运用黑白两种颜色。胸部以上主要为黑色，下面的裙子则为大面积的白。但是由于白色裙子上的黑色底摆，纵向的两道黑色结构装饰线以及裙子中间的黑色花卉图案的装饰，使得黑白两色的对比过渡自然而且和谐统一。

Antonio Marras对2014年春夏援引罗马诗人奥维德《变形记》为本次时装秀作注解："我想探讨结构的多变造型。"表现在造型、裁剪技艺和面料运用这三方面。Antonio Marras创造性地开发了窗帘式

图2-3-1

图2-3-2

褶裥这一造型，结合剪裁使款式独具时尚感。系列中泡泡衫、公爵夫人缎、网眼蕾丝、凸纹锦缎、全刺绣、手工花卉贴花薄纱等各领风骚，契合了他的民间主题。图2-3-2的这款构造复杂的设计由上衣和裙装组成，采用了蕾丝、透明黑纱、绸缎三种面料，分成三段的上衣设计，以透明黑纱作连接，横向形式产生强烈的韵律美。上部是连袖的披肩形式，宽袖结构。前胸透视露出内衣。下部是四块面料的组合：竖条纹黑色、本白色的窗帘式褶裥加上蕾丝压底，颇有民族感的叠褶设计与宫廷风格的蕾丝结合，裙装在黑纱上贴蕾丝，既古典又现代。整体色调明暗过渡自然，高贵的、艺术的、民俗的元素和谐统一在一起。

四、Belstaff（贝达弗）

1. 品牌背景

Belstaff（贝达弗）于1924年在英国Longton（朗顿）创立，早期通过设计师Harry Grosberg（哈里·葛洛斯堡）的防水外套设计，以及适合作战的面料特性开发而享誉全球。此外Belstaff还运用高级埃及棉精织的Wax Cotton，使之兼具保暖和防水的特性，这也是品牌初期引以为傲的特色。

在20世纪90年代中期，Belstaff 一度跌出时尚圈，受英国纺织业危机的影响，Belstaff关闭了特伦特河畔斯多克的工厂，公司运营陷入困境，早在1986年就开始担任品牌设计总监的Franco Malenotti（弗朗克·马勒诺提）被邀成为品牌的合作者，1996年Franco Malenotti建立了一个服装公司，使品牌起死回生，在2004年，他又彻底买下了Belstaff，成为Belstaff新主人，目前，他的儿子Manuele担任主管。

Belstaff品牌非常重视电影的广告效应，早期曾赞助老牌巨星Marlon Brando（马龙·白兰度）的电影，使之声名大振。而今的电影巨片如《十二罗汉》（2004年）、《飞行者》（2005年）、《世界大战》（2005年），以及《X战警》（2006年）、《超人归来》（2006年）、《碟中谍3》（2006年）等，都由Belstaff品牌赞助服装。

2. 品牌风格综述

Franco Malenotti出生于意大利著名电影制片人之家，疯狂地喜欢摩托车，曾为意大利的拉威达公司和古奇摩托公司设计摩托车，同时也是Belstaff品牌的铁杆客户。入主Belstaff后，他重新改写了品牌的设计，融入了许多时尚的元素，同时继续保持品牌的精髓——不可抗拒的酷感，家庭的电影圈背景也使该品牌成为更多好莱坞影星的最爱。从妮可儿·基德曼到布拉德·彼特，都是品牌的忠实用户。Franco Malenotti的摩托车设计经历帮助他更广地拓展市场，在他的努力下，Belstaff再次如凤凰涅磐，成为充满生机、富有内涵的经典品牌。

Malenotti在传统与创新、时髦与经典之间寻找平衡，使Belstaff具有简洁、冷静的设计风格，以朴素大方的款式结构见长。我们可以在Belstaff简洁而精湛的裁剪中感受到都市的浓郁时尚感觉。这是一个具有独特个性的品牌，材质运用涉猎广泛，如泛着柔光的纺绸、张狂粗野的皮革、具军旅风格的帆布卡其等；细节处理不拘一格，如透明斗篷、大小造型各异的口袋组合、拉链扣件的巧妙设计等。Malenotti将摩托车的酷感也带到了设计中，阳刚冷酷气质随处可见，他的设计既时尚又实用。在单品上，有帅气的帆布夹克和具防水效果的长款束腰风衣，设计师在保留军旅风格的时尚元素的同时，特别体现出大方得体的剪裁。防雨斗篷也是Belstaff的代表单品，米色、深灰、纯白与黯黑等稳重色系是品牌经典且不失流行的特色。

3. 作品分析

图2-4-1所示款服装极好地展现了Belstaff及其富有幻想的设计理念。以拉链和铜扣等常用辅料作为主要装饰手法，穿着的不经意间便能渗透出一点摇滚

图2-4-1

图2-4-2

风格的味道。铜扣以及袋盖的结合运用，很容易让人误以为周身上下布满了口袋，值得注意的是，它们无序的排列却在整体服装上体现了一种和谐统一；一根扣挂在颈部的腰带贯穿了整套服装的始终，其设计思想独具新意；拉链的黑色布带的使用使整套服装白而不腻，落落大方。简单的款式透出丰富的细节变化是此款服装的时尚精神内涵。

2007年秋冬的Belstaff将最具体现其品牌特色的皮革作为系列主打，展现出一种低调、典雅也十分现代的摩登风貌，使Belstaff原本就阳刚冷酷的气质更

是迅速升级。面料质感的对比是图2-4-2这套服装的亮点之一：柔质外套体现了女性的高雅与质朴，反光皮革则略显粗犷与冷峻。黑色镶白边的宽松式西服款式，既干练又不缺乏女人味。修身剪裁的皮革短裙，颈部的领子搭配日字扣是为了凸显女性完美的颈项；衣身的"严实的包缠"更突显女性的优美曲线，体形也更为挺拔。裙身上不同位置的拉链装饰，体现了Belstaff服装的细节考究。整体的搭配体现了一种英式的优雅。

五、Blumarine（蓝色情人）

1. 品牌背景

Anna Molinari1949年出生在意大利旅游胜地的Carpi（卡普里），父母拥有一家知名的针织厂工厂。Anna Molinari学校毕业后即在厂里工作，获得了宝贵的经验。1977年由Anna Molinari同丈夫Gianpaolo Tarabini（吉安保罗·塔拉宾尼）一起创立了Blumarine品牌，品牌名称来源于夫妇俩最喜爱的地中海海滩，主要设计制作针织服装。1981年在米兰首次发布作品，1995年开始，他们推出以自己名字命名的主牌Anna Molinari，后推出以年轻女孩为目标的Blugirl和以男士为目标的Blumarine Uomo，这四个品牌组成了Anna Molinari的时尚王国。Anna Molinari和Blumarine是当代时装界重量级的品牌，其中Blumarine在全球有700个销售据点和20家直营店，其中光是在意大利就有400个销售点。公司品牌设计现由大女儿Rossella Tarabini（罗赛拉·塔拉宾尼）负责。

1968年出生的Rossella Tarabini，在博洛尼亚大学毕业后赴伦敦学习。1994年掌管公司的广告形象事务，Tarabini 26岁时首先设计Anna Molinari品牌，后接管整个设计事务。

2. 品牌风格综述

Blumarine品牌紧跟时尚潮流，擅长娇柔女性风情演绎，诠释女性的奢华和精致，强调现代女性个性，带有强烈的性感妩媚风格。现任设计总监Tarabini的设计更注重街头和年轻化，以更大胆和前卫的语汇构思表现品牌内涵。她每次设计均呈现一个故事，如俄罗斯流亡公主或摇滚歌星，2005年秋冬设计就曾以20世纪70年代国王路上的朋克作灵感。Tarabini在设计中继续保留了品牌的女性化主题，大量的雪纺纱材质、精美的花朵刺绣、繁复的褶皱、篷篷公主袖、高腰线娃娃式洋装这些浪漫风格元素仍是充满T台。Rossella Tarabini喜爱粉色系列，如白色、粉杏色、鹅黄色、珍珠灰色等。古典的高雅和叛逆的妩媚，正是对设计师Tarabini的经典描述，而她的那种超凡的审美情趣，也充分地渗透到了她的设计作品中。

3. 作品分析

图2-5-1这款由Anna Molinari2007年春夏推出的经典礼服，洋溢着意大利式的浪漫气息、柔媚性感和女性娇丽。性感，被Tarabini在这里表现得淋漓尽致，二分之一的齐胸旗袍类修身长裙，使整个女性的身材曲线完美地展现了出来，始于大腿部的前开衩和低胸的设计，更是使这种完美带着几分秀美和艳丽。由胸部开启的外翻，打着自然的褶皱由腰部形成交叉，自然垂于身体左右两侧，就如同从海洋里浮出的女神，高贵、优雅而且神圣。同时，那束于腰间的米黄色饰物，就像是女神从海里浮出水面时携带的象征物，或是贝壳或是神器，神秘、精巧而且顽皮。俗话说"女人是水做的"，搭于身体两边的褶皱飘带更像是海水的波纹，与身体平面单料的遮物形成对比，把女人的柔美和水质表现得恰到好处。腰间的交叉和腿部的开衩在同一个方向，形成上下的韵律美感。粉色是Anna Molinari品牌的主色，针织雪纺面料可谓

图2-5-1

图2-5-2

是Tarabini的最爱，所以这款设计带有明显的Anna Molinari烙印。接近于皮肤颜色的肉粉色与模特的肤色和直发金色浑然融为一体，就像是带着爱琴海气味的女神，使女性的气质完美地展露于世。

　　同样是2007年春夏推出的作品，是Anna Molinari的副牌Blumarine作品。与主牌相比，Blumarine更年轻和具个性，每一款设计都表现得精致新奇，每一个细节都恰到好处，在强调女性特质的同时又强调反叛和个性的体现，这恰恰符合了现代都市女性的审美需求，也是Blumarine的致胜法宝。在2007年Blumarine春夏系列中，膝盖以上活泼裙装

成为主打品种，图2-5-2这款现代版公主裙是其中较有特点的一款。整款呈X型，紧身合体上身与外敞的裙摆形成对比。同样采用女性味极强的面料作主料，裙装的带光泽感绸料与内衬的透明蕾丝形成质感上的对比，把原先公主裙老套的纯粹淑女风味变得时尚而具活力。小立领、袖口褶裥运用与裙腰抽褶处理互相融合，体现出女性的细腻感，黑色蕾丝花边的和金色的精巧蝴蝶结把女性的娇小可爱表现得淋漓尽致。黑色腰带系于腰间，与齐于腹部的裙腰线形成弧度对比。整款深蓝色调运用不仅体现了Blumarine的基因，更让人产生地中海蔚蓝色的遐想。

六、Bottega Veneta（波特加·芬内塔）

1. 品牌背景

来自意大利的高级皮件品牌Bottega Veneta隶属著名的Gucci集团。Bottega Veneta在时尚界素以手工编织的皮革著称，它以人工将切成条状的皮革像织布一样交织成皮包、皮鞋及服装，深受时尚人士喜爱。品牌推出的时装系列，设计贯彻含蓄时尚、娴逸雅致品味，每一件作品均突显出设计张力和登峰造极的手工技艺。

有"意大利爱玛仕"之称的Bottega Veneta1966年在意大利维琴察创立，创始人是Moltedo家族，取名为Bottega Veneta，意为"Veneta（工坊）"。早期以制作高级精致的手工皮革编织超软包袋而闻名，Moltedo家族独家的皮革梭织法，让Bottega Veneta在20世纪70年代发光发热，成为世界知名的顶级名牌，此外品牌的其他皮件产品也享有盛誉。公司在Vittorio（维托利奥）和Laura Moltedo（劳拉·莫特多）夫妇的带领下自始至终皆把持着该品牌生产的专一形象，杜绝任何授权制作产品，如履薄冰地持续经营，因而也成功地将该品牌拓展至欧美、亚洲等地，其中又以日本最为成功，拥有代理商所经营的19家门市。20世纪末21世纪初，奢侈品牌并购此起彼伏，Bottega Veneta得到Gucci集团的青睐，2001年Gucci集团以6000万美元收购了这家经典老牌三分之二的股份，来自德国黑森州小镇Pforzheim的Tomas Maier（托马斯·迈耶）也于此时加入Bottega Veneta，成为设计总监，藉由Gucci集团席卷全球的超级零售经验和新任设计总监Tomas

Maier的设计才能，Bottega Veneta迅速成为经典手工皮具的殿堂级品牌。

2. 品牌风格综述

Tomas Maier秉承传统德国人的特性，追求严谨、低调，讲求品质，将中古世纪贵族罗马风格韵味灌注入Bottega Veneta的优雅格调内，精心设计的时装、皮具及配饰系列，完美地融入了潮流品味和实用功能，让顾客体验超卓品质和尊贵格调。Tomas Maier的设计注重剪裁，讲究质料的悬垂效果和面料与身体的完美和谐。此外他的设计避免过多的细节装饰，给人以整体美感。

3. 作品分析

2006年秋冬系列设计中，Tomas Maier以怀旧心情再现远古的回忆。图2-6-1廓型简洁，呈明显的X字型，灯笼袖、松弛的裙摆线条流畅自然。设计师选用光洁的真丝缎子，或饰上规整的金属或胶质亮片增强垂缀感，或以细软皮带来调适腰线的松紧，或用纹理图样作一些低调的修饰，带有浓厚的东方韵味，呈现出一种缥缈的时空感。Tomas Maier在领侧以设计了独具匠心的打褶处理，与腰间、袖口浑为一体。整款色泽深沉、朴实，彰显成熟内蕴。在这季Bottega Veneta系列中，几乎所有的作品都带着一种返璞归真的手工作坊的味道和浓浓的禅意，这就是Bottega Veneta特有的风格，超越时间和地域界限的束缚，呈现矜持素然的独特气息。

图2-6-1

图2-6-2

2007年春夏Bottega Veneta的女装系列看似平淡无奇实则具备超凡可塑性。图2-6-2中这款造型Tomas Maier以抽褶的裁剪工艺作设计的主要手段，上衣造型合体简洁，在袖肩部位设计了随意密集的抽褶，合乎人体结构。深V领开口并伴随抽褶，独具匠心。简洁宽阔的大摆裙长及膝盖，与凸显细节的上衣形成对比。有光泽的布料在表现闲适恬淡这一主题上起了重要作用。整款以灰褐色和米色组合，仿佛赋予了一种平静的淡雅氛围。整体设计上没有点缀、没有修饰，一目了然的朴素，坦坦荡荡的悠闲，透出丝丝淡雅、柔美情调，但又不失些许性感。

七、Dolce & Gabbana（多尔切&加巴那）

1. 品牌背景

Domenico Dolce1958年出生于西西里岛巴勒莫附近，Stefano Gabbana1962年出生于米兰。在携手共创Dolce & Gabbana品牌前，Domenico Dolce和Stefano Gabbana这两个意大利人的人生道路是全然不同的，一个小时便常跟随父亲在小服饰店内选布料、剪裁与缝纫，另一个则与时装完全搭不上关系，直到他们在米兰相遇，才促成了Dolce & Gabbana的诞生。1982年他们开始合作创业，同时继续从事着自由设计师职业。1985年，他们受邀参加米兰的"设计新人展"，正式成立Dolce & Gabbana品牌，1986年发布首场女装秀，引起轰动，产品线迅速扩展到针织衫、沙滩装、男装、饰品和香水。1994年副牌D&G正式上市，其清新的风格和绚烂的色彩曾赢得众多粉丝的青睐，但2012年结束了春夏秀后，Dolce & Gabbana宣布关闭这一副线品牌。

Dolce & Gabbana的作风非常独特，创业初期不但婉拒交付大成衣工厂代工生产，坚持自己制版、裁缝样品、装饰配件及所有服装，而且还用非职业模特走秀，这对于当时讲究排场的时装界，是相当别具一格的。这一品牌是标有"意大利制造"的产品的新生代的顶级代表，很快便享誉全球。

2. 品牌风格综述

Dolce & Gabbana是一个充满情感、传统、文化和地中海气息的意大利品牌，以狂野起家，以魅力和多元化而著称世界。Dolce & Gabbana塑造国际化的女性形象，她们穿梭全球，穿着极端性感的紧身衣或在透明的服装下露出文胸，衬以极端男性化的细白条纹服装，并搭配领带和白衬衫或男装背心，但总是穿着高跟鞋，迈着极为女性化和性感的步伐，骨子里总是女人味十足。其二线品牌D&G则以另类时装风格征服了大批年轻人，其造型变幻莫测，有时还带着些反叛的味道。不论在款式及颜色上，都显得独树一帜，在设计上大量选用各种新奇的材质，使其服装时髦而富有个性。

西西里岛，这一Domenico Dolce 的出生地，Stefano Gabbana儿时最爱的旅游地，给了他们无穷的灵感，传统的西西里女孩（不透明的黑色长袜、黑色蕾丝、农夫衬衫、披巾流苏），拉丁族的性感尤物（束胸衣、高跟鞋、内衣外穿），西西里黑帮（细条纹套装、娴熟流畅的做工），这些都成为Dolce & Gabbana独特的标志设计。这些极端的对立：男子阳刚之气和女性的阴柔妩媚，天真纯朴和罪恶满盈，轻柔和强硬，Dolce & Gabbana把玩得十分兴奋。除了南意大利西西里岛的创作灵感，强调性感的曲线，像内衣式的服装剪裁也是Dolce & Gabbana最典型的服装造型。Dolce对服装的裁制追求尽善尽美，Gabbana偏重戏剧化的设计构思，两人的搭档使他们的品牌成为追星时代的明星品牌。他们在时装设计上视角独特，创造着属于他们自己的时装品牌。两位设计师将他们的意大利精神变成一面旗帜，将他们感性而独特的风格演绎并推行到全球，是无可争议的设计先锋人物。

3.作品分析

Stefano Gabbana 和 Domenico Dolce擅长从

电影和生活圈子中发掘灵感，如好友麦当娜身上的时尚元素就曾给设计师许多灵感，2007年Dolce & Gabbana秋冬系列设计就是将麦当娜20世纪90年代初期那本惊世骇俗的《Sex》摄影像集搬上T型伸展台，将高级时尚与性虐情色融合起来。Domenico Dolce和Stefano Gabbana认为女性魅力不光是紧身或裸露，更是浑然天成的自在态度，和被包裹的性感。图2-7-1的这款宛如太空装的束腰长大衣，透明如蝉翼，把女性的整个身体半透明的包裹了起来，显眼的超宽腰带紧跨肋骨，收紧宽松的造型，领部和腰部上下呼应的飘带、褶裥的处理使薄缕分出层次感，闪烁着奇异的光芒，像是女神又像是黑夜的使者。皮质的紧身胸衣以金属作装饰，具情色意念，胸衣结构线条分明与薄缕相融，两种对比强烈的材质相互作用勾勒女性体型结构。内衬的亚金色内衣使整体色彩和轮廓都呈冷调而超现实。两位设计师的思想核心仍旧是那么的鲜明而且强势。

图2-7-1

西西里岛已成为Domenico Dolce和Stefano Gabbana设计灵感源泉，2014年春夏秀，他们再次光顾了西西里岛文化，但此次呈现的是远古时代这座岛屿与希腊文化的交融。这季被Stefano Gabbana描述为"一场潜意识的梦境"设计，展现出一种现实与虚幻交融，而这情境只有在梦中才能找到。图2-7-2的这款设计为收腰结构，袖身和臀部造型略鼓。宽松女式衬衫搭配中长粗褶裙，透明的硕大圆点衬衫明显借鉴了西西里岛服饰的多情而妖娆倾向，裙子上设计师借用废弃的竞技场老照片来作为衣服的印花，与衬衫大圆点相配似有穿越之感。在饰品的设计上，表现出设计师一贯的大胆作风，那些金色硬币式样的粗大的腰带，缚在精美的雪纺长裙上，呈现出刚与柔的对撞效果，金色的硬币式耳环俨然成为凝聚视线焦点的出色单品。色彩以米黄和黑色为主，既有古希腊文化底蕴，又不乏Dolce & Gabbana品牌特有的性感魅力。

图2-7-2

八、Dsquared2（D二次方）

1. 品牌背景

Dsquared2最初是个男装品牌，由来自加拿大的孪生兄弟Dean和Dan Caten于1994年创立，2003年开始推出女装及男装内衣系列。两兄弟当上时装设计师的原因颇有趣，只因他们找不到合身的简约舒适衣服，基于这一需求的设计完全是两兄弟的个人风格产品，个性化十足又有强烈的时尚感，同时极力卖弄性感。品牌创立至今，越来越吸引年轻人的目光，它像强大的磁石，一旦爱上就无法放弃！

品牌刚创立时，就得到了时装领导者之一的麦当娜的垂青，2002年受麦当娜的邀请为她设计150套服饰，作品包括她唱片"Don't Tell Me"中的形象。穿着Dsquared2牛仔服的麦当娜让原本阳刚的牛仔服展现出时尚性感，成为了麦当娜的最爱，牛仔服遂成了Dsquared2品牌的主打品类。此品牌是麦当娜最喜欢的牛仔休闲品牌。现在此品牌更是受到众多好莱坞明星的喜爱，其代表人物有布拉德·彼特，其狂热程度与日俱增。

随着品牌的茁壮成长，如今Dsquared2已经渐成为米兰一个潮流先锋，吸引了一大批观念新潮、勇于创新的男女玩家。

2. 品牌风格综述

意大利品牌Dsquared2将时尚、个性、性感完美融合，将美国大众艺术与精湛的意式剪裁组合在一起，设计特别注重细节修饰，成衣与配件系列都有着独特的魅力，同时不断地在作品中融入各种音乐风格和前卫艺术风格，这些已成为品牌的基石，并使

Dsquared2成为独特个性的代名词。Dsquared2的重点品牌风格就是"叛逆的华丽街头风"，牛仔裤与皮衣皮裤是该品牌的重点商品。

Dsquared2的经典品类是牛仔服，在早期男装设计中大量出现。Dsquared2的牛仔服设计强调细节，如磨旧印染花纹、刷白撕破处理、链子铆钉装饰、铁布拼接等，设计师以此突出品牌的街头风和美式特征。Dsquared2的设计以超级性感闻名，品牌的超低露臀裤曾风行时尚圈。Dsquared2还擅长运用皮革这一材质，以棕色皮革"chiodo"制成的皮裤不但合体，穿时还能产生啪啪响声，集野性与性感于一体。

3. 作品分析

2006年秋冬女装的设计主题是"女王的新装"。双胞胎发现他们遗传着母亲部分英国血统的特质，开始在英国贵族阶级中发掘设计元素，无论是前卫牛仔裤还是奢华晚装都体现了这一构思。图2-8-1的这款皮装与牛仔裤的搭配依然是Dsquared2的经典形象，作品充满着英式上层社会的贵族气。黑色皮质小西装剪裁精良，精致的徽章，搭配马术帽和七分的牛仔收脚管裤。正如一些媒体所说的，Dsquared2会像把啤酒和香槟混在一起那样，将对立的风格混搭在一起，诸如色情的与华丽的，便帽与大礼帽等，正是这种大胆的组合抓住了新新人的时代精髓，特立独行，标新立异。在这款设计中，我们也能发现这种调和，玫红色的骑士马甲，英气的马靴彰显出十足率性的牛仔女孩味道，与无尾礼服的白衬衫组合，显现出时尚而又充满贵族气息的独到品味。

图2-8-1 图2-8-2

DSquared2的作品，永远保持着其独有的特色风格，一种沁人心脾的性感和冷艳，散发着神秘气息的魅力黑色，使作品显得深邃。2007年秋冬秀场，是画着浓黑眼圈的Dsquared2女郎，蓬松着乱发，个个都如同《欲望都市》里面的夺命娇娃。废车场的背景正好呼应了DSquared2的叛逆华丽街头风格。图2-8-2的这款设计秉承了DSquared2超级性感与桀骜不羁的风格路线，作品充满对比语汇，如造型上的紧身与宽松碰撞，这也是DSquared2一贯的近似矛盾而又张扬鲜明个性的手法。黑色是当仁不让的主题，明黄色与之碰撞擦出光亮的音符。2007年风行的街头涂鸦风格T恤与皮制高腰迷你裙相配，外罩的短款羽绒服使Dsquared2的2007秋冬女装混搭趋于极致。

九、Emillio Pucci(璞琪)

1. 品牌背景

Emilio Pucci 1914年出生于意大利的佛罗伦萨，自幼生长在贵族世家，曾经是意大利奥林匹克滑雪队的成员之一，在第二次世界大战时，更服役于空军。在同时拥有贵族血统、运动家、飞行军官等多重身份的影响下，Emilio Pucci仿若成为当时的战时英雄，迅速为他赢得声誉地位，在上流社会中叱咤一时。大战结束后，Emilio Pucci前往美国就读西雅图大学，继续醉心于滑雪运动，但对于市面上贩售的滑雪服装不甚满意，因此干脆为自己与身旁好友操刀设计独一无二的滑雪服，此一举动，却成为他日后朝向时装发展的重要契机，1947年当他朋友身着Emilio Pucci所设计的运动服装，出现于12月份的时尚杂志时，一夜之间，美国时装圈仿佛看到一位潜能无限的新星问世，大量的时尚传媒对Emilio Pucci的设计感到高度兴趣，纷纷询问关于此滑雪服装的情况，从此，Emilio Pucci便开始展开了他的时尚事业。

1948年，他个人第一次的完整夏装系列首次问世，设计大致以简单的曲线设计为主轴，整体弥漫着欢乐愉快气氛。1950年，Emilio Pucci就已在Capri岛上开设第一间店面。1951年，Emilio Pucci正式成立他的时装公司，并将事业版图向外延伸，罗马、蒙特卡蒂尼等地皆陆续建立形象店，产品更在美国最大的百货公司内出售。此外，亦将他诠释时尚的概念延展至居家等用品上，如地毯、瓷器、浴袍、香氛信纸等。

1992年Emilio Pucci 过世后，女儿接掌父亲遗留下来的时装产业，在2000年4月，与LVMH集团策略联盟携手合作，同年11月份，LVMH集团指派Julio Espada担任该品牌创意总监。Julio于2002年4月离任，并由另一著名法国时装设计师Christian Lacroix 接任。2005年，为了重塑Emilio Pucci的形象，LVMH集团委任了年轻设计师Matthew Williamson（马修·威廉姆森）担任创意总监，可惜，他还有自己的品牌Matthew Williamson。10季工作以后，2009年，Peter Dundas（彼得·邓达斯）接任设计总监。

2. 品牌风格综述

Emilio Pucci独一无二的品牌特色是鲜亮的色彩和几何图案，作品充分体现女性的性感、柔美及欢快，营造一种极为年轻却又充满时尚感的形象，带有20世纪60年代的波普烙印。设计师Matthew Williamson也是位运用印花的高手，这很符合Pucci的风格，他依照 Emilio 擅长的图案印花设计概念为本进行创作，每一季均为 Emilio Pucci 带来充满惊喜的图案，颜色多彩多姿，图案鲜艳独特，他的服装设计精致，富有浓厚的女性感，再加上特殊的色感与精细的裁剪，因而颇受欢迎。原本风格单一、缺乏激情的Emilio Pucci品牌在Williamson的操刀下，渐渐透出年轻化、多元化的倾向，Williamson在Emilio Pucci品牌设计中加入了他的个人时尚语汇，使Emilio Pucci不仅仅停留在60年代风格的色彩迷幻印花裙和土耳其风格长衫，20世纪80、90年代风格的新女性形象均有呈现。

有着高级定制设计经验的设计师Peter Dundas，

为Pucci注入了媲美高级定制的高超技艺：丝质吊带裙上的蕾丝拼接、高腰红裙上的精致刺绣、透明硬纱公主裙上的嵌花拼接、长袖礼服上的钩编花边和流苏裙摆。对于印花图案，他则用手绘的形式来表现。个性鲜明的Dundas似乎有些逐渐远离Emilio Pucci那种传统的奢华印记，尤其是印花手法。

3. 作品分析

Matthew Williamson的春夏装在传达Emilio Pucci以抽象线条和色块的波普艺术标志性风格的同时，为整个系列注入更多春夏明亮的色彩，使其更具有活力。2007年的Emilio Pucci春夏系列同样蔓延着轻快的波普旋律，同时融入了许多伦敦夜总会的景象。图2-9-1所示的这款现代派的连衣裙是Pucci品牌一贯重视的单品，延续昔日设计风格，由柔软的丝质及鲜艳的多变花纹作为主体，展现千变万化的万花筒美学。镂空的上装造型现代而又性感，带有Williamson融入的伦敦夜总会风情，纵向的吊膊设计与横向简洁明快的黑色绑带尽显夜女郎的迷人梦幻。颜色选择上，Williamson把富于激情的桃红色、紫色、橘色等亮丽的色彩元素，运用到了Emilio Pucci著名的印花图案上，款款走动间，如满目飘动的五彩水波，绚丽多姿。

Peter Dundas入主Emilio Pucci品牌后，原有的印花因子渐渐淡化，但在2013年秋冬季作品中设计师又重新找回品牌的金字招牌——印花，而且作品灵感来自于Anita Pallenberg、Britt Ekland和Angie Bowie等20世纪60年代末70年代初的摇滚女神形象，如长长的刘海和超短的裙子，图中模特长长的刘海正是这类摇滚女郎的写照。图2-9-2的这款设计欢

图2-9-1

快热烈，面料和花型成为主打。夸张的拉毛蓝色套衫蓬松张扬，Emilio Pucci风格的印花是粉蓝色调的，用在热裤上，上下装廓型合体紧凑。色彩上，相对于明度较高的蓝色，宽腰带的紫色沉稳低调，配在一起也很和谐。腰带的宽度显然超出常规，成为整款服装中的一个聚焦点，而用来平衡这套短打装的是那漂亮的过膝黑色麂皮靴。

図2-9-2

十、Etro（艾巧）

1. 品牌背景

Gimmo Etro——Etro的创立人和设计师，是一位酷爱旅行与历史的意大利人，正是这种对不同文化和美的感悟激发Gimmo Etro于1968年在意大利创立了Etro品牌，同时在风格上Etro常常强调异国风情与民俗文化的展现。在创立初期，Etro最初主要专注于生产高档纺织品面料，如开司米、丝绸、亚麻布和棉，而令Etro名声大振的是其后推出的令人耳目一新又富于变化的佩斯利图案，随后，佩斯利图案便成为Etro的设计标志和品牌象征。Etro的产品线包括皮具系列和家用饰品系列，皮具系列品种繁多，大到旅行包、手袋，小到钱包、化妆包、钥匙扣等，而家饰系列更是包罗万象，寝具、相框、台灯、食品罐等无所不有。因为生产纺织面料起家的缘故，Etro对成衣的用料和工艺有特别高的要求，加上精致高雅的布料、一丝不苟的做工、独特而多变的设计，使Etro成衣成为当之无愧的潮流典范。现在，公司主要由Gimmo Etro的四个儿女经营和管理，Veronica Etro（维罗尼卡·艾巧）主管Etro女装系列。从国际著名的伦敦圣马丁艺术学院毕业的Veronica Etro曾从师国际著名设计师，学得宝贵经验并创立了自己的风格。她喜爱摄影，曾参加伦敦的摄影师年展，这些都为Etro女装系列注入了更多的创意和独到见解。

2. 品牌风格综述

Etro是新奢华主义的同义词，它象征追求精致与美感的生活文化。Etro充满了创造力，高质量的天然纤维、配以优雅的设计、时尚的色彩和精致的工艺……这就是Etro所追求的品牌内涵。和她父亲一样，Veronica也热爱旅游、文化和现代艺术，对Etro品牌文化和艺术创作有着相同的理解，在Etro的舞台上我们也看到了她的独特创意和对服装独到的见解。民族元素是Etro的创意源泉，Etro的服装常从一个全新的角度去诠释和利用这些民族元素，形成一种优雅、时尚、充满现代感的设计风格。要知道，灵感并不是设计师对民族元素的钟爱，而是在了解这个民族巨大的历史和文化背景之后的创造力。

3. 作品分析

2007年春夏，Etro演绎了20世纪60年代轻快和跳跃的波普风格，以简单的几何色块拼接，运用不同的比例和直线裁切的形状进行组合。系列设计中依然展现出了品牌基因——经典佩斯利图案，同时民族风情持续闪耀，颇具东方特色的花纹图案民族元素、不同种面料制成的无领四分之三袖长小短装、褶裥短裙、衬衫式外衣和开偏襟短马甲等竞相登场。Veronica Etro以亚光缎面布料及轻薄纺纱的运用，将服装徘徊于民俗与奢华之间，做得恰到好处。图2-10-1是Etro 2007年春季作品，无领中袖外套配具20世纪60年代风格的褶裥迷你小A短裙，设计师以独具东方特点的平面剪裁、无腰身的线条、宽下摆等细节处理，使服装充满异域风情的浪漫气息，同时宽松舒适款型兼具可穿性。在色彩上，节奏感选用比较简单明了的色彩，白色、深灰，还有延续了未来感的金属色，营造了活力与朝气，颇具流行性，设计师

图2-10-1

图2-10-2

运用繁简、深浅、纯度等对比手法使上下、内外之间形成节奏感。配上佩斯利图案使整款设计充满华贵古韵而又不乏现代气息。

　　2008年Etro春夏设计追求的是20世纪70年代风格并洋溢着浓浓的波西米亚风情，设计以修身剪裁为主，体现女性的性感优雅，如装饰铆钉的皮质马甲、喇叭形短裙等。在饰物上也是大做文章，大量流苏、刺绣装饰的腰带，细节的铺陈让Etro有时候略嫌奢华。不过总体来说，本季的作品既体现了这个季节的流行元素，如民族图案、紧身皮夹克等，而且设计讨巧，精致脱俗。2008年春夏的发布会已是Etro第70场发布会。Veronica Etro还是拿捏她一贯的设计思路，将波西米亚风格和20世纪70年代风格巧妙地融合，再次证明了她过人的天赋和才智。其中图2-10-2的这款黑色农夫风格的深色夹克剪裁修身合体，里面配以玫红色插肩袖上衣，袖身略肥。下身的短裙剪裁随意，裙面的刺绣装饰持续了Etro永远不会忽略的民族风情，精湛的绣花工艺体现了Etro的高贵品质，与腰带的狗牙装饰一并流露出浓郁的波西米亚风情。在色彩上，大片的玫红色与点缀的嫩绿色两种纯度高色彩相互冲撞，但被腰带和袖口的黑色包边巧妙调和，同时点缀领口的多彩缀饰与肃穆灰调混搭出一股纯朴乡村气息却又时尚并属于Etro的风格。

十一、Gianfranco Ferre（詹佛兰科·费雷）

1. 品牌背景

Gianfranco Ferre（以下简称 Ferre）1944年8月15日出生于意大利北部Legnano（莱尼亚诺）的一个劳工家庭。1969年毕业于米兰工艺学院建筑系，在此期间，他非正式地首次进入时尚领域，为他的女性朋友和学生们设计首饰和饰品，其设计受到时尚编辑们的注意，并将作品照片刊登在杂志上，他初次亮相就获得了成功。1974年，Ferre设计并发布第一个女装品牌Baila（贝拉）。1978年，是Ferre一生中最重要的时刻，同年的10月，第一个以他名字命名的女装及饰品系列品牌问世，一个世界级品牌从此诞生。与此同时，Ferre成立了公司，开始在全世界开拓市场。1986年7月，在罗马首次举办Gianfranco Ferre高级女士成衣品牌发布会，次年Ferre在巴黎的处女秀"Ascot Cecil Beaton"获得惊人的成功。1989年更获得了顶尖的Dior品牌总设计师的殊荣，直至1996年离任。

Ferre的产品线覆盖休闲路线至高级定制服，包括技艺精湛的套装、连身衣、晚宴服、上班服装、针织衣、泳装系列与外出休闲系列，其中动物皮纹的紧身皮装、修身的高腰紧身裤、宽肩女衬衫向来是品牌最流行的单品。鉴于Ferre的卓越贡献，意大利政府曾六次授予Ferre"意大利最佳设计师"称号。不幸的是，2007年6月Ferre因病去世，由曾任Ninna Ricci创意总监的Lars Nilsson出任设计师。2012年开始，由Stefano Citron 和 Federico Piaggi合作设计。

2. 品牌风格综述

曾称雄意大利的3G品牌之一—Gianfranco Ferre是极简主义与现代派的综合体，以简洁却十分突出的线条感来架构服装，设计师将来自建筑艺术的修养运用于服装设计中，表现出极度完美的架构造型和线条比例。Gianfranco Ferre巧妙融合了剪裁与颜色两者的契合，使穿着者能展现更佳的身型轮廓，塑造出自信、利落的新时代女性形象。

Gianfranco Ferre的艺术理念是：时装是由符号、形态、颜色和材质构成等语言表达出来的综合印象和感觉；时装寻求创新和传统的和谐统一。Ferre极度不满时尚界的流行趋势导向，他一直坚持自己建筑师般的设计风格，喜欢把服装当作建筑物来设计，所以他的服装都有一种磅礴辉煌的气势感，服装造型棱角分明，线条硬朗，在时装界独树一帜。Ferre的设计以简洁著称，线条明快而不缺少细节，一眼看上去很简单，细看却韵味独特，他的极简主义理念并不是"少即是多"，而是"层次再多、再复杂也看上去简单"，他被称为"时尚界的建筑师"。Ferre的设计常常混合了意大利高级定制时装及戏剧的效果，摇滚元素、中世纪骑士服、绅士装束等在其设计中经常被运用。因此Ferre的设计融入浓烈的中性成分，穿上Ferre服装的女性有着鲜明的独立、自信倾向。

3. 作品分析

Gianfranco Ferre的2007年秋冬新装系列，以雌雄同体的中性概念为总轴，从开场的西装裤套装、坚挺外套到白衬衫都可以看出其明显的设计概念。Gianfranco Ferre从摇滚乐及大卫·鲍威、米克·贾格尔、伊基·波普的黄金时期作品撷取灵感，创作出极具

图2-11-1

图2-11-2

感染力的女人系列。图2-11-1的这款白金色单车手皮夹克，配紧身华丽的亚金色窄裤，帅气、干练又充满了坚毅、刚强的气质，这种新奇的搭配体现出Ferre的典型设计构思。孔雀蓝的亮饰装点在皮装衣片上，充分展示了摇滚与奢华的完美结合。裤装上纤细的装饰，呼应了上装，同时也是设计师注重的细节表现。下摆和袖口的简单宽橡筋罗纹，恰如其分地展现了合体外套的利落感。在饰物方面，斜挎包、手套、腰带都与整体服装保持一致的色调，和谐流畅。这款夹克装在廓型上呈H型，也切合设计师要表现的中性风格。

2014年春夏秀，Federico Piaggi和Stefano Citron将设计灵感取自Ferre的经典系列照片和活跃于20世纪70年代末、80年代初的超级性感名模Gia

Carangi（吉雅·卡兰芝），这一季的时装秀继续品牌的DNA，讲究结构和造型，突出体块的建筑美感，所不同的是，以往的设计师喜欢选用硬挺的、具有建筑感的面料，而此次设计师大量采用悬垂性好的花丝、绸缎和亮色闪光纱，在褶裥裙、衬衫、手镯、腰带、皮包、鞋等都有表现，这让整个秀场光彩非凡。图2-11-2的这款设计充分展现Ferre品牌的特质，并展现了品牌不对称的设计特征。立体裁剪做出的斜裙，肩部是折叠的一字造型，裙摆随意披搭下来，有建筑的流动感，搭配了欧比式宽腰带（一种日式腰带），整体上凸显出女性的强势之美，刚柔相济。这款设计混融了古今、东西方多种对立元素，立体雕塑感和平面结合，Ferre的服装总是充满韵味。

十二、Giorgio Armani(乔治·阿玛尼)

1. 品牌背景

　　Giorgio Armani(以下简称Armani)1934年出生于意大利的Piacenzal（皮尔琴察），Armani在校内主修医科，服兵役时担任助理医官，之后在米兰一家百货公司担任过橱窗布置。1961年Armani迈出人生的重要一步，他在Nino Cerruti公司做设计，并持续超过9年，其间对男装的裁剪和布料有了全面系统地认识。1975年，Armani成立了自己的同名品牌公司，当时刚流行过 "嬉皮士""朋克"风格，许多人对这些纷杂混乱和光怪陆离的打扮方式已经心存倦意，这时候Armani将男装简洁的裁剪手法运用至女装设计，他的设计删除不必要装饰，强调舒适性和表现不繁复的优雅。这种高雅简洁、庄重洒脱的服装风格使人耳目一新，也恰好满足了当时人们的时尚追求。Armani因此被认为是20世纪90年代简约主义的代表人物之一，Armani公司也发展成意大利的顶级品牌。

2. 品牌风格综述

　　与整天戴太阳镜摇着纸扇的Karl Lagerfeld和华丽放纵、作风另类的Gianni Versace相比，Armani更像一位苦行僧——风格既不新潮亦非传统。追溯Armani的经营历史，很少有可笑的或非常过时的设计。他能够在市场需求和优雅时尚之间创造一种近乎完美、令人惊叹的平衡，Armani引领女装迈向中性风格，他打破阳刚与阴柔的界线，以男装剪裁运用至女装上，表现低调、中性的优雅气质。

　　时装界有Armani 是时尚界中的禅师之说，因为在他的设计中，除了优良昂贵的面料，考究精细的做工和别树一帜的款式外，还有一种渗透其中的中性主义思想。他手中掌控着一架神奇的天平，拿捏平衡的临界点是他令人称绝的拿手好戏。Armani的设计既不特别摩登，也绝不拘泥于传统，他的设计犹如淡淡的绿茶，只有细细体味才能品尝出异样情趣。Armani的日装多偏向于使用一些不张扬的中性化的单色调，如黑色、灰色、深蓝、米黄色，还有其独创的生丝色，即一种介于淡茶色和灰色之间的颜色。它们的使用使女装设计既保留了女性的妩媚感，又多了一些阳刚之气。

3. 作品分析

　　图2-12-1的2006年秋冬的作品延续着Armani一贯的传统风格：简洁、利落造型并伴一丝中性感。外套吸取了男装的枪驳大翻领造型，收腰结构，因圆垫肩的使用而外形微耸，轮廓挺括。一粒扣上装结构线条流畅，干脆利落。生丝色的小吊带衫、灰色的窗格纹套装与黑色腰带、白色裙组合在一起。荷叶边的及膝裙、堆叠绞花边的装饰、系扎如流苏般的腰带，让人目不暇接。整体设计上，既有男装的元素运用，又不乏女性柔美表现，属于Armani式的中性风格。这款半正式的套裙装加上小晚宴圆帽、银色的手抓包和腰带，既适合上班需要，还可以参加下班后的聚会、半正式晚餐、工作娱乐晚宴等，无论如何都游刃有余，从中可充分体味出Armani那著名的实用主义设计理念，正是如此，他在传统风格和时尚新颖之间

图2-12-1

图2-12-2

取得一个狡猾的平衡，在舞台上为我们上演高潮迭起的时尚盛宴。

　　Giorgio Armani在2007年秋冬伸展台上展示了浓浓的中世纪风情。图2-12-2带着编织头罩的模特们仿佛跳脱了时空的限制，看上去年龄莫辨。高贵优雅的露肩小礼服，搭配平底鞋履更显从容，整体呈现为简约的A造型，绣满刺绣的紧身裹胸勾勒着身体的

曲线，束腰的结构将女性柔美娇媚的身形魅力完全表达。连接着柔软蓬松、质地轻盈的膝上短裙，柔和的淡雅灰色调一如往常，半截裙的衬里设有绢网骨撑，平添脱俗帅气。同色系长及上臂的编织袖套，呈现细致摩登的优雅，增添了几许年轻生动的气息，为经典性感添新意。意式时尚与简约主义碰撞出既年轻优雅又明朗利落的新风貌。

十三、Gucci（古奇）

1. 品牌背景

Gucci是家族企业，首创把自己的名字印在商品上。1921年，创始人Guccio在佛罗伦萨开始开店出售旅行箱给时髦漂亮、热爱奢侈生活的意大利客人，经过几代的传承，已发展成立足时尚界的精品品牌，展现出领导国际时尚的风范。

都会摩登气质的Gucci服装系列，以"黑"作为必备的基本色，而性感的女装系列更是常常以男装的元素作为设计的灵感。以皮件起家的Gucci运用了竹节等传统元素，设计了线条质材都简洁而摩登的皮件，吸引了全亚洲女性的目光，鞋子部分更是以"性感危险风格"赢得众人的瞩目。自1994年起，美国人Tom Ford正式从女装设计部负责人升任为Gucci创意总监，并将这个行将倒闭的品牌起死回生，风格老土的品牌倏然转变为崭新的摩登形象，一连串的改变将这百年历史的意大利品牌推向另一个高峰，成为世纪交替新摩登主义的代名词。

曾为Tom Ford助理的Frida Giannini（弗里达·贾尼尼）在他离任后,于2005年3月开始被任命为整个Gucci品牌鞋、包、行李箱、小皮具、丝绸、高级珠宝、礼品、手表以及眼镜的设计总管。6月，她在纽约发布了自己的处女秀，获得不少的掌声，无论是媒体，还是零售商方面，都是好评如潮。

2. 品牌风格综述

随着Frida Giannini在Gucci的走马上任，她很快找到了Gucci女人的新感觉。Frida Giannini以自己的低调感性改变了Gucci的Tom Ford 烙印。相比

Ford在20世纪90年代为Gucci营造的那种性感华丽形象，Frida Giannini手下的Gucci相对收敛一些，显得更女性化更感性且更精致。Frida Giannini对性感的表现是以不那么夸张的方式进行，招摇在Tom时代的粗野性感被她拒之门外。"从豪华轿车中跨出来的女人、派对女王，这些想象中的女性形象，在我看来并不是现时真正购买Gucci女人希望获得的形象，"她强调："我会被那种更自信、充满乐趣好奇心的女人打动。"

3. 作品分析

酷爱佛罗伦萨安静精致生活的Frida Giannini也是书迷，许多有个性的女性带给她无限的灵感，20世纪40年代的Lee Miller（李·米勒）就是她的2006年秋冬设计的灵感缪斯，这位有着模特从业背景，后投身战地摄影的超现实主义人物触动了Frida Giannini，她将触觉延伸到20世纪30、40年代。在具体设计上，Frida Giannini将重点放置在腰线和肩部的设计，高腰和肩线得到强化，双带搭扣塑造的帝王式腰线比例，在整体上奠定了冷酷的基调。20世纪二战后的女装潮流也得到清晰的回溯，具爽朗冷酷的暗色调又及抢眼的斜条纹真丝衬衫，同料的长围巾，营造出立体的视觉效果，束于高腰裤中，强调了时代交接中的知性女人严谨也不乏浪漫的个性。尽管如此还是掩藏不住一些小小性感的女性化设计，包括深深的V领、金色的夸张V型项链等细节处理，这就是Gucci最为经典、招牌的风格（图2-13-1）！

图2-13-1

图2-13-2

　　生完小孩的Frida Giannini希望能恢复身材，热衷于锻炼，结合自身感受在2014年春夏设计中，设计师将品牌带向了运动风格，单品包括网眼T恤、篮球短裤、田径裤和暴露的三角形文胸。整个系列在改良过的运动风格中还加入了一些街头正在流行的元素，使Gucci呈现出不一般的时尚感。当然，Gucci的运动装也是非常奢华的，网眼的T恤用的是激光切割的山羊皮，另一件大号T恤则用特殊处理的皮革。这款设计宽大的羊毛外套搭配文胸和锥形裤，形成视觉对比。与运动主题相对应的是外套纹样，Frida Giannini在艺术家Erté的新艺术风格插画中找到灵感，巨大的、卷曲的花朵图案以金银线制成，看起来几乎在发着微光。突出运动主题的还有透视T恤、三角形的文胸，黑色镶边规整，带有明显的装饰艺术风格，与外套的粗黑色镶边相呼应。古罗马风格的绑带鞋带着几分另类的性感，虽然带有一丝颓废的气息，但整体散发出的迷人的运动风创意让人无法拒绝（图2-13-2）。

十四、Jil Sander（吉尔·桑达）

1. 品牌背景

1943年出生于德国的Jil Sander，在汉堡长大成人，并且在汉堡取得纺织品工程学学位，离开汉堡，Jil Sander曾经短期移居到美国洛杉矶，并投入时尚杂志工作。1968年，Jil Sander终于开设了第一间个人服装精品店，并在1973年发布了Jil Sander第一场服装秀，然而当时并没有获得普遍赞扬。之后，Jil Sander前往巴黎，首次将其服装带到法国，仍然没有引起共鸣。感到灰心却不气馁的Jil Sander离开巴黎返回汉堡。直到20世纪80年代，当三宅一生等日本大牌设计师兴起而带动的服装新线条引起关注后，Jil Sander的作品终于开始引起注意，以Jil Sander命名的个人品牌逐渐受到追捧，并最终被Prada集团收归旗下。2005年7月，Raf Simons接棒创意总监。2013年，Jil Sander又重新回到这个品牌。

2. 品牌风格综述

以"少即是多"为口号的简约主义在20世纪90年代风起云涌，Jil Sander也成为简约主义的先锋代表。Jil Sander的作品虽然"极简"，使用的面料和工艺却是超级的昂贵，她的发布秀制作成本要远远高于其他设计师，所以被称为"奢侈的简约"。如果要概括Jil Sander品牌的设计风格，那就是"简洁"，如果觉得这两个字还不够有说服力，那可以用"极简"来形容。Jil Sander是业界公认的"极简女皇"，她对服装基础线条的迷恋，几乎到了偏执的地步。在设计圈里，Jil Sander被认为是20世纪20年代建筑流派包豪斯的现代版演绎，传承了德国简朴主义的理念，是现代德国时尚的表现——舍弃花里胡哨的细节，追求整体，以纯粹的剪裁表现穿着者的自然感。Jil Sander是时装界的理性主义者，她用作品来传达自己的哲学思想，冷静、理性、客观、不矫饰，只保留最基本结构的本质。

Raf Simons定义的Jil Sander女性，是充满激情、感性，崇尚简约的。Raf Simons的设计和Jil Sander品牌的核心价值之间有着坚固而紧密的结合，事实上他设计的女性区别于一般的女性概念，即他所创立的"第四性"形象——游离于男性、女性、同性之外的连公民权都没拿到的半熟青少年。他为Jil Sander的设计具有节制、干净、精确感，严谨瘦身的结构造型、与嘻哈文化相对应的极端尺码、素色和手感中性的材质运用成就了Raf Simons的设计概念。这就是他对经典和极简主义的全新诠释。

3. 作品分析

2007年春夏的Jil Sander系列，Raf Simons的灵感来自钢琴师和乐队指挥，颇有音乐的气息，在色彩和造型上都有大的突破。纯净的三原色使T台变得明亮，褶皱和体积感也是全新的元素，在简约中加入的折叠和细褶随着模特的走动而舞动，仿佛飘动的音符，轻快优美，充满活力。图2-14-1的这款连身裙设计线条流畅，有点保守的一字领，胸线处分割将上下分成两部分。整体剪裁合体，既不过于强调体型，又保持些许随意松身，这是品牌

图2-14-1   图2-14-2

独有的风格延续。作品结合了未来主义美学，加入先进技术的羊毛丝表面具有闪亮效果，闪光的服装适时随着光线和身形的摆动而出现不同效果。双色闪光面料的组合，带有强烈的未来主义美学意味，迎合了2007年科技时尚的主题。

随着合作时间的增加，Raf Simons在Jil Sander更加游刃有余了，更多个人的创意显现出来。在2007年秋冬系列中，他将现代女性的套装做了些许调整，使得原本呆板的套装，看起来更为利落，更符合职业女性的身份。Raf Simons重新定位

了西装小翻领，小巧而精致。图2-14-2的这款简洁的外套造型呈H字型，干练清爽。设计线条简洁流畅，在腰下存在折线将视觉分成大小两部分，呈现和谐的比例关系。色彩回归到一贯的风格，白、灰、黑成为主角，淡雅朴实。Raf Simons有着极强的掌控能力来选用各种材质制作大衣，从开司米到卡其布，这款白色的大衣秉持原Jil Sander丝毫不差的精准剪裁，两侧的省道新奇别致，堪称点睛之笔。此外超小的翻领、正腰线的分割、硬朗的线条，都透出Jil Sander对简约风尚的理解。

十五、John Richmond（约翰·瑞奇蒙德)

1. 品牌背景

1961年出生于曼彻斯特的John Richmond十几岁的时候深受摇滚乐巨星麦当娜、乔治·迈克尔、米克·贾格尔和安妮·蓝妮克丝等的影响，因为爱音乐开始喜欢上了时尚。后就读于Kingston工艺学校，走上时装设计之路。1982年毕业后，作为自由设计师，曾为Emporio Armani（安普里奥·阿玛尼）、Fiorucci（佛若琪）、Joseph Tricot（约瑟夫·特利可得）工作过。1984年，与Maria Cornejo（玛利亚·科奈约）合作创立了他的第一个品牌Richmond Cornejo（瑞奇蒙德·科奈约）。1987年开始单干成立自己的品牌，现在他已拥有三条品牌线：主线John Richmond，休闲系列Richmond X和牛仔系列 Richmond Denim。他的生意合作伙伴Saverio Moschillo（塞弗里奥·莫斯奇洛）为他提供了一个全球的展示、销售网络，在那里，有他的标志性单品：单车手皮夹克、油印T恤衫、酸汁细褶裙和长条运动衫。凭着双方共同的努力，John Richmond的各系列得以迅速踏足于各大城市，品牌在短短十年间取得辉煌的业绩。

2. 品牌风格综述

出生于英国的John Richmond是一个前卫的新生代设计师，他从新音乐先锋的世界中汲取灵感，把服装设计成在竞技场逍遥、游荡的感觉。他的英伦摇滚个性风格被所有业界认定为是"标志性的建筑"。John Richmond用自己独到的设计语言演绎着时尚，他的设计作品融合街头、华丽、时尚元素，受到cult文化追随者

及音乐明星的追捧，得以在10年内成为欧洲热销品牌。

John Richmond酷爱音乐，他的设计一直都在把玩他的摇滚主意，他又是一名天才的裁缝师，以精确的裁剪和缝制出名。对摇滚的疯狂热爱一直贯穿在他的创作中，结合精密的剪裁与街头灵感，塑造出华丽气派而又反叛不羁的形象。"街头文化"是Richmond创作哲学中另一基本的素材，特别在他常用的一些口号中显而易见；如"Destroy,Disorientate,Disorder""Diamond Dog""Eat Cake"等。Richmond追求一种国际化的流行风向指标，爱好街头文化，他将时尚前沿的女性彻底解放出来，让性感风潮大行其道。

3. 作品分析

John Richmond喜欢用水钻、流苏、蕾丝等华丽的元素来诠释自己的设计，无论男女装都极尽性感的风格，紧密地包裹和贴身的裁剪将穿着者身体的线条展现得更加彻底。2007年春夏也不例外，他给模特描上黑黑的眼线，穿上性感的内衣和展示妩媚的丝袜，将头发盘起使刘海低垂，制造出一种性感摇滚风。Richmond的设计有着华丽的外衣，黑色皮的材质和柔软面料相互搭配，珠饰材质和网纹丝袜的应用，使John Richmond的不羁性感与狂野时尚具有了几分高贵，就像是把玩重金属乐器的贵族们，在朋克与奢华之间游荡。图2-15-1的这款透视装设计中，女性流行的长短搭配着装被John Richmond给予新的注解，上身皮衣与缠于腰间挂链的长短搭配，

图2-15-1

图2-15-2

把服装原本井井有条的界线给予了打破。此外黑色薄纱、银色饰链及装饰挂件的搭配，将金属乐的感觉再一次展现。John Richmond对于女装的性感元素的运用也是值得一提的，网纹丝袜的运用、身体内部的T字裤的混搭，还有起于胸部的透明小短衫都把女性的性感完美地表现了出来，女性的柔美气质被John Richmond加上了极富金属个性的定义。性感的面料、丰富的细节配合硬挺的廓型，John Richmond女郎拥有了深邃的魅力，也是John Richmond对20世纪70年代朋克元素的重新定位。

2007年秋冬的设计中，John Richmond将主题转向哥特式的奢华风，他选择了多种面料：尼龙、毛皮和皮革，都穿插在系列设计中。图2-15-2中Richmond的这款抹胸小黑裙，极端超短设计，衣料紧裹包臀，配合超长的皮手套，性感逼人，是John Richmond一贯的摇滚风格。黑色的披风，有哥特式风格的影子，传达诡秘的时尚精神，吊带上简单串绳的装饰仿佛把不羁压制在身体内部，这一切使其设计尽显高贵的放肆。在面料上，三种性格完全不同材质被设计师巧妙融合在一起，皮革的狂野、绸缎的光滑、雪纺的飘逸，拼合出新鲜的感觉。领部的皮质黑带条是设计的亮点，显现出戏谑情节，John Richmond从细节入手，给戏谑加上了缰绳，给欲望限定了边界，制造出一种疯狂的摇滚风情。

十六、Marni（玛尼）

1. 品牌背景

与其他意大利服饰公司相仿，Marni的诞生是为了延续其父母留下的皮草公司（Ciwi）的事业，由Primo Castiglioni（普瑞莫·卡斯蒂廖尼）创建于20世纪40年代的Ciwi公司直到90年代中期还保持良好的业绩，后受环保思潮的影响，皮草业大幅度衰退，让公司继承人Consuelo和她丈夫Gianni举步维艰。1994年，由Consuelo Castiglioni（康斯薇洛·卡斯蒂廖尼）出任主设计师的全新品牌Marni横空出世，Consuelo Castiglioni由一个传统的意大利主妇转变为一名富有创造力的设计师，其首个设计系列中的"毛茸茸的玩意儿"设计成为了畅销产品。如今Marni已迅速发展成为一个全方位的顶级品牌。

虽然Marni是意大利顶级品牌，但它却十分的低调：任何年纪、文化背景、身体类型的女性都可以在Marni的系列中找到适合她自己品味风格的产品。Marni除了有RTW和Resort系列，还有全面的配件系列，包括包、充满奇思妙想的纺织品、鞋类、眼镜和其他饰品。这些系列统一在优雅、柔美、奢华的设计风格中，并且讲究细节和材质的品质。这也许正是Marni受欢迎的原因吧。

2. 品牌风格综述

Marni的设计师Consuelo Castiglioni，早期的作品像一个纯洁浪漫的小女孩家庭裁缝师，而在近几年逐渐变得成熟起来，设计师Consuelo Castiglioni本人也说："现在该是让Marni女性成熟一点的时候了！"于是，她凭借其与生俱来的写实搭配与量感概念，真实捕捉时下女性们的穿着搭配，将其运用于Marni设计中。

Consuelo Castiglioni的设计很随性，她说："我只是设计我喜欢穿的东西，所有系列都是出自于偶然。"虽然简约风潮盛行，但Consuelo Castiglioni凭借童话般的造型、不同图案新旧服饰互相配搭的创意理念，在时尚界独树一帜，并掀起了自由搭配的热潮。

Consuelo Castiglioni擅长运用丰富明亮的色调、大胆多变的印花图案和自然的材质，使其服装犹如艺术家挥洒色彩，让颜色呈现出最佳的搭配效果，加上精致的剪裁与别致的面料，Marni诠释出的是自信、潇洒、优雅、摩登的时髦风范。时装界怀旧设计盛行更使崇尚自由搭配的Marni如鱼得水，它是21世纪初波西米亚风潮的引领者。

3. 作品分析

Marni2007年春夏时装设计延续2006年秋冬的混搭风格，设计上大量采用及膝束腰外衣造型，用宽大的腰带自由系着。在束腰外衣内，白色紧身T恤，不对称剪裁的运动式紧身裤，黑漆皮木纹底高跟鞋，巨大的帆布或漆皮手提包袋……都成为了Consuelo Castiglioni为之选择的搭配。颜色选择上，白色、赭石色、暗蓝灰色和石灰色成为Marni2007年春夏的主色调。如图2-16-1是其中一款，宽松自然的敞开式短外套采用七分敞口袖结构，具有十足的运动感。所搭配的紧身印花T恤和紧窄法兰绒长裤，与上装一

图2-16-1   图2-16-2

张一弛，别具特点。贯穿一致的明快色调；抽带式的领口设计、Marni著名的落肩设计、涂鸦式的印花图案和颇具运动气息的腕饰，使整款设计充满阳光感和清纯气息，这也是Marni这季重点表现的简洁时尚运动风格。色彩以简单的黑白灰处理。

2007年秋冬时装展，强调流行元素的风格对比。图2-16-2这款外套特地选用了英式防雨布，这是一种在男装中比较常见的硬朗面料。闪光面料的使用，为整个系列平添了几分现代感。宽松随意摆动的罩衫式短外套，采用柔软的丝绸面料点缀于高科技面料材质上，再加上具20世纪80年代风格的帅气皮带，轻与重，亚光与闪光，柔软与坚韧，对比强烈的不同面料再次同台撞出火花。配饰方面也别具匠心，色彩丰富的重金属设计为灰色调的服装带来了一抹彩色的亮点，并理所当然成为设计的视觉中心。整体感觉些许奢华，但不卖弄，低调而不炫耀招摇。可见，在这个目标尚未成为设计的中心的时候，Marni的风格其实已经开始朝着这个方向侧重了，视觉第一的思想贯穿整个系列，渗入到套装的款式和裙衫的色彩等方方面面。

十七、Missoni（米索尼）

1. 品牌背景

以针织著称的米索尼品牌有着典型的风格特征：色彩+条纹+针织，这使米索尼时装看起来就是一件令人爱不释手的艺术品，并引起全球时装界的广泛关注。如同Versace、Prada等意大利品牌一样，Missoni也是一个典型的家族企业，发展成至今的针织王国，其创业者——Missoni夫妇功不可没。

Ottavio Missoni（奥泰维奥·米索尼）1921年生于现在的克罗地亚，Rosita Jelmini（罗莎塔·杰米尼）1931年生于意大利的小城Golasecca。两人邂逅于英国伦敦，于1953年在米兰喜结良缘。1953年在米兰北边开了一家小型工厂，生产针织服装。从此，Missoni品牌一步步从默默无闻的小牌走向针织大牌。公司在刚成立的时候，当时的社会主流派和非主流派的注意力都集中在套衫上，而Missoni就已经开始生产精致的针织衫，其系列包括女式无袖衫、长大衣、套衫、针织裤子及裙子。

Missoni夫妇有3个子女，他们的童年是伴随着工厂纱锭、机器轰鸣，在各种服饰争相斗艳中长大的，儿时的耳闻目睹注定了让这些孩子日后在这一家族企业中效力。目前女儿Angela Missoni是公司的第二代掌门人，负责家族事业的总体事务；另外两个，一位负责纱线、图案、服饰展示等技术工作，另一位负责Missoni新女装系列，包括二线品牌。

2. 品牌风格综述

品牌创立早期Ottavio Missoni负责设计，他喜欢将各种色调的小纸片、色卡、饰带组合成不计其数的梦幻彩虹系列，其设计得益于即时灵感和数学逻辑。特殊的工艺和技术，使Missoni的时装形成一种特别的流动的效果，色彩鲜明，具有强烈的艺术感染力。

Missoni的风格基本上是由色彩决定的，它不是某种特定的色彩而是色彩本身，是其纯粹简洁的应用。对于许多品牌来说，色彩只是可添加的一种元素，对Missoni来说，色彩可以说是每种设计、每种造型的基础。色彩可以给织物带来活力，而且通过服装的诠释表达出含义。尽管Missoni的服装色彩复杂，有时候的色彩之间原本是相互冲撞的，但在设计师的掌控下，总能呈现出和谐之美。

Missoni条纹最早来源于运动，因为Ottavio最早拥有的机器是用来制作运动服装的，只能生产单一色调或条纹的针织服装，后来条纹成为Missoni的标志性风格。彩虹条纹是Missoni风格中最常见的样式，此外，还有混合条纹、人字形条纹、沙滩条纹、光谱花纹、希腊楔形图案、苏格兰格子，以及Missoni在20世纪70年代开创的"拼搭"（圆点和印花及不同图案的彼此重叠，搭配又彼此不调和）风格，这些都是Missoni的显著标志。

3. 作品分析

在20世纪40年代与70年代风格持续升温的2007年秋冬季，Missoni混融了这两个年代，塑造出新的时装轮廓。Angela Missoni的设计灵感包括早期好莱坞影星丽塔·海华丝的发型、玛琳·黛德的翘檐帽，以及那个年代大卫·鲍威的音乐。这是个难以操控的模糊年代，但Angela Missoni却灵巧驾驭，

图2-17-1

图2-17-2

栗色、褐色、米色、芥末色、暗粉色、灰蓝色，不规则的三角形拼贴使得Missoni成了米兰T台上的一线高手。Missoni惯有的几何及迷幻放射状图案，绑绳设计，都为本季的设计带来不少前卫时髦的全新元素。图2-17-1这款著名的锯齿状图案针织面料风衣，搭配着丝绸衬衣和中长大摆裙，则彰显出现代女性摩登的现代气质。九分袖及皮手套上都装饰着毛茸茸的皮草，带出一种低调贵气的狂野时尚。窄细的皮革条由金属铆钉固定出不规则的造型，装饰在针织风衣的胸腰位置，在强调女性腰部曲线的同时，也带出了一种时髦的朋克概念。整体上以褐色系为主，配搭金属色、灰色和白色，融古典与现代于一体。

Missoni向来以图案著称，2014年春夏秀也不例外，其系列设计以品牌基因——锯齿纹作图案，幻化成水纹和飞鸟。整个系列通过充满异域风情作主线贯穿整个系列，如马来西亚纱笼裙式的扎系短裙、披挂方式像印度纱丽的连衣裙、类似土耳其的长袍宽松裙、具有墨西哥风情的色彩斑斓机织条纹。图2-17-2中这款设计，PVC材质经过激光切割呈现出黑白色的品牌名Missoni，这些文字看上去颇具非洲原始特色。文字遍布整件裙子上，但排列方式颇具艺术感，黑白这种处理的感觉也用在项链、手镯上，拎包、平底凉鞋上，Angela Missoni显然很擅长对线条图案的处理，一些细碎的纹样在她手下都能成为一种艺术的表现。这些琐碎的图案画面搭配大色块黑白对比无袖上衣，图案的交叉配合疏密有致，带来极强的视觉冲击。

十八、Moschino（莫斯奇诺）

1. 品牌背景

　　Franco Moschino 出生于1950年，这个米兰出生的男孩曾专门攻读美术，但在校期间，他已成为一名自由时装插画师，他的第一份工作是为Gianni Versace画草图。当他认识到面料和裁缝同样能表达艺术时，他告别了传统美术专业，开始在时装界谋求发展。1977年他开始在意大利Cadette公司担任设计师，1983年创立了自己的公司，开始他的时尚征程。尽管Franco Moschino一直略带荒谬地讽刺时尚产业和各路时尚精英，一直与传统的时尚唱对台戏，但他的作品却成为一种社会地位的象征。他成功地创造了时尚娱乐，他打破一切陈规旧矩，成为新的赢家。

　　Moschino很快发展成为跨国的大公司，旗下共三个路线，分别为以高单价正式服装为主的Couture、单价较低的副牌Cheap&Chic 以及牛仔装Jeans系列。1994年，Franco Moschino本人去世之后，这个品牌的设计工作便由与Moschino一起工作多年的Rosella Jardini（罗赛拉·嘉蒂尼）带领设计师群继续负责。

2. 品牌风格综述

　　对于坚持优雅、注重实穿的意大利时装界来说，Moschino实在是个异类，"嬉谑"是Moschino的标志风格，他的设计充满了调侃和游戏性，仿佛时尚圈的幽默讽刺剧。这个意大利品牌，充满创造力，富有魅力，服装中常出现很卡通的东西，一些鲜明的图片、文字都会成为他服装中的主体，喧宾夺主地彰显他的娱乐精神。尽管个性鲜明，他的服装仍然有很强的可穿性，性感是他的另一个特点。

　　Moschino是一个异想天开的另类设计师，他的创作灵感源源不绝。他常常把一些搞笑的词、句、图案醒目地装饰在服装上，也会把他对世界和平的渴望与对生命的热爱，放在他的服装设计中，他的服装上常常会出现"反战标志""红心"和鲜黄色的笑脸。粗体大写的设计师名字MOSCHINO是另一个标志，它一定会出现在服装的布标上，或者偶尔也会变成服装上的图案。Moschino的设计讲求丰富的色彩，玩笑般的性感，他用最基本的设计和结构元素，创造出令人愉悦的服装，为时装界带来新意。他经常恶搞传统时尚，百无禁忌地开大牌玩笑，把CHANEL优雅的套装边缘剪破变成乞丐装，再配上巨大的扣子，颠覆大家对于时尚的传统印象。他的风头正劲和对传统时装业的恶搞也使他处境尴尬，曾引起好几次官司，包括LV和CHANEL都与他数次对簿公堂。他在T恤衫上印上Channel No.5香水就曾引来CHANEL的投诉。Rosella Jardini接手后，减弱了玩笑的元素，加强轻柔的、女性化的美感，品牌的趣味性大减。

　　1994年Rosella Jardini全面负责Moschino公司后，保留了品牌的特色"嬉谑"风格。

3. 作品分析

　　Moschino Cheap & Chic 是一个年轻化的品牌，它的设计颇具少女味又不失时尚，便宜的价格更是一大法宝，Moschino Cheap & Chic的饰品几乎成了校园女生的必备单品。这个品牌每一次出场总喜欢大玩"反差"设计，将任何看似不可能的颜色搭配变成可能。在2006年秋冬发布会上，Rosella Jardini将Franco Moschino独创的嬉谑感与漂亮时装结合起来，演绎一场精致的游戏。图2-18-1的这款便装与小A裙的搭配很寻常，但很好地表现出Moschino Cheap & Chic的设计风格。颜色搭配独

图2-18-1   图2-18-2

具特点，橄榄绿是主色调，橄榄绿与卡其色、灰色镶拼，在胸前、袖片上分割在不同衣片，错落有致，裙子的灰绿色彩奠定了整体色彩基础。作为装饰性的徽章用鲜亮的白、蓝、红条纹来表现，高纯度的鲜艳红色手套与低纯度的面料成为对比，凸显不一般的创意。面料上，上装是普通的卡其布，质朴大方，裙子是光滑的天鹅绒，优雅高贵，两者的反差营造出Moschino Cheap & Chic特有的风格。Rosella Jardini在设计中增加了许多女性化的元素，环绕领口的小荷叶边、收身的腰带、肩部的小襻，都为品牌营造出淑女味。

　　在2007年米兰春夏女装秀，Rosella Jardini呈现的是一组灵感来自非洲游历的设计，从非洲的动物

到风土人情，都能在这场秀中找到影子。图2-18-2的加上这款条纹装，就取材于非洲的部落盛装，条纹棉布做成蓬松的部落迷你裙，红白条纹同时做成传统的头带，活泼动感十足。红白条纹的针织面料被制成披肩款式，由细密的蕾丝装点袖口，精巧的蕾丝花边作分割和边缘装饰，令人赞叹地拼接成内衬小吊带衫，那年轻无畏的姿态让人玩味再三，体现出无邪清纯但依然娇俏动人的效果。披肩还特别地束上装饰感极强的红色皮腰带，这样的设计是给那些在夜晚准备去舞厅来个火热约会或是表演的女孩们。Rosella Jardini依然钟情于视觉上的丰富感，色彩的丰富：红、白、黑三色的搭配，配搭款式的丰富：披肩、吊带衫、迷你裙、头带，诸多运用在一起，无比迷人。

十九、No. 21

1. 品牌背景

Alessandro Dell'Acqua（亚历山德罗·戴拉夸）1962年12月21日出生于意大利那不勒斯，1981年从那不勒斯艺术学院毕业。1982年Alessandro Dell'Acqua为Marzotti（马佐提）精品集团服务，23岁时担任了意大利流行品牌Genny（詹妮）的设计师，他的同事就有日后大名鼎鼎的Versace。1987年Alessandro Dell'Acqua担任著名纺织品品牌Pietro Pianforini(皮特罗·偏佛里)的首席设计师，成为时尚界最令人期待的超级新星。同年Alessandro Dell'Acqua与Matteo Guarnieri（马提奥·瓜尔纳里）合作建立了品牌Della'Acqua e Guarnieri。1996年Dell'Acqua首次在米兰春夏时尚周发表女装作品，令国际媒体为之惊艳不已。1999年1月，Dell'Acqua首度发表男女内衣及泳装系列，细致的设计风格，将性感的元素与其魅力发挥得淋漓尽致，大受欢迎。2002年6月，Dell'Acqua获得了意大利时尚公会颁发的"New Women's Designer"奖项，表明了Alessandro Dell'Acqua在流行时尚界的重要地位。Alessandro Dell'Acqua是位多产设计师，他同时还为著名的La Perla（拉·佩路拉）设计内衣，替瑞士的Bally（巴利）公司设计鞋款。

2009年成为Dell'Acqua转型的一年，他放弃了以自己名字命名的品牌，以自己的出生幸运数字21作为品牌的名称，创立了No.21品牌，希望告别过去，诠释出全新的设计理念。自2010年亮相后，Alessandro Dell'Acqua的设计简洁、淡雅，其新颖的裁剪更适合日常生活穿着。

2. 品牌风格综述

20世纪中后期是一个充满了奢华理想的年代，人们对于这一时期生活方式探求所激发出的享乐主义的生活理念延续至今，社会崇尚的是尊贵优越的生活和放纵无节制的复古之风。意大利的新锐设计师Alessandro Dell'Acqua的设计恰到好处地迎合了这种潮流，他在设计中大量使用新潮现代的手法表达过去时光的复古情感。

追逐潮流但又并不赶超潮流，细腻的设计细节和对面料的慎重选用是Alessandro Dell'Acqua一贯的特点，简约优雅的搭配、清爽的色调是Alessandro Dell'Acqua的招牌设计理念。他的设计缪斯有Anna Magnani（安娜·玛格纳尼）、Sofia Loren（索菲亚·罗兰）和Monica Vitti（莫尼卡·维蒂），Alessandro Dell'Acqua的设计常常流露出意大利女性的经典美感。同时设计师常常不经意地将异国情调风渗入其设计中，2008年春夏的东方风格表现颇具代表，Alessandro Dell'Acqua以日本摄影师Araki的作品为灵感，设计兼有日本和中国元素的运用，如宽腰带式外套、东方风格图案丝绸。Alessandro Dell'Acqua特别擅长选用诸如雪纺、蕾丝、薄纱等轻薄面料设计裙装，那些微微发亮的材质制作的连衣裙已成为品牌的招牌。

3. 作品分析

图2-19-1这款连衣裙为Alessandro Dell'Acqua2007年春夏设计作品，造型合体，透出女性的曲线美感。整体上以设计师所擅长的薄纱作为

图2-19-1

图2-19-2

面料，通过面料之间的组合穿插，使连衣裙产生或遮或透的效果，颇有飘逸灵动感。裁剪锐利的透明薄纱一直蔓延到胸部的蕾丝花边，更增添了几分柔美的女性魅力。隐约可见的印花图案和高光亮银色，使黑色调不再显得沉闷乏味，反而透出几分神秘，充满生气，随着薄纱轻轻舞动，完美演绎出浪漫的黑色旋律。飘逸的秀发，清新动人，塑造出柔美自信、浪漫高贵的女性形象。

　　流行时尚每一季主题变化多端，设计师的设计手法也多样，就像Alessandro Dell'Acqua的2007年秋冬系列设计，在重视材质肌理和再造的氛围下，设计师尝试着服用材料的混搭使用。图2-19-2这款设计最大特点是针织和梭织面料混搭使用，设计师在同一件服装上将两种不同性质面料错落有致地拼接排列。毫无疑问，上装是整款设计的重点，造型硕大的盆领颇具张力，胸线以下紧身合体，但是通过针织和梭织两种面料表现，不同的肌理效果泾渭分明，精致和粗犷形成有机对比。在色彩方面，Alessandro Dell'Acqua将象牙白和米白互为配衬，延续了设计师高贵典雅、充满理想主义情调的风格。这就是设计师眼中的女性，高贵典雅又细腻温柔，追逐着时尚的脚步，紧跟流行的风向。

二十、Prada（普拉达）

1. 品牌背景

回溯Prada的历史，必须从20世纪初谈起，创立人Mario Prada（马里奥·普拉达）最早是从皮件产品起家的。1978年，Mario的孙女Miuccia Prada(缪西娅·普拉达)开始接管家族事业。Miuccia Prada在富裕的环境中长大，虽然不是科班出身，但从小就受到家庭的耳濡目染，对于时尚行业并不陌生。在20世纪90年代的"崇尚极简"风潮中，Miuccia Prada所擅长的简洁、冷静设计风格成为了时尚的主流，因此经常以制服作为灵感的Miuccia Prada所设计出的服装更成为极简时尚的代表符号之一，其服装产业自是如日中天。Miuccia Prada与Jil Sander、Helmut Lang、Armani、CK一起被誉为简约主义的代表人物。

2. 品牌风格综述

Miuccia Prada的设计总是带着反潮流的前卫性，善于从记忆中寻找灵感，并且始终贯穿着从自我出发的思维基点，使得她的设计总能脱颖而出。Miuccia Prada擅长将各种元素组合得恰到好处，精细与粗糙，天然与人造，不同质材、肌理的面料统一于自然的色彩中，艺术气质极浓。无论是高级时髦的运动服系列、20世纪70年代学生和空姐风格的"时装ABC"系列，还是20世纪90年代初清净简单的朴素风格，Miuccia Prada都通过对传统元素的加减游戏，在设计中呈现出感性可爱的风貌。仅仅一个品牌设计，还不足以释放Miuccia Prada所有的才华和野心。1992年她推出以自己小名命名的副牌Miu Miu，在更加率性自我的空间里，发掘女人深层本色。

3. 作品分析

Miuccia Prada最大的特点是每一季一定要推出一个全然不同于上一季的风格，这也正是Prada品牌的魅力之源，源源不断的创意使Prada品牌每一季的作品都令人期盼，不过万变不离其宗的是对于自立女人独断个性的推崇。2007年春夏设计部分灵感撷取自20世纪40~70年代的Yves Saint Laurent以及Loulou de la Falaise自信且自傲的女性知识分子形象，Miuccia Prada将阳刚与阴柔的特质混融。图2-20-1的这款展现曲线的条状摇曳小洋装在款式上十分干脆利落，印制的多色环领条纹，与裙摆上的菱形花纹带出浓浓的欧陆民俗感，高腰的线条剪裁以及黑色的头巾，艺术气质很浓。裙的颜色低调沉实，正是这种如勃艮第葡萄酒般的暗红、普罗旺斯薰衣草般的明紫、米兰大教堂大理石墙般的暗白，安静地为印纹作着背景铺垫，使一种悠远绵长的欧陆古典情愫瞬间蔓延心扉。裙裾富有质量感的流苏突显出Prada我行我素的概念。

Prada亮眼的表现主要归功于Miuccia Prada的设计与现代人生活形态水乳相融，不仅在布料、颜色与款式功夫上，其设计背后的生活哲学正巧契合现代人追求切身实用与流行美观的双重心态，在机能与美学之间取得完美平衡，不但是时尚潮流的展现，更是现代美学的极致。不拘泥于传统材质，戮力开发新品种材料，是Miuccia Prada擅长并喜爱的；2007年秋冬以面料为主打，推出"Fake Classic"，新作展演会以PVC布置而成的场地，明确表现了新季节的重点质材，除了色泽鲜亮的PVC合成纤维之外，

图2-20-1

图2-20-2

马海毛、皮草这些冬天惯用的衣料，也在经过特殊处理过后，呈现别致奇异的样貌。Miuccia Prada运用一种独特的编织技术，将深色羊毛和粉色织物穿插交织而成，从而获得别出心裁的幻色效果。事实上在2007年秋冬设计中还有Prada独家研发的新材质，以安哥拉山羊毛经过水洗、压缩、拂刷等织造技艺处理成瓦楞纸纹理效果。如图2-20-2这款设计中私校女生模样的开襟马甲、及膝窄裙充满校园活力，倒V字型斜向的分割简洁明快，窄立领和窄翻领的设计极简而不平淡，暖融融的安哥拉羊马海毛与有点盔甲感的马甲形成对比。裙子上的渐变色是整体设计中的又一亮点，故意留出毛边的裙摆充满了精致和粗糙并存的矛盾风格。在造型上，不强调腰身和性感曲线，盒子形状的方型轮廓、中性造型，好似回归到Prada20世纪90年代的极简风格，别致无比。Miuccia Prada在配件上的设计也是独有功力，黑白分明的半截袜与金色露趾鞋抢眼不已，显出未来感十足的超现实新潮与利落。

二十一、Roberto Cavalli（罗伯特·卡瓦里）

1. 品牌背景

1940年Roberto Cavalli出生于佛罗伦萨，外祖父Giuseppe Rossi（吉乌塞佩·罗西）是一位著名的印象派画家，作品至今还被收藏在闻名于世的Uffizi博物馆，而母亲则是一位服装裁缝。没有传承祖业，Roberto Cavalli把艺术天赋用到了时装设计上，在佛罗伦萨艺术学院读书时就发明了在轻柔的皮毛上印花的革命性新技术，Roberto Cavalli也由此开始了萦绕他一生的皮草情缘。20世纪60年代，Roberto Cavalli创立了自己的品牌，他用碎皮拼出了20世纪60年代第一件有着无数接缝的拼皮外套，而这成了嬉皮们的必备服装。在1972年，以华丽复古风格著称的Roberto Cavalli首次发布会举行并在时装界崭露头角，80年代曾一度淡出时装界，90年代又重新回归，与第二任妻子前环球小姐Eva Düringer（爱娃·杜琳格）的结合使Roberto Cavalli有了更多的创作激情，设计风格也受到越来越多明星顾客的追捧，市场反应节节上升。现在，Roberto Cavalli拥有两个品牌：Roberto Cavalli和Just Cavalli，产品覆盖男装、女装、童装等。他是"佛罗伦萨之子"，整个意大利的骄傲。

2. 品牌风格综述

意大利顶级时装品牌Roberto Cavalli有着独特的魅力和特点：巴洛克风格的夸张花卉、动物纹样、异国情调、轻柔的皮革配合着Roberto Cavalli的个人色彩、精致剪裁和华美性感风格。Roberto Cavalli在色彩、图案及式样方面创造的是一个标志

性的梦幻个人世界，他的世界完全没有腼腆的余地，也绝不可能屈就于主流日常基本服装。

毫不夸张地说，Roberto Cavalli从基因中就决定了他会成为出色的服装设计师。Roberto Cavalli是一个喜欢自然的设计师，豹纹、花朵、水波纹都是自然带给他的设计灵感。他一直认为自然是最伟大的艺术家，是创作的源泉，那五颜六色的花卉、色彩斑斓的动物毛皮、还有广阔大地的风光，都孕育着无穷的灵感。Roberto Cavalli是一位皮草设计大师，他一直使用真正的皮草做设计。他会在各种材质上印上皮草的花纹，就连薄纱都处理成豹纹效果。他擅长对经典的东西进行革新，而不是创造一个新的廓型。他的设计狂野，带有煽动性，他最大的成功是将女性的性感推到前所未有的极至，却丝毫没有色情的感觉，这种准确的拿捏让小甜甜布兰妮不远千里，慕名赶来。"小甜甜"在一改青春玉女形象而变为火辣性感偶像之后，就穿上了Roberto Cavalli的服装。Roberto Cavalli从不吝啬对于色彩的大胆运用，他是一位出色的纺织品装饰家，他善于用多彩的颜色诠释作品，精致的刺绣或印花图案，宛如著名的米兰大教堂的彩色玻璃窗一般缤纷华丽。天蝎座的Roberto Cavalli是一个充满意大利热情的设计师，他把时装当做表达艺术的一种方式，在设计时，他会设想一个很阳光的人物形象：热爱生活、热爱大自然、拥有爱心，他希望他的色彩和印花能让穿着者表达出强烈的个性。

图2-21-1（后）　　　　　　　　　图2-21-1（前）　　　　　　　　　图2-21-2

3. 作品分析

在2007年春夏的米兰时装周上，Roberto cavalli 将加州游泳池畔的热闹场景搬到米兰的春夏秀场，带露台的度假小屋、棕榈树荫、水面般的T型台还漾着波纹，夸耀而独立的女子极尽所能地把度假的闲适和贵族的光鲜融合在一起。从Roberto Cavalli的作品中，映射出摄影师Slim Aarons于20世纪60年代拍摄的美国棕榈滩的情境，热闹、绚丽、高贵、新潮。Roberto Cavalli 时装永远不会缺少动物的元素，所以在这个春季，Cavalli展示出一款放射状斑马纹样礼服，设计大胆、构思巧妙而又极具吸引力。颈部粗线条的项链和收腰低胸的设计，使女性美显出了妖媚的特征。这件礼服非常引人注目的是它的丝质水袖，配合斑马纹令人眼花缭乱，独特的视觉效果加深了作品的感染力。由胸间逐渐展开的斑马纹和丝质拂袖上的纹样呼应，骤然提升材质的丰润感，加上粗粗的马尾辫，表现出女性既狂野不羁又柔媚镇定的独特个性(图2-21-1)。

每季Roberto Cavalli品牌系列设计总围绕着自然界的动植物展开。2013年秋冬秀的设计也是如此，错综复杂的印花图案美轮美奂。此外，设计师还关注材质和工艺的结合运用，在一款连衣裙上，Roberto Cavalli展示了源自文艺复兴时期佛罗伦萨制作工艺（在传统织布机上与皮革细条一起纺织）。图2-21-1中，主打的是经典的Roberto Cavalli印花，明亮的红色和蓝色印花外套，两种色相差距极大的色彩被设计师处理得光彩照人，印花繁复细密，足以显示设计师对自然界语汇的娴熟运用，内搭薄纱衬衫印花若隐若现，下衬横向拼接超短裙，整体上一股奢华、性感和神秘气息扑面而来。雕刻成蛇状的项链和手镯，蕴含着怪异的诱惑。结构上，华丽的西装与柔美的裙装搭配，一刚一柔，张弛有度。原始自然的丛林风披上了神秘的华丽风尚，这一切被Roberto Cavalli演绎得淋漓尽致。

二十二、Salvatore Ferragamo（萨尔瓦多·菲拉格慕）

1. 品牌背景

欧洲南部一直是世界皮革的中心，这里有密集的家族式皮件皮革企业，以出产精致的皮鞋闻名于世的意大利Salvatore Ferragamo即是其中具代表性企业之一。

Salvatore Ferragamo起家于美国，创始人Salvatore 1914年在好莱坞开设第一间纯手工制鞋的专卖店，成为明星们的最爱，但他仍试图继续找出"永远合脚的鞋"的秘诀。Salvatore为当时时尚贡献不少，他首先开放并降低鞋款的线条，创造出第一双凉鞋，而舒适耐穿与着重自然平衡的设计，打响了Salvatore Ferragamo的国际知名度，1927年，Salvatore Ferragamo已成为"意大利制造的代名词"。二战后，Salvatore Ferragamo持续推出崭新设计，并创造出了不少令人难以忘怀的作品，如因玛丽莲·梦露而声名大噪的镶金属细跟高跟鞋，成为设计史上的经典。1951年，Salvatore完成了第一个时装表演，开始涉足时装领域，1960年辞世时，Salvatore留下了一个鞋业帝国和一个梦想——将Salvatore Ferragamo 转型成为时尚界的一大品牌。之后其妻Wanda Miletti（旺达·米勒提）与六名子女接手生意，将Salvatore Ferragamo扩展至男女时装、手袋、丝巾、领带、香水系列，发展成一家"装饰男女，从脚到头"的时装品牌，1996年取得法国时装品牌Emanuel Ungaro的控制权。如今，已是全球最著名的奢侈品牌集团之一。

秉持传统、发挥创意以及品质上力臻完美是Ferragamo坚守的原则，Salvatore Ferragamo以深厚的造鞋工艺为基础，把意大利的传统设计精神延伸到他的时装王国，每一季所展出的皮件、服装系列设计，始终展现着意大利精品的特色——色彩丰富、线条浑圆，每项作品都拥有极为精致迷人印象，予人成熟优雅的感觉，一种永恒经典的形象。

2002年，前Armani年轻设计师Graeme Black（格内木·布莱克）加入了Salvatore Ferragamo，令Salvatore Ferragamo的时装系列亦趋年轻时尚，一改品牌风格，为经典的Salvatore Ferragamo注入年轻活力，带来一个新的开始。2007年担任品牌设计总监超过十季以上的Graeme Black最后一次替Salvatore Ferragamo设计新作，之后他将重心放在自己的品牌设计运作上。

2. 品牌风格综述

Graeme Black最拿手的是利落剪裁，他擅长将错综复杂的想法变得简洁，将温柔与硬朗的感觉融合在一起，展现品牌娇美的一面。Graeme Black认为"我与Ferragamo 的哲学都一样，就是令女性更漂亮。我在发挥创意的同时，都会保留品牌的DNA，比如经典的咖啡色等。"Graeme Black对Ferragamo的贡献颇巨，他用最擅长的罗绫缎带装饰把Salvatore Ferragamo女装系列推到巅峰。

3. 作品分析

图2-22-1这款为Ferragamo 2006年秋冬的设计，Graeme Black延续其一贯的束腰连衣裙路线，

图2-22-1 图2-22-2

并保留了Ferragamo经典咖啡色调，总体廓型上紧下松——紧身上装配合蓬松裙装。华丽的绸缎高腰裙束紧身体，质地轻柔飘逸，束袋式宽褶体现了紧跟潮流的设计思路。罗绫背心的设计带来了一些休闲、轻松的意味。设计师为力求变化，适时地搭配艳丽不张扬的暗红色包，再加上鞋匠世家的精美鞋履，表现Ferragamo娇美经典的风格，意在不求多，但求尽可能完美地表现女性曼妙美感。

而图2-22-2的这款2007年秋冬的设计中，人们更多感受到的是尖锐逼人的阳刚气息和现代感。具20世纪80年代风格的合身小西装搭配大码宽腿裤，收腰剪裁，腰间有着别致的打折。Graeme Black在设计中添加入少许男装的设计元素，像翻折边的裤口、直线条的版型、厚重感的中帮靴等，将富有曲线美的时装置于考究的剪裁中。披风式的领型线条流畅，突出肩膀的曲线造型，大女子主义压倒性的气势似乎更胜男性一筹。Graeme Black非常巧妙地将米色融合在它充满阴柔魅力的整体线条中，不仅让人丝毫不觉严肃沉闷反而透露出隐约散发的性感韵味，有点跳跃的及肘皮手套与七分袖完美融合于一体，打造出婉约动人的20世纪40年代女性形象。

二十三、Trussardi（图莎蒂）

1. 品牌背景

1910年Dante Trussardi在Bergamo建立了生产皮革手套公司，在第二次世界大战中，因为品质精良，被指定为国家军用手套的制造厂。1973年Dante Trussardi的孙子Nicola Trussardi选择行动敏捷、高贵的猎兔狗为标志来代表品牌的精神，同时大刀阔斧地将制作皮革手套的丰富经验运用到皮件、服装、钢笔、烟斗、器皿、旅行箱、鞋类等，使得Trussardi成为一个全方位的精品王国。在20世纪80年代，Trussardi发展了他个人风格的女装、男装、运动装、牛仔装及香水系列，在他的作品中所表现的内涵通常与世界的文化和艺术有关，这些系列反映了一个现代与改良的生活方式，皮革的使用、高贵的纤维素材、特别的细部设计、高科技的运用，使Trussardi独特的设计更为突出。1983年，第一次Trussardi展在米兰卡拉歌剧院举办，由Nicola Trussardi及后代Beatrice 和Francesco设计，作品在时装界一炮走红。20世纪90年代，Trussardi公司已成为了一家具有国际营销网络的跨国集团公司。1999年，Beatrice和Francesco接替父亲全面掌管庞大家族品牌的设计工作。2012年开始，Umit Benan当任Trussardi的设计师，为品牌带来新的活力。

2. 品牌风格综述

Trussardi的皮件一直以来被视为品牌王国中的经典之作，不论是皮包或皮衣与其他品牌大不相同的擅长是为极为柔软的皮革塑型。它的皮具设计高贵、优雅，引起了不少白领人士的垂青。Trussardi的服装是以休闲类为主，设计风格简约、大方、飘逸，所演绎的风采气质出众，由内散发到外的优雅，又带着淡淡的忧伤，却又有着细腻的内心世界。

"极简摩登"是对Trussardi服装风格最好的形容，在跨世纪极简风潮中，Trussardi更以准确的态势抓准了极简摩登风格，运用黑、白、紫等个人风格明显的颜色搭配利落的剪裁，透过单纯的搭配，简简单单地就穿出非常都会感的摩登气质。总体而言，Trussardi的服装最大特色是简单廓形、无多余装饰、表现布料单纯的质感和本来面貌，这符合品牌的总体风格。此外Trussardi另一个特点则是运用抢眼色彩来凸显个人风格，Trussardi的色彩非常丰富，包括海军蓝、橘红色、薄荷绿、米驼色等色系，而紫、桃红、黑、白都是Trussardi常用的服装颜色。

3. 作品分析

如何用时尚而生动的风格展现经典的造型？Trussardi 2006年秋冬女装系列发布，为我们做了非常好的榜样。随意、潇洒兼有运动感的设计，灵感源于航空领域。Trussardi擅长将最精致高雅的服饰演绎得自然随意，完全没有刻意修饰的痕迹。图2-23-1这款适度合身、凸显肩部的猎装式夹克非常别致，外形硬朗，明确勾勒出服装轮廓，衬衫的领口系结妩媚动人，与外套形成对比。面料处理别具特点，皮革采用绗缝工艺处理，上下部以两种方向垂直的直条纹状加以区分，门襟和领襻则是菱形格，折射出不同的光

图2-23-1

图2-23-2

泽，使短小精悍的皮装充满韵律感。绵软而轻柔的皮料依然是品牌的核心，通过与丝绸面料的结合而创造出令人惊奇的集休闲与正式于一体，极具新意活泼感。在色彩上，以中性色的无彩色的银灰色和深灰色为主，搭配沉稳的棕红色，这是Trussardi品牌的传统。灰色皮手套的搭配尤其自然，在色彩上与裤装协调，在材质上与服饰浑然一体。整款服装时尚可人，甚至可以说充满未来主义风格。

自从2012春夏时装周开始担任 Trussardi 的主设计师，Umit Benan的几次时装秀将男装设计心得运用到了女装系列中，凸显了女性穿着打扮的新方式。2013年的秋冬秀，设计师继续其男装设计痕迹流露，

主线则是Trussardi的皮革制品。图2-23-2的这款设计色彩不是重点，突出的是别出心裁的裁剪和皮革与呢料的面料组合效果。Umit Benan设计了短罩衫的拼料款式，松身造型，两种不同质感面料塑造出褶裙厚重的感觉，搭配简洁的阔摆褶裥裙，足以显示他作为女装设计师对男装设计的灵活运用。色彩上，深色调的咖啡和黑色，创造出内敛的品质感，完美演绎出新古典主义风格及低调奢华的品牌精神。在配饰上，黑色的鞋子和皮包低调沉稳，彰显品质。对于一家离不开皮革的品牌，Umit Benan确实很合适，他设计的服装总能显示出一种轻松、自信的现代职业女性形象。

二十四、Versace（范思哲）

1. 品牌背景

　　Gianni Versace的人生就像他的设计一样充满了色彩。1978年创立了Versace品牌，他从裁缝店的学徒到时装界设计大师，从建筑系学生到跨国企业的创始人，从赢得美国时装界的奥斯卡奖到最后被暗杀于自家别墅门前，Gianni Versace的每一段人生都是一个传奇。Gianni Versace坚持自己的理念，勇于挑战传统思想，他倡导同性美学，大胆地启用具有争议的文化元素，将摇滚乐、前卫艺术和鲜艳色彩融入20世纪时装设计。很多巨星都是其设计的拥趸，如演艺界的迈克尔·杰克逊、黛米·摩尔、麦当娜等，在皇室贵族中也不乏大批青睐者，如摩纳哥的Wales王子和Caroline公主，就连已过世的英国戴安娜王妃也是Versace的忠实客户。1997年Gianni Versace死于枪杀，他的胞妹Donatella Versace（唐娜泰拉·范思哲）接手了这个拥有美杜莎标志的品牌设计重任。

2. 品牌风格综述

　　Gianni Versace被认为是20世纪最有天分和最具影响力的设计师之一。他的设计灵感主要来源于20世纪60年代美国著名波普艺术家、古罗马的力与美学、古希腊独特的线条与色彩艺术，以及后现代抽象艺术。Gianni Versace代表着一个时尚帝国，他的设计风格鲜明、独特，具有强烈的美感，而且女性味十足。他的设计不但融合了古典贵族风格的奢华和瑰丽，而且还能考虑穿着的舒适以及完美地展现体型。Gianni Versace喜欢以斜裁的方式来巧妙地融合生硬的几何线条与柔和的身体曲线。他设计的很多大衣、套装、裙子等都延续了他的这一风格，以线条为标志，性感地表达属于女性特殊的曲线美。Versace品牌的作品总是蕴藏着极度的完美以至面临毁灭的强烈张力，强调快乐与性感，是极强的先锋艺术的表征。尤其是那些充满文艺复兴时期特色的华丽款式，充满了想象力。

　　Donatella Versace在大学期间主修语言学，曾在公司里协助兄长负责Versace品牌的广告形象工作。在最初接手时，Donatella Versace表示会延续Gianni Versace一贯的设计风格，也并不打算创立新的理念。由Donatella Versace执掌后，Versace的风格出现了或多或少地改变。她舍弃了原先的夸张和张扬成分，增添了更多的优雅性感元素，显然她的设计相较于Gianni Versace更加注重表达女性的浪漫情怀。

3. 作品分析

　　在2007年春夏系列中，Donatella Versace以款款群装构建出裙的海洋：呈花苞状的高腰短裙、带波普风格的波纹状印花裙、帝政风格高腰长裙。如图2-24-1是其中一款裸肩短裙。在款式造型上，高腰紧身、呈X外形结构，似在尽情讲述设计师浪漫唯美的创作诉求，将帝政的贵重气质与比基尼的自然随性作了折中的融合处理，也开门见山地凸显出了Versace品牌一向注重的优雅主线。裙身门襟线条向两侧自然散开，至臀部外侧与下摆融合，这些和谐随意的细节处理诠释了设计师的优雅浪漫情怀。

图2-24-1

Versace经典式的内衣外穿风格也得到宣泄，比基尼上衣以二分之一的遮盖比例将身段的妖娆魅惑刻画得十分勾魂摄魄。整款选用暗哑的金色绸缎，漆金颜色让人联想起品牌的标识——金色美杜莎（希腊神话女妖）蛇发魔女，带着狂妄又让人不可抗拒的魅力。精巧的吊带设计既展现了优美的颈部曲线，又提升了服装的时尚魅力。

而在Versace2007年秋冬成衣系列上充满了后现代简约风尚，这是特属于Donatella Versace风格的女人气息。Versace2007秋冬成衣系列的灵感源自于电影《埃及艳后》中的巴洛克式场景，恢弘的王室建筑、闪烁的王座、美艳的舞蹈、梦幻的色彩，还有影后Elizabeth Taylor(伊丽莎白·泰勒)——美貌绝伦的女王。豪华、性感、超现实、高科技是2007年Versace秋冬成衣系列的主题元素，它除了强调女性的一贯妩媚之外，更为她们增添了结合现代奢华与未来优雅的气质，而"木炭灰、镍币、钢材、珍珠、枪战和伦敦大雾"是此次秋冬系列的具体表现。整个系列的色彩顺应2007年未来主义潮流，以带未来感的光谱灰色为灵感源，这对于一向以奔放的风格和色彩缤纷的图案傲视时装界的Versace品牌而言是个非常具有挑战性的尝试。图2-24-2的这款连身曳地裙，Donatella Versace选用别致的木炭灰色为主调，以具有未来感、顺滑的科技面料带出了足够的奢华度和慑人心魄的恢弘气势。具体款式上，她那强调了腰和臀的罩钟式的裁剪，完美地控制了腰身、裙长及脚踝，顺着脚姿晃动，带出了女性的妩媚和妖冶，这款有雕塑流水感的长晚礼服，或多或少地带有Gianni Versace的剪影，但也非常符合Donatella Versace的一贯风格。这也许是Donatella Versace在开辟自己道路的同时，刻意地保留着独属于她胞兄的设计精髓吧。

图2-24-2

本章小结：

　　意大利时装越来越具有赶超法国时装的势头，这得益于意大利时装设计师的创意理念，同时伴随着较强的可穿性和时尚感。本章从米兰时装周选取的设计师充分展示了意大利时装的设计水准，其设计作品没有巴黎和伦敦的设计师所推崇的设计观念和搞怪意识，但意大利设计师的设计作品不乏风格和细节上的独创，同时他们也具有极强的品牌意识，在风格和细节上维护品牌的"设计内核"，而这正是意大利设计的独到之处。

思考题：

　　1. 分析米兰设计师的设计风格和特点，试以具体设计师作品作说明。

　　2. 分析意大利时装与法国时装在设计风格和设计手法上的异同点。

　　3. 分析Dolce & Gabbana品牌的设计特点和内在风格。

　　4. 分析Moschino品牌的设计特点和内在风格。

　　5. 分析Jil Sander品牌的设计特点和内在风格。

练习题：

　　1. 选取Bottega Veneta一款作品进行模仿，体验设计师的设计理念和设计内涵。

　　2. 选取Dolce & Gabbana一款作品进行模仿，体验设计师的设计理念和设计内涵。

　　3. 模仿Raf Simons的设计风格，在此基础上进行再设计并制作一款服装。

　　4. 模仿Veronica Etro的设计风格，在此基础上进行再设计并制作一款服装。

第三章
伦敦时装品牌及
作品分析

伦敦时装品牌向来以活跃的构思和独创的手法而立足。本章介绍伦敦时装品牌，通过分析其作品，可以发现这些品牌在设计风格、设计思路、设计手法和设计特点等方面都与其他各地品牌存在着不同之处。文中排序以品牌名称的起始字母作依据。

第一节 伦敦时装品牌概述

一、关于伦敦

18世纪末期的工业革命大大推动了英国的经济发展，同时，也使得伦敦的纺织业和时尚业迅速发展。英国雄厚的经济实力是促使伦敦成为国际时尚中心的物质基础。众所皆知，伦敦是时尚之都之一，是时尚的枢纽，前卫就是它的代名词，其顶级的时装院校：中央圣马丁艺术设计学院和伦敦时装学院每年为时装界培养了大量的创意人才，由此确立伦敦世界时装设计中心的地位。1993年开设的New Generation赞助项目是英国支持新血液的重要举动之一，曾经接受New Generation赞助的新锐设计师包括响当当的Alexander McQueen（亚历山大·麦克奎因）、Christopher Kane（克里斯托夫·凯思）、Matthew Williamson（马修·威廉姆森）、Julien MacDonald（朱利安·麦克唐纳）和Sophia Kokosalaki（索菲娅·可可萨拉奇），他们都是从伦敦的舞台走向了世界。

在20世纪60年代发生的"摇摆伦敦"（swing of London），使伦敦成为60年代当之无愧的时尚之都，1962年开始走红的流行乐主宰者甲壳虫乐队，以及滚石乐队使伦敦成为流行中心。1965年伦敦年轻设计师Mary Quant（玛丽·匡特）创造了全新裙装——迷你裙，轰动时尚界。这里有奇异服饰和Carnaby街，曾是朋克、迷你等众多街头前卫运动的发源地，这条街汇聚了年轻时尚人士的新奇、古怪、另类、诡异思潮。由于众多艺术人才汇集，最前沿的艺术思想和最先锋的设计与艺术形式往往先在伦敦发生，这是伦敦成为世界时装之都和创意产业发源地的重要原因。

活跃的文化氛围、极端的时尚思潮孕育着伦敦时装的独特魅力，在每一季的伦敦时尚周上，我们可以看见浪漫丰富的色彩，夸张震撼的造型，又或是迷离幻想的图案。活色生香的伦敦时尚，经典、前卫、保守、大胆、成熟、青涩……伦敦设计师似乎有取之不尽的奇思妙想。在台上，每个设计师都演绎着属于自己的想象空间，虽然看上去有些混乱和难以捉摸，可其中的创意与新奇往往引来啧啧称赞。伦敦的T台向年轻的一代提供了从象牙塔走向国际舞台的机会，虽然实验性很浓厚，但有的时候设计师的花招百出和多元素融合的诡异设计也常让人摸不着头绪。伦敦是一个炫耀个性的都市。英国的一位时尚中人总结说，巴黎、米兰的美人是精心粉饰、优雅完美的，而伦敦则充斥着街头化、不加润饰、纷杂的风格。

孜孜不倦的伦敦设计师们给英国时装带来了生气和激情，也将这股热情传递至巴黎、米兰和纽约，不断有来自伦敦的新晋设计师出任各地的品牌设计总监。虽然有品牌回归伦敦发布，如Burberry Prorsum，但一些崛起的年轻设计师品牌成名后还是陆续出走伦敦，转赴其他时装周，如转战巴黎的Gareth Pugh（格蕾丝·皮尤），这使伦敦作为时尚中心的地位未免有些衰落。然而无论如何，在每季那些充满生命力与艺术化的作品面前，我们仍然可以看到伦敦作为一个走在时尚前沿的都市所散发出的咄咄逼人的气势。

二、伦敦时装品牌的设计风格

1. 伦敦的经典品牌

时尚界总是需要振奋人心的火花，传统经典与现代创意的碰撞融合便是伦敦时装独特的景致。设计师在人们熟悉忠爱的传统英伦元素中，不断加入新颖的创意和奇巧灵动的心思，以吸引更多时尚人的目光。Aquascutum（雅格狮丹）、Paul Smith（保罗·史密斯）把带着英国气息的怀旧时光雕刻在现代的设计中，让人们用新的时尚态度去感受经典的隽永之美。

英国经典品牌Aquascutum历经设计师Michael Herz（迈克尔·赫茨）与Graeme Fiddler（格雷姆·菲得勒）的努力，品牌已成功地摆脱了传统的影响，而今毕业于圣马丁艺术学院的主设计师Joanna Sykes（乔安娜·塞克斯）让这个品味内敛的经典品牌在保留原有内涵基础上，不乏具现代感的硬朗和时髦；同样，在英国时装界地位举足轻重的Paul Smith也在2008年春夏发布会上改变了原本有些沉闷的造型，将创意运用在色彩和剪裁上，他在流行元素的把玩与融合上也是打破陈规，令人耳目一新，Paul Smith成功蜕变。原本在米兰作秀的Burberry，在只有三十多岁的Christopher Bailey（克里斯托弗·贝利）的带领下，席卷起一股风靡一时的时尚浪潮，他在Burberry创造了"新性感"这一独特的设计理念，把华丽、清新等各种互不相干的元素完美融合。

2. 伦敦的创意品牌

伦敦是最好的孕育惊喜的土壤。每一季的伦敦时装周总能吸引一些挑剔和审视的眼光，期待火光乍现的那一刻，抓住时尚的新生力量。年轻的新锐设计师们以创新精神给我们带来了色彩和设计感同样饱满的服装，虽然设计作品有些诙谐和另类，但是此刻服装似乎已经超出了原本的意义，更深刻地透露出一股能够感染人的力量。

有伦敦范思哲之称的Julien MacDonald，将自己的品牌风格界定在表现艳丽、古典、成熟的女性魅力上，他的性感之作常给人们带去新的惊喜；已远赴纽约发展的Preen（普瑞恩）品牌的设计师Thea Bregazzi（西亚·布瑞盖兹）和Justin Thornton

（贾斯汀·桑顿），擅长用结构性的创意，在夸张混乱的英国设计界表现得异常出色，让人不得不惊呼英伦设计师的不同凡响；才华横溢的Christopher Kane（克里斯托弗·凯恩）和 Giles Deacon（贾尔斯·迪肯）都以天马行空、难以捉摸的设计著称，备受时尚界关注。2009年毕业于圣马丁的David Koma（大卫·科玛）凭借其带有未来主义倾向的设计在伦敦时装舞台上占据一席之地。此外，像Mary Katrantzou（玛丽·卡特兰佐）、Marios Schwab（马里奥·施瓦博）、Jonathan Saunders（约翰森·桑德斯）等都显示出各具特色的设计实力。

3. 伦敦的极端主义品牌

在那些新锐设计师之中，不乏一些极端主义者，他们的设计充斥着些许古灵精怪的味道，甚至有些不伦不类。走极端像是一种另辟蹊径的设计方法，它可能是反流行的，但当我们透过衣服的形式去观察设计师本身的时候，我们感受到的是这群年轻人对未来的美好憧憬、新鲜感与无法抑制的设计热情。我们不可否认，这些极端的设计师为伦敦的时尚天空增添了一抹令人惊喜的色彩。

Gareth Pugh总是以超级前卫的设计理念而惊艳四方，街头文化、结构主义、未来主义错综交杂，强烈的视觉冲击力似乎是舞台所不能控制；高挑而纤瘦的塞尔维亚人Roksanda Ilincic（洛克桑达·伊利西克）也是一个偏爱极端元素的人：一旦她采用了绒球或者塔夫绸蝴蝶结，就会将它们做成特大号的，荷叶边和薄纱在她手中，也会变成爆炸般的效果，让人见识到了她在服装上的能力。

第二节　时装品牌及作品分析

一、Alexander McQueen（亚历山大·麦克奎因）

1. 品牌背景

Alexander McQueen1969年3月17日出生于英国伦敦东部一个出租车司机家庭，在上男子学校时，他常拿一本《20世纪服装辞典》阅读，一有空就画女性着装时装画。16岁那年跟随Savile Row威尔士亲王的御用裁剪师Anderson（安德森）和Shepard（谢帕德）学艺，之后进入了伦敦中央圣马丁艺术学院攻读时装设计硕士课程，掌握了时装设计手法和一流正统裁缝技术。1992年的毕业设计赢得了著名时尚评论家Isabella Blow（伊莎贝拉·布洛）的赏识，她买下了McQueen的全部作品。1995年春夏Alexander McQueen首次推出以"高地风格"为主题个人品牌发布会，款式包括时髦的裤装、怪异的套装。1996年荣获"英国年度最佳设计师"的称号，同年，继John Galliano之后成为Givenchy的首席设计师，也奠定了英国设计师在世界时装之都的地位。2006年推出副牌McQ。2010年2月11日，就在伦敦时装周开幕当天，Alexander McQueen在家中上吊自杀。他多年的合作伙伴Sarah Burton接任设计总监。

2. 品牌风格综述

　　Alexander McQueen是伦敦时装界出名的"坏小子"，擅长破坏和否定已有设计定律，他以独特的天赋设计无数惊世骇俗的时装，将魔幻与现实、保守与放荡、传统与禁忌融合在一起。他把宗教、性爱、死亡、疯人院、动物的头角面具、植物标本等搬上T台，甚至将秀场别出心裁地放在喷水池中，或将舞台布置下着鹅毛大雪，或向模特喷洒五颜六色，他将此与参加摇滚音乐会的喧嚣、刺激相提并论。Alexander McQueen的这些奇思妙想为整个服装界带来了新思维和新局面。

　　纵观Alexander McQueen的设计，你总能感受到他的作品充满着戏剧性，他总能把朋克风格的设计和不可思议的创意表现得淋漓尽致，如他曾推出一款看得见臀股沟的低腰裤，引得世界范围的流行。Alexander McQueen的设计充满着性感又晦暗，似乎是刻意对过分精致、华丽的高级定制服宣战，Alexander McQueen那完全叛逆无礼的玩世不恭的态度，着实在时装界掀起了波澜，也让服装界的卫道人士瞠目结舌。

　　Alexander McQueen那份天马行空的想象力来源于自小深受的街头文化影响，他以一颗唯美的心态在街头捕捉灵感。所以在他的设计中常有街头文化的影子，如朋克的穿着方式。此外其创作概念也来自从Savile Row所学得的正统裁缝技术，这是能展现McQueen奇特造型和想象力的基础。

3. 作品分析

　　说到Alexander McQueen的功成名就，少不了Isabella Blow的一路赏识和提拔，Alexander McQueen从圣马丁毕业后的首场个人秀就深得Isabella Blow的称赞："McQueen的设计常从过去吸取灵感，然后大胆地加以'破坏'和'否定'，从而创造出一个全新意念，一个具有时代气息的意念。"巴黎时装周上发布的2008年春夏系列，Alexander McQueen将他服装事业上最精彩最受欢迎的所有元素融合在这场秀里，向这位自杀身亡的著名时尚评论家Isabella Blow表现最高敬意。整个系列的主题是关于"鸟"，秀的风格非常多元。如雕刻般精准的流畅线条，不规则的四边剪裁回溯到拦路抢劫时代，Alexander McQueen似乎逐渐脱离他沉溺昔日光环的哀怨，令人赞赏又满溢怀念的新旧混融作品，让设计师重新意气风发！这款纯白色的裙装充分表现设计师卓越的立体剪裁功力，胸部的绑带式设计和分散式裙片采用设计师拿手的高级定制服剪裁方式：擅长的抓折、喜用的雪纺质料、女神般的礼服罩袍，以及经典繁复的手工缝纫。柔软的飘纱集结成分散的裙片，像鸟的羽毛造型，脸上的鳞片状画纹取意于"鸟"的主题，凸显设计师舞台剧服表现的功力。Alexander McQueen一直喜欢做似物的设计，不过这次的全情投入将整体设计又提升到新的高度(图3-1-1)。

　　时尚界最不讨好的工作无疑是接替大才子Alexander McQueen的班，但Sarah Burton绝对是那种埋头下苦功，无论如何也要将Alexander McQueen事业传承并发扬光大的设计师。她与Alexander McQueen并肩战斗了15年，毫无疑问对他的独特美学轻车熟路并且心有灵犀，而性别是她

图3-1-1

图3-1-2

最大的财富和建立差别的因素，2014年春夏秀即是例证。不同与Alexander McQueen对设计方向的特定设置，Sarah Burton的作品给人以许多联想：金色的头盔、挽具和臂环让人想到亚马逊；祖鲁的鸵鸟羽毛；复杂的珠饰外套给人感觉像部落的女祭司；短裙和长裤的搭配像凯尔特战士；还有类似蒙德里安风格的几何图案，也或许是毕加索的非洲时期……这顺应了本季的流行特点。图3-1-2的整款设计中古罗马战衣般的鳄鱼皮护胸甲、金色的头盔、双层的腰带

以及粗绑带鞋，都有一种原始的、关于力量和权力的感觉，当然还有朋克风格的结合。镂空的红色叠裙与同料打底裤的搭配，又有亚马逊的部落风情。超出想象的工艺使Alexander McQueen的服装与众不同，鳄鱼皮合体到位的裁剪和镂空的裙都如艺术品一般精致。"我想做一些有活力又不夸张的东西。"Sarah Burton对Alexander McQueen的独特美学很有领悟，对所有廓型的掌握都更加柔美，这正是有别于Alexander McQueen的女性视角。

二、Antonio Berardi（安东尼奥·贝拉尔迪）

1. 品牌背景

　　Antonio Berardi1968年出生于英国的Grantham(格兰萨姆)，这位有着西西里血统的年轻设计师，双亲都是意大利人。9岁的时候，他就开始存下所有的零花钱去购买饰有皮革过肩的Armani衬衫。1990年开始在伦敦中央圣马丁艺术学院进修，上学期间，兼任John Galliano的助手。他在1994年举办的毕业时装秀立即赢得了许多关注的目光，像一道耀眼的流星闪亮地划过时装的天空，伦敦的服饰名店Liberty和A La Mode相继购买下了他所有的毕业设计作品。接下来的一季，他便推出了个人首场时装秀，Kylie Minogue(凯莉·米洛)担任这场秀的嘉宾模特，帽子设计名师Philip Treacy（菲利普·特雷西）和鞋履设计名师Manolo Blahnik(莫罗·伯拉尼克)则为这场时装秀设计了全部配饰。在一片肯定声中，他赢得了米兰和巴黎两地许多买手和设计工作室的青睐。1997年秋冬季那个第四系列，为Antonio Berardi赢来了一个强有力的来自意大利方面的资金后援。从1999年开始，Antonio Berardi将个人时装发布的秀台从伦敦搬去了米兰。并且还同时兼任Exte(艾思特)的创意总监。在经历推出首场个人时装发布会后的十二载春秋之后，他可以骄傲地将自己列为他那一代人中罕有的完全独立的设计师之一。2002年，Antonio Berardi推出以自己名字命名的个人品牌，并在米兰首演，后又推出二线品牌2die4，都有不少拥戴者。

2. 品牌风格综述

　　Antonio Berardi的作品是欧洲风格的代表，具备意大利米兰的魅力与英国伦敦的摇滚风貌，同时又刻着法国巴黎的印章。他的作品风格跨度极广，有出席女皇晚宴的贵妇装，也有高街流行的嬉皮装。虽然时常有评论批评他的创意有模仿John Galliano之嫌，但Antonio Berardi从不以此为意，他甚至以此为荣。

　　Antonio Berardi是一个登山和冲浪爱好者，他同时信守天主教，这也许正是导致他酷爱装饰的理由所在。他曾设计过一件大衣，用众多小的闪亮的灯泡做成十字架造型作为装饰，惊艳无比。裁剪精良的皮革套装搭配透薄的性感雪纺连衣裙，通常还修饰着水晶、拼贴图案和手绘花朵图案，这是Antonio Berardi的招牌设计之一。他极尽全力表现女性的魅力，性感的裁制、轻飘的雪纺，都是他的最爱。他有一件杰作全部由蕾丝缎带扎成，没有一根缝线，花了14个工艺师三个月的时间完成，模特需要45分钟才能穿上，这件精美绝伦的服装正展现了Antonio Berardi追求魅力不遗余力的设计宗旨。在他的设计中，经常能够看到既严谨、又放松的服装结构，他的时装秀富有戏剧性的张力，把他个人的个性在设计中完全表露了出来。Antonio Berardi擅长吸收各种文化用在设计中，他曾经用折纸的原理来做美国的运动装，他选用的材料是日本的织物，比如折纸和尼龙，他运用那些折叠和包装的材料，和一如既往的水泥灰色系，设计出一件又一件运动装：有截短的防风外衣、拉高的军用外衣，还有类似于斗篷一样背部剪裁的皮大衣，Antonio Berardi对大家说，这是标准的T台材料。这种新鲜材料的运用效果经常会带给设计师

图3-2-1

图3-2-2

们很多振奋的感觉，他经常会尝试很多新鲜的事物，经常会在不同城市里生活，Antonio Berardi认为，在不同城市中生活会给自己带来不同的新鲜感，而这种新鲜感，正是他设计时所需要的。

3.作品分析

　　Antonio Berardi的设计以创新的剪裁而闻名，他非常擅长将尖利与柔和这两种互为对立的风格完美地糅合于一体，对传统手工艺进行重新演绎，是他的标志性风格之一。2006年春夏设计中，Antonio Berardi将女性化的轻柔褶子和男式西装的裁剪工艺这组对立的风格融合起来，创作出全新的职业装风貌。图3-2-1这款普通的套装采用简单的灰色，单色的运用是这位著名设计师最擅长的技巧之一，深浅灰条纹的上下装，灰色的褶边内衬，色调一致却不单调。Antonio Berardi在整体修身的裁剪中加入适当的装饰，肩部和领部的细节很有滋味，Antonio Berardi用皱纹荡领沿西装领拼出双层轮廓，肩部翘高的造型，整个设计显得精致而高档。对于Antonio Berardi唯一可以形容的词语就是"才华出众"，他设计的任何一款衣服，都能够从实用性的框架中找到创作时的迸发激情和他灵感的闪现的瞬间，2006年春夏的设计就充满了文艺复兴时期的痕迹，贵族般的胸前花式领就是这款的亮点。

Antonio Berardi的设计充斥着现代都市气息和年轻人文化，而在2014年春夏的时装秀中，他为了挑战自己，那就是让正式服装看上去有点满不在乎的休闲感觉。"我想设计更加体现都市化的作品，但是非常精致。我想用高级时装面料，但不完全是设计高级定制服装。"因此，在新的系列中，他放弃了他最擅长的超性感的紧身衣，取而代之的是宽松超大的运动衫。但Antonio Berardi对宽松的表现更有设计特色，他用硬丝缎来表现宽松效果，极具创意。图3-2-2的这款机车夹克搭配修身裙的设计就是典型的混搭，色块与拼接是特色，分布错落有致，富有韵律。Antonio Berardi对色彩的节奏感把握得恰到好处，条状的镶边、大色块、均匀比例的黑白色再过渡到大色块，黑白双色演绎出极为丰富的配合，Antonio Berardi很巧妙地将他的拼贴装饰穿插在夹克的肩上，裙装的斜块面黑色插入也一如既往地显现出Berardi表现女性性感的功力。

三、Aquascutum(雅格狮丹)

1. 品牌背景

Aquascutum一词来自拉丁文，是英国传统风格的代名词，意思是"防水"，有150多年历史的Aquascutum便是以防水风衣起家的。这个拥有150年悠久历史的英国品牌，第一家店开设于1851年，在开店短短1月内，便成为当时伦敦最时尚、名声最响亮的服装店，这一切都源于Aquascutum独家设计的面料。特别的面料和特别的名字曾经令众多时尚追随者趋之若鹜，成为一时风尚，非常时髦的防雨外套令很多人在天晴的时候也愿意穿着。Aquascutum的发展时期，正好处于战事频发的年代。1854年，当英国迎战俄罗斯时，以Aquascutum独家布料制成的大衣，成为英军对抗俄罗斯恶劣天气的重要装备。传说由于大衣本身是晦暗的灰色，还帮助一队英军士兵从俄军阵地逃生。Aquascutum的名字由此从时尚舞台走向战场，在两次世界大战中，它都扮演了重要的角色。战后，Aquascutum附有肩章与黄铜扣腰的军装渐渐成为当时电影明星的新宠，束腰、半立领的造型引领时尚。进入20世纪后，当欧洲妇女开始抛弃帽子和曳地长裙，改穿具有运动风格的短款套装时，原本只生产男装的Aquascutum也顺应潮流，于1909年推出了第一个女装系列。如今Aquascutum品牌已延伸至男女服装和饰品系列，男装代表着英式浓浓的绅士风范，而女装则兼有淑女意蕴。

负责女装设计的Michael Herz（迈克尔·赫茨）从中央圣马丁艺术学院毕业后，曾在国外工作了一年，这段时间，他与Marc Jacobs一起在Iceberg工作，后来又与Alber Elbaz一起在Guy Laroche搞设计，Michael Herz担任Guy Laroche品牌部分产品的主设计。负责男装设计的Graeme Fiddler（格雷姆·菲得勒）2000年毕业于英国北部的Northumbria（诺桑伯兰）设计学校，曾在纽约呆过一段时间，考察了Ralph Lauren公司RLX系列的运作。从2005年开始，两位设计师携手为Aquascutum设计。

图3-3-1

图3-3-2

2. 品牌风格综述

　　Aquascutum以风衣和格纹为品牌的标志，其格纹通常是由褐色、蓝色、白色组成的细格。在20世纪90年代末时装业的一轮洗牌中，代表英国传统服装风格的Aquascutum不言而喻受地到众多新的时尚先锋的围剿，虽然这场斗争中，同样走年轻化的Aquascutum没有Burberry那么幸运，迅速蹿升，但经过新的品牌所有者不懈的努力，Aquascutum终于"守得云开见月明"，迎来了发展的新一页。

　　对时尚老牌而言，如何在新时代中继续引领潮流，恐怕是许多经典品牌所面临的问题，不过对Michael Herz与Graeme Fidler所领导的Aquascutum而言，似乎已经找出最佳解决之道！Michael Herz与Graeme Fidler延续品牌一贯的优雅、精细剪裁，添加了更多的变化元素，波普、军装风、印花被运用到各季的设计中。他们找到了公司的设计精髓，将丰富的色彩融合到品牌的军装风、20世纪50年代英国仕女外套中，又将品牌向来擅长制作风衣的技术，运用在女装之中。柔软的线条、水洗感觉的布料、特殊剪裁的风衣、起皱、有暴晒质感的褪色布料、带有印度风格的织品等，都成为品牌新的形象。

3. 作品分析

　　20世纪50年代末60年代初洋溢在英伦悠闲、

舒适的生活状态，设计师Michael Herz和Graeme Fiddler以此为灵感设计了Aquascutum2006年秋冬系列，整个系列充满着超然的素净感觉，使人感觉置身于伦敦的爵士乐咖啡店中。图3-3-1为其中一款。具浪漫感的七分袖衬衫衣领自然卷曲，呈波浪起伏状，带出女性的柔美韵味。恬淡舒适的大开口V型领口恰好露出性感的锁骨，尺度的拿捏毫无偏差。衬衫外配超宽的束腰，加腰带轻束，形成自然腰线。简洁的黑色高腰裤彰显女性的干练，而配合贴身的剪裁、精细的手工、上乘的丝质和呢料尽显英式名媛淑女的高贵气质与风范。黑白的色彩搭配反差大，以黑色钮扣穿插，设计师深知唯有简单的色彩搭配反而能衬托穿着者的气质和个性。

2007年秋冬系列，风衣依旧是品牌的主要产品，还延续着其在面料方面的优势，但在一般的风衣理念中又加入了许多时尚元素，流行的光泽感面料和军装风格恰到好处地融在一起，给人时髦又帅气的感觉。据说是出于一种由克里米亚战争引起的迷思，Michael Herz和Graeme Fiddler两位设计师以军事与时尚这两个极度敏感的元素，策划了一次直面的激烈碰撞，将这个季节的Aquascutum武装成胡桃夹子的现代版。上衣是这场秀的绝对主角，轻敞的无钮反光绸面棉衣、体现解构意念的断裂衣领设计,心思迥异细腻。帐篷型设计源自风衣造型，长短经悉心衡量，开衩的袖型别具特点。领口处是设计重点，在整体简洁的外型中突出了领部的复杂构造，使设计的立意不在遥远的过去，而是具时尚感的现代社会（图3-3-2）。

四、Burberry （博柏利）

1. 品牌背景

1856年，年仅21岁的英伦小伙子Thomas Burberry一手创立了Burberry品牌，在英国南部的Hampshire（汉普夏郡）Basingstoke（贝辛斯托克）市开设了他的第一家户外服饰店。优良的品质、创新面料的运用以及在外套上的设计使得Thomas Burberry赢得了一批忠实顾客，到1870年时，店铺的发展已经初具规模。1901年，Burberry设计出第一款风衣。在第一次世界大战中，英皇爱德华七世将Burberry这款风衣指定为英国军队的高级军服。时至今日，翻开英国牛津辞典，Burberry已成为风衣的另一代名词。1910年，Burberry推出女装系列，并在法国巴黎开设分店。

1997年由于管理阶层的变动，前任CEO Rose MarieBravo的加盟使Burberry的方向产生了变化，由向来主要为皇室和年纪较长的名人提供服饰及至于多个层面的客人，进一步扩大顾客群体；她先后请来Roberto Menichetti与Christopher Bailey担任设计总监，摄影师Mario Testino与超级名模Stella Tennant与Kate Moss的组合,将经典元素注入其中，让传统英国的尊贵个性与生活品味延伸，重新演绎Burberry的新动力哲学。

2. 品牌风格综述

Burberry太家喻户晓了，这个拥有近二百年历史的国际品牌，一直以英式华丽风为主要特点。出身于英格兰西部的Christopher Bailey首次操刀Burberry品牌，不仅将这个英国经典老牌改头换面，更让Burberry每季都维持好评不断。Christopher Bailey在Burberry的经典风格框架下，不断开创新局面，"军装、格纹、风衣"三大经典元素都被他重新诠释地很精彩，他的设计兼有先锋派、性感和朋克味。他最厉害的地方莫过于每季都能玩出新东西，都能够让人有惊艳的感觉！

Christopher Bailey的设计英国得很唯美，性感得很时尚。更有人说，是他创造了"新性感"这一独特的设计理念，他把华丽、贵族、清新等各种互不相干的元素完美融合。Christopher Bailey对于女性的美有深刻的研究和了解，形成了一套融合了经典与流行的审美哲学。在创作理念上，Christopher Bailey具有东方特点的"均衡"，格外尊重传统，Christopher Bailey对Burberry的深刻解读使他驾驭设计游刃有余，Christopher Bailey看来，Burberry获得成功的地方在于坚持了英国传统，而格子仅仅是这种传统的一个符号，真正的传统应当是存在于生活之中的。在诸多的设计中，Christopher Bailey巧妙化解Burberry百年以来对古典的坚守造成的自身创新障碍，保留了有历史感的Burberry的格子，将英式生活元素设计在服装上，温和地改变着Burberry的形象。

3. 作品分析

Christopher Bailey在配色方面也有着惊人的天分。他在服装设计的过程中巧妙地融合了艺术元素，让整个设计既简单又充斥着内涵。他从不刻意卖弄经典格纹，但坚持保留品牌的精致手工和高级用料。在2006年秋冬发布会上，他带大家回到20世纪60年代的英国地铁出口：飘逸慵懒与黑色重临，人们戴上毛线帽，收腰的外套、百褶花领与法兰绒呢……设计的灵感来自温莎公爵与夫人的照片。收腰的长大衣稍带些军装的痕迹：宽挺的袖襻和腰襻，每条边都以皮革压制包边。松软的毛衫和飘舞的收口裙是典型的"新性感"风格，把性感拉回到了暴露与拘谨的中间状态，从而创造出了一种全新的愉悦时尚态度。色彩的运用上，黑色、深红色、深咖啡色……充斥着浓浓的怀旧情绪。精巧温暖的毛线帽、粗织的长围巾，Christopher Bailey所表现出的正是凛冽英伦街头的那股飘逸的奢华风景(图3-4-1)。

受到老牌设计师Azzedine Alaia的影响、Christopher Bailey不但非常高明地在传承经典中作变化，更以丰富创意奠定品牌引领风尚的重要地位，在商业效益与艺术创作中取得平衡。2007年秋冬发布会上的女装，设计师将Burberry品牌为设计触角，以那幅骑乘着战车奔驰着的中古世纪持剑战士品牌logo图案为灵感来源。钢铜盔甲、长及膝盖的古罗马式短袖收腰上衣，还有武士比赛时所穿着的荣耀礼服，这些故事性十足的历史元素，都成为Bailey在新季节所运用的概念。这些古老的题材在设计中演化为：硕大的金属铆钉装饰、盔甲造型手套和宽大披肩领等冷酷又帅气的细节。如图3-4-2所示，设计师将圆桌武士气质与时尚混融在一起，散发出一股柔美

图3-4-1   图3-4-2

中带有阳刚的性感风情。Christopher Bailey将亮滑的、有金属感的面料设计成宽大的夹克，分割线上用硬朗的黄铜拉链做装饰，夸张的大翻领造型颇有些震撼力，仿佛有带着战车飞奔的余烬。腰间系上宽版腰带，配上合身利落剪裁的短裤，一张一弛，同样勾勒出女性优美的窈窕体态。拉链、铆钉等中性装饰是设计师的强调焦点。在色彩上，黑色是主角，不同材质的黑色变化出不同的层次感。虽说是中世纪的武士带来的想象，但从中不难感受到英伦朋克的印记,这也正是Christopher Bailey对Burberry品牌改造所要达到的效果。

五、Christopher Kane（克里斯托夫·凯恩）

1. 品牌背景

Christopher Kane（以下简称Kane）1982年出生于苏格兰的格拉斯哥，9岁时就对时装设计产生浓厚的兴趣。17岁那年Kane赴伦敦在著名的中央圣马丁艺术设计学院求学，系统学习时装设计。Christopher Kane曾获得New Generation赞助项目。在中央圣马丁学习期间，2005年Kane获得了兰蔻色彩大奖，被Donatella Versace看中，聘为创意设计，并资助了他的毕业展。次年硕士毕业秀因出色设计而获Harrods（哈洛德）资助并在其商店展示。2006年4月荣获苏格兰年度年轻设计师奖，同年创建了Christopher Kane品牌，并首次发布作品。Kane是一个才华横溢的艺术派设计师，在商业上也有自己的发展规划，他推崇John Galliano（约翰·加里安诺）、McQueen（麦昆）的设计和成功经营轨迹，欣赏Giles Deacon（贾尔斯·迪肯）的工作条理性，对Julien MacDonald的明星路线战术并不苟同。从目前态势来看，作为伦敦的新锐设计师，Christopher Kane可以说是相当成功的，是一位华彩熠熠的天才新人。

2. 品牌风格综述

Kane的作品改变了英国新锐设计师偏创意轻实穿的这种传统，他注重设计美好的东西，色彩鲜艳，装饰华丽，表现出女性的娇美，他的设计可以被概括为"能穿出街的伦敦先锋派设计"。如2011年秋冬作品中，Kane尝试了透明而不透水的PVC材质作领、胸等处的装饰，2012年春夏系列中裙装则由Lurex纱线和浮花锦缎制成。

Kane的设计结合了伦敦年轻人的时尚趣味及女性的曲线美感。2007年春夏的首次秀上，他推出了带有20世纪90年代早期风格的设计，服装超短，紧贴身体，色彩艳丽。其中一款霓虹色调超短绑带式裙装深受时尚评论界赞誉，Kane说："对于我的首场秀，我只想尽可能表现女性的欢愉。"事实上，Kane的作品带有已去世的Gianni Versace的影子，因为小时候Kane就深受大师作品的启发。

3. 作品分析

Kane的2007年秋冬系列，极具立体感，又不失女性体态美，将褶皱元素运用得淋漓尽致。皮革、天鹅绒是主角，这两种个性完全不同的面料在Kane手下展现出耳目一新的中世纪味道。图3-5-1的这款普通的黑色皮革裙装，运用流行的纸折工艺、别出心裁的构思，将女性的优美与帅气融为一体，好像凯旋的贞德女骑士！设计师大胆地用皮革来表现女性感，领口大做文章的折纸褶、肩带和腰带处中世纪的宫廷装的风琴褶，粗犷而又细腻，都显出设计师非同一般的功力。独具女性魅力的经典X造型、大摆的超短裙款式，配搭黑色的长袜，神秘而又冷傲，简直就是一场高贵与另类的完美结合！

花的元素是Kane最擅长使用的，做成花的造型，或是花朵的印花，Kane认为花最能表现女性的精致和美丽。2014春夏，他在整场时装秀上安排了"无菌花瓣"（他本人的话）的网眼刺绣裁剪、花朵

图3-5-1

图3-5-2

一样的轮廓、光合作用的灵感、高中性教育课本的图案。Kane说："因为花草树木的存在，人类才能够生存。"他试图改变人们的这种观念，因此突出强调花朵的再生能力——与女性的必然联系。图3-5-2这款采用当季流行的材质——透明纱设计的吊带衫配长裙，廓型自然，图案占据视觉的重要位置。黑纱拼贴的箭头图案在上装呈横向的阴阳排列，而在裙装上箭头则向上，箭头图案代表课本中描述光合作用吸收二氧化碳释放氧气的过程，这是本季作品中生动的图案特征，排列规整的箭头优美而富于韵律感。视觉的焦点在裙的装饰上，鲜花蔓延盛开，郁郁葱葱，细致到独具特色的花朵内部结构——镶嵌细胞花丝，这种高中性教育课本的图案引出本季"科学和医学"的主题。Kane曾说："我从来不喜欢和别人做一样的事情。"他的设计的确独一无二，无愧为伦敦先锋派设计代表。

六、David Koma（大卫·科玛）

1. 品牌背景

David Koma出生在格鲁吉亚，在圣彼得堡长大后到伦敦中央圣马丁艺术学院读书，2009年2月获得硕士学位毕业。他的毕业设计获得了Harrods设计奖，此前Christopher Kane于2006年获得过此奖项。这一大奖为他带来了许多音乐、电影圈的明星粉丝，如Lady Gaga（嘎嘎小姐）、碧昂丝、蕾哈娜等都穿着他设计的时装出席活动，由此David Koma名声大振。不过，虽然一毕业就名利双收，但这样的收入并不足以让他有财力举办一场时装秀。David Koma随即参加了另一个设计比赛 Merit Award并夺冠，后获得商业财力物力支持，得以继续参与2009年9月伦敦时装周，同名品牌同时建立。随着设计日渐成熟，才华横溢的David Koma成了伦敦时装周常客，每一季都被各大报纸选为各自认为最值得一看的秀或者值得关注的设计师。

2. 品牌风格综述

David Koma的设计深受Thierry Mugler（2013年12月任该品牌创意总监）和Geoffrey Been的影响，其设计充分强调结构，并带有未来主义风格倾向。Koma的设计强调body concious（身体意识，指在穿着这样服装时能随时感受到自己的衣服，主要通过非常紧身甚至有束缚感的设计来达到这一目的），"雕塑般的轮廓、隆重的装饰、完美的合体"是他的设计宗旨。他的毕业设计——凸现窈窕身姿的紧身设计、加以金属质感装饰，宛若雕塑一般，是他设计风格的典型代表。David Koma 说自己深受雕塑艺术的影响，他希望自己的设计让女性看起来"很有力、自信、美丽"。经过几季的发布，David Koma的设计少了一些戏剧化的成分，变得更精良、更严谨。

3. 作品分析

从毕业秀到2011年的秋冬秀，David Koma的作品日趋成熟。这一季David Koma从波点女王日本艺术家草间弥生身上获得灵感，他把这位艺术大师的波点运用到了他的紧身裙上，塑造出一种现代却女性化的形象。在那些多种多样的圆型图案中，有绣在球衣上的漆皮光盘，有镂空的大小圆形，有或密集或疏松的圆点集合。图3-6-1的这款黑底裙集中了他这一季所有的设计亮点，波点在上衣、袖子、裙子上采用了一种有条理的方式分布，从前部的大圆点到袖子上的镂空圆点，从上衣的规则圆点到裙装上的渐变圆点。裙装上还结合了俄国的当代艺术摄影师Oleg Dou的照片，隐在圆点中的人像显出超现实主义的成分。草间的颜色也被设计师信手拈来，黄色的狐皮毛领绝对是点睛之笔，无论是对提亮整体服装的色调，还是与裙装上的亮蓝色、黄色对比和呼应，都显得精妙绝伦。

在时装界还能继续被称为新秀的David Koma一直保持着旺盛的设计能力，每一季都能看到他的新点子，他并不拘泥于成为"明星杀手"的那些紧身款，不断有创新才能吸引着更多的关注，David Koma深谙此道。在2014春夏系列中，他把目光投向了古老

图3-6-1

图3-6-2

的日本箭术kyudo，设计包括黑白多层丝绸、带有皮革缝缀的领口、不对称褶边和甲胄，虽然很容易让人联想到小说《格雷的五十道阴影》（Fifty Shades of Grey）里面的捆绑，但这两者并不一样。图3-6-2的这款色彩清新的吊带裙遵循了此前流行的迪考艺术风格的几何图形表现，将规律性的条状和大色块予以巧妙分布。条子的运用在整款设计中特别显眼，白色

条带起连接作用。它呈现出直向、斜向、横向分割，各种分割干净利落，既是功能线，又是优美的装饰线。作品融合了kyudo服装中甲胄的元素，斜向的护甲设计是服装的焦点，使腰显得更细。色彩上，水蓝色和宝蓝色虽属同一色系，但对比醒目。蓝色的凉鞋也统一在条带的设计中，上下呼应。

七、Gareth Pugh（格雷斯·皮尤）

1. 品牌背景

被誉为"设计鬼才"的Gareth Pugh在2007和2008两年的作品中展现出技惊四座的才华，成为英国时装界风头最劲的设计师。

瘦小的Gareth Pugh脑袋里装着许多怪点子。他有在14岁就开始为英国国家青年剧院做服装设计师的经历，同时热衷于伦敦极至的酒吧文化，不平凡的经历和敏锐的时尚嗅觉使他具备了设计大师的潜质。Gareth Pugh毕业于著名的伦敦中央圣马丁艺术学院，毕业设计"可创造的膨胀物"特别注重模特的关节和四肢等连接部位的设计，这成为他日后的设计风格表现之一。毕业后曾在Rick Owens公司任设计助理。2004年获邀参加英国现实时装秀活动，展示其先锋概念设计。2005年参加秋冬时装展览，在只有四个星期的准备时间、没有工作室、没有助手、资金不多的情况下完成设计，并赢得了好评。2006年与巴黎高级时装顾问Michelle Lamy（米歇尔·拉美）合作成立Gareth Pugh品牌，并在伦敦秋冬时装节展出首个个人展，源自于特殊制作工艺的轮状领、充气结构等荒谬外形和可穿着的雕塑表现出设计师异化传统的设计理念，将观者带进了充满矛盾和对立的世界中，作品深得各界人士和英国版《Vogue》的赞美。随着事业的发展，Gareth Pugh已不满足于在伦敦的现状，目前已移师巴黎发布新品。

2. 品牌风格综述

Gareth Pugh拥有超级哥特灵魂，总是以超级前卫的设计理念，黑暗为主的色调，结合现代装置艺术的理念，以阴暗美学惊艳四方，强烈的视觉冲击力使发布会的参与者常常忘记了这是在一个成衣发布会上的秀。在2007年春夏的伦敦发布会曾被他打造成一个巨大的电子游戏，模特戴着面具和头盔，系带缠绕着全身。而2008春夏秀场上放置了一个大气球，伴随着爆炸声而结束表演，这是Gareth Pugh与装置艺术家Simon Costin（西蒙·柯斯汀）合作的结果。2011年秋冬系列延续了2010年阴暗哥特式表达，Gareth Pugh推出了"星战"主题，脱离现实巨大铠甲式廓型、前卫利落裁剪、橡塑材质运用、扭曲变形的黑白格纹，以及金色和蓝色贴片具未来感的眼妆，体现设计师所擅长的以哥特风格为中心的前卫意识。

3. 作品分析

2007年秋冬的发布会，Gareth Pugh向我们展现了西方传统文化中魔鬼的条纹，将简单的条纹发挥到了淋漓尽致。舞台上快速旋转的电扇风叶将空气搅成诡异的寒流，零乱破碎的黑色布条随风摇弋，仿佛再现幽暗丛林的生态，苍白的地板刺痛着视觉的神经末梢。巨大的树脂秀台上，突然走出头戴黑色橡胶面具、穿着大裙摆国际象棋棋盘式的黑白格纹裙的模特。塑料膜拼贴出来的黑白方块世界、银箔贴面的救生毯大衣、被空气填充得充实膨胀的塑料外套带我们走进了Gareth Pugh的超现实世界。设计师营造的精神迷幻世界的戏剧效果相当出彩。图3-7-1的这款设计Gareth Pugh以具神秘象征的黑色作主色，

图3-7-1

图3-7-2

以不同表面光泽的面料作穿插交替，让人充满想象。均匀的阶梯式宝塔结构装饰全身和袖子，连身裙经与黑色皮革镶拼，产生巨大视觉冲击力。宽大的领口伸出一张具奇异化妆的脸，稻穗黄的不对称发型更增添了几许怪诞成分。这就是被形容为"充满时尚指标意义"的奇特概念。

Gareth Pugh的设计向来以"毫无意义的荒谬外形，可穿着的雕塑"为特征，印象中他的设计语汇里没有印花和图案，但是在近几场发布会中融入了浪漫的色彩，2014年春夏秀中，他依然打破了自己全黑的色彩喜好。Pugh这次的作品集主要受到电影《日落大道》和《安然无恙》的影响，设计的整体线条看起来更加柔和。图3-7-2中这款绿松石色的拖裾斜裁丝质长裙，上配不对称白色丝质短袖外套，坚挺的廓型有日本和服的影子。硕大、质料堆叠的领子像雕琢的玉器，柔弱的造型与其早期作品大相径庭。斜向的下摆线条配合领型结构，剪裁整体利落。整体色调非常和谐，看上去既有歌舞女郎的风骚，又有易装皇后的诡异。模特的妆容很夸张，天马行空，气宇不凡，这种妆容似乎只会在早期的银幕上出现。柔美、夸张、诡异、风骚，这些截然不同的元素混合在Gareth Pugh的设计中，充满了矛盾对立的关系，给人丰富的视觉享受。

八、Giles Deacon（贾尔斯·迪肯）

1. 品牌背景

1969年Giles Deacon生于约克郡，1992年毕业于中央圣马丁艺术学院，1997-1998年在法国的Castelbajac（卡斯提尔巴扎克）设计室工作了两年，之后在Hussein Chalayan（侯赛因·夏拉扬）、Bottega Veneta（波特加·芬内塔）、Gucci（古琦）等名牌工作室打工，并担任过Bottega Veneta的首席设计师。2004年34岁的Giles Deacon发表了自己的第一个时装系列，同年获得英国最佳设计新锐奖。作为英国时装界金童子，Giles Deacon的秀一直是伦敦时装周上最重要的秀之一，他也是继Galliano、McQueen等之后新一代的设计师。

2. 品牌风格综述

Giles Deacon的设计充满了十足的古怪趣味，使穿着者有置身魅惑精灵之都的感觉，如2004年秋冬设计的宽大垫肩西服式大翻领夹克、挺直的长裙长裤、带蝴蝶结的连身束腰长裙、开司米背心和打褶的丝质裙装等，却配以独特形状的鹿角甲虫皮革配件、带齿印仿佛蛙类动物图案的腰带、裙边一角的黑色昆虫装饰等。2005年春夏的服饰则把他灵异鬼魅且骇人的想象力发挥到了极致：大量纯白配以带有原始意味的大地黄色、稻草一般的裙边流苏、像伦敦海德公园里蜥蜴的图案、衣服上迷幻的各种爬虫生物印花就像是在彰显某种图腾，神秘又让人害怕。Giles Deacon图案想象力大胆且精妙剪裁，带给人新奇感受和全新概念。

Giles Deacon的作品注重细节，他的设计中有纯手工的服装、美丽的印花、刺绣、在皮革洋装上缝缀金属环、超粗针的编织毛衣、自然元素的搭配（如羽毛的头饰等）……无论是带给人们惊人的秀场效果或是实穿性方面，都创造了双赢的局面。然而Giles Deacon的才华远不止此，如同他那天马行空般的款式，Giles Deacon的秀场设计也是与众不同，其装饰花费了不少，不过随后而来的好评以及正面回应，都让这一切有了回报。

3. 作品分析

夸张、对比是一切设计形式的主要语汇，将一个原本很平常的元素无限放大，与周遭进行对比能呈现出奇妙的视觉效果，在Giles Deacon2007年的秋冬系列中，Giles Deacon大量采用了这一手法，Giles Deacon将自己心目中的时尚理解通过作品展现给世人。图3-8-1这款设计轻薄外套零乱披挂在身上，而裹住领口的是巨大粗犷的麻花辫，这是Giles所擅长的工艺手法。夸张的造型渲染出不一般的气氛，厚重的材质与轻柔的服装强烈的对比，成为秀场上的亮点，给人们带来了惊喜。色彩上以深褐色为主，带棕色迷幻的图案具有前卫感。

2008年Giles Deacon的春夏时装秀在纽约时装周上演，作品延续Giles Deacon一贯的古怪创意搭配英伦淑女风格，他的设计再次让观者随着其虚无缥缈的理念魂游太空。你没办法为Giles Deacon的设计找到一个吻合的形容词，但是你却不得不时时回

图3-8-1

图3-8-2

味，就像你经常在梦中回忆起童年时的奇思异想一般。在秀场的布置上Giles Deacon营造出一种森林般的色彩。豪猪的刺、树叶、独特的部落印花、中国雉鸡的羽毛等，整场秀仿佛就是个美丽的装饰，而且让人有旧曲新唱感觉的当然是Giles Deacon两年前曾经出现的落叶元素。图3-8-2是Giles Deacon设计的一款集实用和夸张于一体的作品，设计师以近代欧洲宫廷服装为摹本进行变奏。金色露肩小洋装上身采用欧洲传统的紧身胸衣结构，外露的撑架色彩突出，传达出非传统的美感。下身廓型骤然张开成筒形，以金色密集的树叶堆砌成蓬松的造型效果。如此设计元素的组合隐约透露着可爱古怪，产生高贵淑女遇上搞怪精灵的戏剧效果。整体的上紧下松对比强烈。

九、Jonathan Saunders（约翰森·桑德斯）

1. 品牌背景

　　Jonathan Saunders 1977年出生于苏格兰，大学时代在格拉斯哥艺术学院学家具设计，后在一导师引领下开始接触纺织品，并且迷上丝网印刷工艺，尤其是一些特殊工艺印花，对印花和奢华风格的酷爱吸引他到伦敦中央圣马丁艺术学院求学。研究生毕业设计为一系列明亮的印花雪纺长袖衫，其灵感来自于披头士黄色海底音乐专辑封面，为此他赢得2002年兰蔻颜色奖，并得到Alexander McQueen和Christian Lacroix的赏识。毕业展两天后，Jonathan Saunders就被Alexander McQueen聘为印花设计师，他设计出来的天堂鸟图案被收集在McQueen 2003年的作品中。Jonathan Saunders还曾担任过Chloé 和 Pucci 的设计顾问。2003年2月，他创立了自己的同名品牌。2005年获得苏格兰年度时尚设计师称号，2008年又获得了Elle Style Awards的英国年度时尚设计师的荣誉。同年，Jonathan Saunders首次亮相纽约时装周，2010年回到伦敦。2013年Jonathan Saunders荣获GQ Awards颁发的"最具突破男装设计师品牌"大奖，再次确立不同凡响的设计地位。

2. 品牌风格综述

　　Jonathan Saunders是当今英国时尚圈最棒的调色师，擅长运用大胆印花和别致剪裁，一直致力于发掘他的"线条鲜明和色彩敏锐"的理念，注重色块的拼接与和谐性，因而他的作品最大特色就在于几何色块的运用。在早期Jonathan Saunders作品中，最有标志性的特点就是强烈的色彩，后来逐渐转向含蓄，甚至有些忧郁，Jonathan Saunders说为了含蓄印花必须更为精确。在设计中，Jonathan Saunders还尝试与传统平面印花不同的三维印花工艺，表面似雕塑效果，为此面料质地也变得与色调同等重要。为启迪思维，在最新的设计中，Jonathan Saunders探索了北极、非洲和日本文化中的手工技艺对身体的修饰作用，即如何将装饰与简约风格完美融合。

3. 作品分析

　　2011年春夏，Jonathan Saunders以20世纪四五十年代著名的时尚摄影师Erwin Blumenfeld的作品为灵感，运用自己擅长的印花与色彩搭配，呈现出丰富的质感，如亮橙、淡蓝、翠绿、明黄等亮色巧妙地穿插在白色、裸色之中。Jonathan Saunders还选择了泼墨式的印花图案，通过色彩的巧妙组合，让看似简单的图案呈现出丰富的质感。图3-9-1中无肩带胸衣短装搭配铅笔中长裙，设计师特地选择合体紧身廓型和高腰结构，修饰出更加完美的身材比例。上装的印花图案与裙装的醒目色块形成疏密对比。裙装的色彩是一大特色，浅蓝灰色占据大部，高纯度的翠绿和橘红色一上一下，既有对比效果，又表现各自特色。米色在整体效果中起到缓冲作用。模特梳着标准的马尾辫染着红唇，透出清新、亮丽的现代女性气息。

　　2014年春夏，Jonathan Saunders融入了20世纪70年代休闲运动风尚，当然呈现更多的是属于

图3-9-1

图3-9-2

Jonathan Saunders一种真正的时髦：不刻意打扮、不追求一丝不苟，标准的Easy Chic——宽松的运动外套搭配短款或运动裤。此外这季还展现了Jonathan Saunders对色彩的把控能力：同面料拼接一起流畅变化的水蓝、紫红、深褐、橘黄等高饱和色彩，虽然容易艳俗难看，但每套设计更生动鲜活。图3-9-2中为设计师的其中一款，20世纪70年代风格衬衫与运动短外套、西式短裤搭配，裸露为重点。透明硬纱表面绣着各类花型，双向拉链的运动外套下拉链拉开露出肚脐，写实的花朵与大色块相辉映，是否奇妙？色彩方面，设计师采用古怪的色彩混合——冰蓝色、灰蓝色、米黄色、绿色、紫红色……从中可体味出多组对比色相，这也是Jonathan Saunders所热衷的设计手段之一。

十、Julien MacDonald（朱利安·麦克唐纳）

1. 品牌背景

Julien MacDonald（以下简称MacDonald）1972年3月生于英国威尔士的Merthyr Tydfil（梅瑟·蒂德菲尔），小时候从母亲那学到了编织技术，13岁时MacDonald 曾对自己的高中校服进行重新设计。最初MacDonald接受的是踢踏舞训练，后在布莱顿的一所学校接受了纺织时装课程教育，1996年毕业于英国皇家艺术学院，获针织方向的硕士学位，毕业作品获高度评价，Lagerfeld邀请其为CHANEL公司设计针织产品。毕业后建立了自己的同名品牌公司，并于2000年在伦敦首次发布作品，同年28岁的MacDonald接替McQueen，被任命为Givenchy时装屋的主设计师。2001年获得英国年度设计大奖，2006年由于对时装业的贡献而荣获OBE（英帝国勋章）。

2. 品牌风格综述

Julien MacDonald的设计风格狂野、奢华、性感，款式上常表现出令人诧异的紧身裸露与花俏，裁剪上追求夸张的女性线条，爱好耀眼明亮的色彩，MacDonald的设计具有一种难以抗拒的吸引力，这是真正的伦敦制造。

Julien MacDonald的服装极具艺术美感，奢华的气息、璀璨的珠宝、华丽的金属色与他惯用的针织手法相结合……MacDonald每季设计都流露出紧身裸露风貌，追求夸张的人体曲线，由于和Versace一样追求艳丽和性感，因此有英国的Versace之称。MacDonald曾在威尔士的Cardiff（加的夫）受过面料设计的教育，所以对面料独具品味，MacDonald特别偏爱闪光面料及亮丽的皮草，如2002年秋冬设计中大量运用野性的美洲豹斑纹，视觉豪野至极。在2006年秋冬系列中，他以好莱坞和英伦为主题，所设计的合身性感、鱼尾造型的礼服和拖地晚装配上毛皮，将他独特的皮草理念发挥得淋漓尽致。彩格呢也是MacDonald的常用面料，他以极具想象力和对面料设计的理解力，设计的洋装、套装或是窄板及膝裙等向我们展示了经典格纹的性感魅力。

3. 作品分析

在2006年秋冬设计中Julien MacDonald沿袭了设计师一贯的路线，图3-10-1的款式很好诠释了MacDonald的设计风格。整款服装具巴洛克的韵味，我们不仅感受到性感的外型和奢华的风貌，从中更可体味出MacDonald对面料进行分拆重组的独具匠心。束胸结构自胸线处沿腰、臀向下展开，设计师注重性感的外型结构。同时将格纹面料演绎成复杂的结构，并与轻薄透视的丝绸搭配，模特在晃动间流露出隐约的性感。领口的丝带系蝴蝶结与门襟的荷叶边装饰毫不费力诠释出MaCdonald的细腻与华美，裙摆的鱼尾造型与整体干净利落的简约设计的相互呼应是设计的关键。整款色调以灰色为主，呈现出冷艳的美感。

Julien MacDonald擅长性感和浪漫风格的表达，这已成为他的标志，而2012年春夏秀则展示出MacDonald的一股奢华的作派：高科技的纤维眼

图3-10-1 图3-10-2

镜、皮革、似蒙特卡洛游艇上的镀铬装饰，他将此次系列称为"现代主义的魅力"。图3-10-2款式经由设计师的精心雕琢，令人倾慕，长裙的潮流创意虽不是MacDonald发起，他却用得如鱼得水。透明的薄纱曳地长裙，盘绕着华丽精致、极具艺术欣赏价值的玻璃纤维刺绣，精致的龙型刺绣带有浓浓的东方风情，这让人联想到设计师有关中国元素的汲取。刺绣装饰自然覆盖，繁复与简洁、厚重与轻薄形成强烈反差，至此古典与现代得到完美结合。在色彩上，设计师选用了亚光银和金黄色搭配，展露出炫目的奢华之风。腰间的金属腰带有工业化的意蕴，诠释了设计师的现代主义设计方向。

十一、Marios Schwab（马里奥·施瓦博）

1. 品牌背景

英国年轻设计师Marios Schwab（以下简称Schwab）出生于1980年，拥有1/2希腊血统、1/2澳洲血统，父亲从事女式内衣设计行业。Schwab起初在Esmod Berlin大学获得学士学位，其后去英国中央圣马丁艺术学院攻读艺术系硕士学位。Schwab在自建品牌之前，曾为男装设计师Kim Jones旗下的女装品牌做设计。2006年，Schwab成立了自己的同名品牌，主打神秘而又显示出灵性的风格，在同年的伦敦秋冬时装周上表现惊艳。他于2006年获得"设计师最佳新人奖"，2007年获得"瑞士纺织品行业奖"。

2. 品牌风格综述

Marios Schwab喜欢探究面料和裁剪的特殊变化，他说"我喜欢挑战面料的原始概念，将其与原来的可能性断开，赋予其全新的意义和诠释。" Marios Schwab受20世纪90年代红极一时的Alaia和Versace的影响十分明显，作品强调女性曲线和奢华感，在他身上潜伏着对身体艺术的热爱，他有一种强烈地表达"身体意识"的愿望，对于人的骨骼结构相当了解，而这又与他在剪裁中流露出手术刀般的利落线条感相结合，体现出外科医生般的精确定位。所以Marios Schwab设计的线条流畅而又生动，能将女性婀娜美妙的身材曲线完美呈现出来。此外他热爱伦敦的大都市文化，这赋予设计作品工于细节却不失年轻朝气。

3. 作品分析

潜伏在Schwab身上对时装艺术的探索追求，在2010年春夏秀上再次表露无遗。这一季，他的作品旨在寻找"诠释波西米亚服饰的新方法"，这意味着他必须要挑战自己，抛弃那些由他引入时尚潮流充分结合人体结构的合体紧身裙装。图3-11-1中一款简洁的连衣裙款式算是Schwab作品的例外，无论是茧形廓型结构，还是内部处理结构都不能称之为Schwab精髓。Schwab尝试以薄纱在腰间打褶裥并缠绕，褶量和间隔呈渐变效果，视觉上产生节奏感。运用质料覆盖在臀侧鼓起，下身造型呈束状的奇特效果，膨胀飘逸的纱裙廓型全无Schwab惯有对完美人体的膜拜感。与舒缓起伏的下身相比，平整的镂空上装，质料硬挺，对比鲜明。这就是Schwab所要打造了富有设计师自己语汇的波西米亚情调。

2014年春夏作品被Schwab称之为"勾画轮廓（Contours）"，设计师继续探索突出女性身段的新途径。Schwab尝试了几种方法，突出的一种就是设计中运用印染手法，与其他设计师不同，Schwab选择了能表现女性运动的曲线效果。此外Schwab还使用皮带和系带，甚至背包背带塑造体形，当然紧身胸衣效果也在此列。图3-11-2中的设计正是Schwab构思完美的体现。及踝紧身连衣裙结构极简，透视的纱质隐约显出人体曲线，而最为夸张的是覆盖在面料表面的人体骨骼图案，其强烈的视觉冲击效果构成了本款的设计中心，设计师有意通过与底层材质在质地和色彩差异来凸显效果。图案处理更为出彩，设计师摒弃传统的写实手法，而以意象形式，看似随意，实则精准。独特的思维方式造就了新一代的设计才俊，Schwab即是例证。

图3-11-1   图3-11-2

十二、Mary Katrantzou（玛丽·卡特兰佐）

1. 品牌背景

Mary Katrantzou 1983年出生于希腊雅典，父亲是面料设计师，母亲是室内设计师，Mary Katrantzou从小饱受艺术熏陶。大学期间，Mary Katrantzou最初选择的是建筑学，由于喜欢时尚，又转去了中央圣马丁艺术学院，开始了服装设计的旅程。2008年毕业，在当时举办的毕业设计秀上，Katrantzou因一系列立体感极强的错视图案服饰脱

颖而出，并获得了Harrods精品百货店与欧莱雅专业大奖的提名。2009年，Mary Katrantzou第一次参加伦敦时装周的展示，推出同名品牌女装成衣系列。2010年Mary Katrantzou又荣获了令人艳羡的瑞士纺织大奖（2009年的大奖获得者是 Alexander Wang)。从2009年春夏到2011年秋冬连续6季获得英国时装协会挖掘新秀计划New Generation的项目

资助。Mary Katrantzou的设计充满个性，也得到众多年轻人的喜爱，更受到大批明星的热烈追捧，每次时装周，Mary Katrantzou均是各大著名时尚杂志热衷报道的新生代设计师红人。

2. 品牌风格综述

Mary Katrantzou是继Basso & Brooke又一位以数码印染横扫时装界的设计师，其新鲜又时髦的设计在高科技年代一举获得了全世界的关注。Mary Katrantzou作品立体感极强，结构错综复杂，散发着浓浓的文艺气息。其图案设计主题涉及甚广，包括香水瓶、吹制玻璃工艺品、蓬皮杜画像、室内设计细节、房间里女人、自然与人、邮票、纸币、黑白色影像等，她充分利用数码技艺再现了各类场景和物件特质，并巧妙地将图形相互融合，产生独特的视错效果或超现实感。如2010年秋冬伦敦时装周上，Mary Katrantzou利用数码印花技术印上了法国画家弗拉戈纳尔和纳蒂埃绘有蓬皮杜夫人的画像，再现了洛可可时期的过于浮躁和奢华的装饰主义效果。2013年秋冬，Mary Katrantzou结合早期建筑学业背景设计了一系列廓型复杂的设计，而图案是早期的黑白色影像，这属于她的一次有益尝试。用印花专家和面料专家来定义Mary Katrantzou并非十分恰当，其实她一直致力于研究新廓型和印花新技术，为她的设计增加新鲜的气息。

3. 作品分析

如果说Basso & Brooke 是数码印染的先锋，那么Mary Katrantzou 则是接棒者，图像技术从机械性的丝网印发展到电脑操控色彩和图案，这意味着可以做出前所未有的想象中的复杂图案。Mary Katrantzou把新的印花表现到了极致，在她2010年春夏设计中，以吹制玻璃工艺品可呈现的螺旋、流动效果为主体，表现出波动、绚丽、逼真的视错写真图案。图3-12-1中 Mary Katrantzou设计的无袖及膝连衣裙，款式简洁，但设计师将吹制玻璃技艺效果作为主打，运用数码印染技艺使图案呈光感效果，胸前波状的棕色和黑色自由流动、相互渗透，展现出强烈晃动的视觉美感。此外，设计师还有意在右肩胸之间、左侧腰部和裙左下侧制造出翻折的不对称感，并体现出视错效果。左手以英国艺术玻璃吹制大师Peter Layton制作的手镯作为点缀，使整体图案在视觉上达到平衡。

2013年秋冬，Mary Katrantzou 表示，为了让自己的作品保持较高的水准，她远离了曾经令自己在时尚界的地位扶摇直上的缤纷印花和配色，转而将注意力放在服装的外形和廓型方面，设计师曾学过建筑学。在这季设计中，20世纪早期美国摄影艺术家Edward Steichen（爱德华·史泰钦）和Alfred Stieglitz（阿尔弗雷德·施蒂格里茨）带有印象派绘画风格的黑白色影像效果被移到了Mary Katrantzou的作品中，廓型也极富变化。图3-12-2中裙装造型借鉴了日本武士服装，宽大的袖型，侧间张开的圆弧形下摆呈不规则的分层斜结构，上下造型统一。服装图案是一张影像照片，一棵开满鲜花的树占据了左侧，并以浓密的花朵蔓延至另一侧悬挂在天空中的一轮满月，外加人影的出现，这种月夜风情的图案用幽暗的黑白色来表达，有着浓郁的伤感情绪，不过所有的图像都笼罩在夸张的廓型中，硬挺的材质撑出建筑感的廓型或许能将思绪重返现实中。

图3-12-1 图3-12-2

十三、Matthew Williamson(马修·威廉姆森)

1. 品牌背景

  Matthew Williamson1971年出生于英国曼城的Chorlton，1994年从伦敦中央圣马丁艺术学院学毕业后，作为自由职业者曾为Marni、Monsoone Georgina von Ertzdorf 等著名品牌工作过。两年后建立了自己的同名品牌。1997年的首场秀取名"惊人的天使"，斜裁裙装配色丰富，带有一丝波西米亚风格。Matthew Williamson一直就是Harvey Nichols 时尚百货店买手最青睐的牌子之一。在2009年为H&M推出最新的设计师品牌合作系列H&M × Matthew Williamson 更是名声大噪。

2. 品牌风格综述

  Matthew Williamson的色彩已成为品牌的标志，在作品中常出现鲜艳品红、荧光黄和酸绿，Matthew Williamson曾被誉为一位永远不会让消费者失望的设计师、一位永远带给时尚圈惊喜的设计师。

图3-13-1

图3-13-2

Matthew Williamson最拿手的设计是美式帝政风格以及在礼服裙摆的蝴蝶波纹滚边、缀有蕾丝的丝质衬衫，精致细腻的刺绣夹克等依旧大量出现。飘逸浪漫的设计风格，似乎永远是Matthew Williamson最精彩完美的作品。

3. 作品分析

　　Matthew Williamson以缤纷的图案色彩和迷人的时尚风格为特色，2007年秋冬系列，Williamson的印花灵感来自20世纪50年代，这一季最大的惊喜就是花纹的3D表现方式，设计师在表现中加入了许多硬物，Matthew Williamson用银色、咖啡色、灰

色的金属片和皓石拼成各种三角形、不规则四边形、椭圆形，组合成Pucci的传统纹样，细致纯手工的操作工艺把一件黑底的马甲装点得精美无比。高领的毛衫与马甲配合，一软一硬的对比组合设计。搭配同样利落剪裁的裤裙，冲淡了图案的凝重，增添了些许活泼气氛。Matthew Williamson是一个极注重工艺的设计师，图3-13-1的这款裙裤腰部的立体褶皱就充分展现设计师对细节的考究。

　　时装设计贵在创新，设计师在不断挑战自己的同时完成对设计的独特感受，2013年秋冬Matthew Williamson的秀场正是上演这种演变，正如 Matthew Williamson 自己所说，这次秋冬季，他

要为女孩儿们带来全新的不同感觉——于是，他弃用了所有裹身设计和飘逸的雪纺材质，为观众们呈现了一场仅包含几何裁剪和休闲外形的视觉盛宴。图3-13-2的这款毛衫与裙装设计既保留了品牌的原有印记——鲜亮色彩和装饰图案，同时也不乏当今流行因子——迪考艺术延伸出的几何元素和松身外形。毛衫的前胸、腰和袖侧装饰了精巧的几何图形，搭配纱面齐膝宽褶裙，设计手法老到，视觉上相得益彰，一股浓浓的都市波西米亚风扑面而来。色彩上，Matthew Williamson采用暖调的鲜红色搭配藏青，互为交融。

十四、Paul Smith（保罗 · 史密斯）

1. 品牌背景

Paul Smith1946年7月5日生于诺丁汉的Beeston，父亲是一名裁缝。1964年，即Paul Smith18岁那年，他误打误撞成为一家服装批发店的雇员，让他有机会接触服装及潮流信息，之后做过买手。1970年，他开了一家小店，独家代理高田贤三的最新设计作品。1977年羽翼丰满的Paul Smith在巴黎举办了首场秀，设计是清一色的男装，引起轰动，从此奠定其在世界时装界的地位。1979年在伦敦Covent Garden开设首家专卖店，1984年开拓日本市场，1987年进驻美国纽约第五大街。1992年，他荣获了英国设计师协会年度提名奖。2001年被英国女皇封为爵士称号。

2. 品牌风格综述

Paul Smith可以被认为是经典英国风格的代表。Paul Smith的服装剪裁精到细腻，多选用上乘高档面料，完全符合绅士的派头和庄重。Paul Smith的设计整体感强，但在细节上掩藏着许多值得玩味的元素，诸如把袖窿开得低一点，更方便于穿着。他的英式细节趣味十足，典型的英式幽默——表面是绅士却偷着把"耍坏"巧妙地表达出来，如给穿得正儿八经的男模手里加个泰迪熊，在袖克夫或钱包内绣上一个裸女……他总能带给人们惊喜。

Paul Smith从男装起家，其男装堪称经典，其风格真正体现出英式绅士贵族风范与秀气的文人气质，其中不乏睿智和幽默，并通过简洁、有力的款型线条表现出来。Paul Smith的西服、衬衫合体简约，体现出精湛的英式古典剪裁手法；他的西装衣料大都采用花呢等毛织物及棉织物，带有英国传统的设计又带有点怪异，既能被保守的都市人亦能被20世纪80年代的雅皮士接受。Paul Smith发现顾客对于增加一条花领带或彩色羊毛套衫不是那么紧张敏感了，就将印花或绣花马甲、彩色吊带裤、短袜统统加入到他的男装系列。对于越来越追求个性时尚人士，Paul Smith的"坏"心思男装正合其心意。

含鲜艳的彩色条纹、流畅的"Paul Smith"手写体标签、一边是Paul一边是Smith的有趣袖扣、袖口或钱包内的隐匿"裸女"图案，和保留度身手工缝线的西服，再加上领子前端内含领骨的古典英式剪裁西装衬衫，组成了Paul Smith最具特色的六大细节。而每一季，Paul Smith还不断推陈出新，为热爱其设计巧思的人们带来一次又一次惊喜。

3. 作品分析

2006年秋冬秀场上Paul Smith为女性打造的是另类男装风格系列，灵感来自于知名女星Katharine Hepburn（凯瑟琳·赫本）的名言——"女人穿着丝袜的话永远很难做她真正需要的事"，Paul Smith重新定义了女人的真正需要——利落剪裁的短装内搭连身裙、脚踩平底船鞋，以率性简单感打造现代女性的第一印象。Paul Smith的设计中多男性化的套装，用注重剪裁量身定制的概念来制作服饰，柔和的线条已成为职业女性的最爱。如图3-14-1展现的是内敛的预科生形象。在色彩上以米白色棒针线编织的袖口调亮了整套服装的明亮度，灰、黑和咖啡色的格子色彩在纯度和明度上都较接近，Paul Smith有意将粉蓝黑条纹围巾的加入，显得有层次感，并与米白色形成弱对比。一般太执著于男性元素难免会带给人无味感，而Paul Smith则添加了一些女性柔美表现，连身的裙装采用合体的设计，完美勾勒女性线条，硬朗有余的短夹克搭配棒针线编织的袖口，别具一格。

图3-14-1

2013年秋冬Paul Smith发布会展示了设计师许多丰富的构思，甚至颠覆了他一直擅长的男装式的绅士做派，探索出更多的女装元素，当季流行元素，如眼花缭乱的印花、未来感的高科技、复杂的压花工艺、强烈的建筑感轮廓等，都被一一运用。图3-14-2中，Paul Smith继续以其男装设计为基础，融入女装元素。透视的袖子设计、高科技感的带光泽面料，这些明显不属于Paul Smith的风格范畴。这款衬衫明显是男女装的结合，既性感又带些许刚烈，Paul Smith用他擅长的灵感来源于男装剪裁的裤装来平衡他的新探索，搭配的裤子是轻松随意、有些男孩子气的带一些筒裤感觉的锥形裤。Paul Smith对色彩运用的自信也在设计中充分表现出来，上装是明度和纯度均较低的玫红、紫色和黑色相拼接，突出了女性特点，而裤子选黑色，则加重了男性的气氛。船鞋是浅灰色，轻松自然，一扫沉闷稳重的色调，由此可体味出Paul Smith低调俏皮的英式风尚。

图3-14-2

十五、Preen by Thomton Bregazzi（普瑞恩）

1. 品牌背景

Preen by Thomton Bregazzi（以下简称Preen）品牌是由设计师Justin Thornton（生于1969年）和Thea Bregazzi（生于1969年）共同创立，两人在英国的小岛长大。他俩18岁时因修学艺术基础课而相遇结识，之后为自己喜爱的时装设计而重新学习。后Justin Thornton成为著名时装设计师Helen Storey（海伦·斯道瑞）的设计助手，直至1996年两人协助Helen Storey设计1996年秋冬系列，这次的成功促使两人有了想要创造自己品牌Preen的念头。1997年两人的结晶Preen品牌正式诞生。早期设计师追求夸张前卫的风格设计，一直以来都颇受非主流时尚人士的青睐。当Preen登上伦敦2003年春夏时装周的T台，出挑、酷炫的设计特征稍微收敛，却赢得了市场的一片叫好声。如今的Preen已将品牌重点移至美国纽约。

2. 品牌风格综述

作为伦敦的双人设计师品牌之一，他们对于流行一向有很敏锐的触觉，常常以解构创意和精湛的版型技术使品牌Preen处于时尚流行风头浪尖，又不失去对街头风格的独到展现。在夸张混乱的英国设计界，Preen用结构性的创意散发出顶级设计品牌的风范。

Preen的目标消费群从十几岁到三十多岁不等，他们设计跨度从早期英国人形象到20世纪70年代朋克邋遢装，以独特的结构设计创造出具现代感的维多利亚风格，他们的瘦腿裤、茧形大衣、绑带裙已成为

经典产品。20世纪90年代流行的解构风格合乎他们的设计理念，解构风格被他俩冠以"再循环"，这一概念是在Justin Thornton作为学生在Helen Storey处作设计助理时创造的。Preen擅长运用老古董材质，如遍布刮痕的皮革、薄纱、光滑棉织品、充满怀旧色彩的饰品和钮扣等，即便如此，Preen创造出的设计感还是时髦和现代的。

3. 作品分析

2006年秋冬Preen的发布地点选在了一栋位于伦敦的全新办公大楼，在白色空荡的展馆内布置着许多透明玻璃，充满了现代派的风格。作品延续了其一贯的天马行空的解构创意理念和讲究版型解构的创作手法，作品就好像设计师们早期的充满实验主义精神的创作。Preen一向喜好"旧瓶装新醋"，图3-15-1是设计师以传统的西装款式为摹本，以解构主义原理，对款式结构撕裂、切割、重组、再生，裁剪出全新的造型结构：上下身相连，无袖露肩，腰间打褶形成不对称结构，松软的西装是大翻领。面料采用柔软磨绒感的呢料，虽然有浓厚的复古味道但也相当的精致；在加上色彩上出挑的红色的运用又使整件衣服充满了奢华瑰丽的风情。

来自英国的设计师通常有朋克情结，这的确是他们的国粹，Preen的设计师Justin Thornton和Thea Bregazzi在2013年秋冬发布上再次做了朋克风格的尝试，设计灵感来源于Derek Jarman的新浪潮cult电影《Jubilee》，设计师试图在奢侈华丽的装扮中

图3-15-1

图3-15-2

注入一些黑暗、模糊等朋克语汇，刻意强调分裂结构。图3-15-2中的设计运用了许多机车夹克的轮廓和细节，紧窄超短的上装、裤子臀部处夸张的贴袋、襻饰明显的短靴都是来源于机车夹克灵感和朋克装扮，整体上以银色拉链齿作装饰点缀，设计充满了英伦街头风。Thornton和Bregazzi选取了电

影中画面颗粒状的特点，并把它应用在衬衫印花的设计中，这款透明雪纺拼接男式衬衫设计细腻独特。整款都选用了黑色为主调，搭配少量的暗红和银色，给人以阴森感。Thornton和Bregazzi成功地将精致与朋克融合在一起，将两面性的探索以一种统一的方式展现出来。

十六、Sophia Kokosalaki（索菲娅·可可萨拉奇）

1. 品牌背景

Sophia Kokosalaki1972年出生于希腊首都雅典，在雅典大学修读了文学之后，1996年去伦敦著名的中央圣马丁艺术学院修习女装设计，获得硕士学位。1999年，她在伦敦创办了自己同名的个人品牌，作品挖掘古希腊文化遗产，尤其是悬垂褶皱；1999年和2000年曾先后为Joseph（约瑟夫）和Ruffo Research设计针织和皮革产品。2003年，她又凭借创新的褶皱运动服与复合皮革编织设计闻名英国。2004年她为雅典奥运会开闭幕式设计表演舞台服装又使她踏上国际舞台，冰岛另类女歌手Bjork（比约克）就是穿着她设计的舞台装在典礼上演唱的。Sophia Kokosalaki可以说是近来英国时装周之中，颇具话题与分量的设计师之一，尤其擅于将本身的异国文化背景，运用在设计当中，这不得不归功于她良好的国际化的文化与学习背景。Sophia Kokosalaki曾经执掌法国老牌Vionnet（维奥尼特），这个于1940年倒闭的传奇品牌曾以充满精湛的斜裁和悬垂技巧的礼服设计闻名于世，在被称为"希腊风格女皇"的Sophia Kokosalaki的拿捏下再度复兴。

2. 品牌风格综述

Sophia Kokosalaki是新时代的希腊代表设计师，她将希腊古典文化与另类前卫的街头风格相结合，造就了她那具有希腊女神般的设计风格。Sophia Kokosalaki的设计成就是民族性和世界性结合的产物，给那些身处非主流圈而在努力使自己的设计成为世界流行经典的年轻设计师以启发。

作为一位有希腊文化背景的设计师，Sophia Kokosalaki具有得天独厚的优势，她很自然将设计触角延伸至古希腊服饰，如古希腊诸女神的垂坠长袍。在Sophia Kokosalaki的作品上，我们可以发现设计师善于在轻柔顺畅的布料上，采用不同的打褶缝制技术（打褶、折叠、悬垂），流露出浓厚的古希腊文化痕迹。Sophia Kokosalaki并非是沉湎于过去和传统，而是在设计中运用前卫街头的服饰理念，如拼接设计、军队元素等，诠释出现代时装风尚。Sophia Kokosalaki的色彩观较单一，不崇尚缤纷和繁复，更注重整体和单一，她大多以不同色彩倾向的黑色为主，辅以灰、白、米色、褐色……在表现希腊文化底蕴的同时，作品兼有前卫的中性倾向。

3. 作品分析

图3-16-1是Sophia Kokosalaki2006年春夏成衣时装发布上的作品，大量的运用褶皱这一复杂的古典工艺元素，呈现出了清新而简洁的外观。这款现代都市的短小晚礼服，呈现出混合了现代风的古典美感。整体设计明显流露出希腊古典文化的影响，以多层次重叠的彩纱表现出了古希腊的服装精神，运用不同形式的抽褶方法，层层堆积打褶或点状抽褶，组成大小不一、造型各异的体块。真让人佩服设计师的才能，如此轻薄的丝料材质，经设计师的巧妙构思，幻化出具古希腊雕塑感的款式造型。肩部的设计沿用了礼服感的V型结构，胸部运用打褶在胸两侧组成优美的图形。如果腰以上是平面结构的话，那么臀部则呈

图3-16-1

图3-16-2

雕塑感，Sophia Kokosalaki运用抽褶使面料自然隆起，产生的不定的轮廓外形，充分展现了经典和怀旧的美感，同时也不失现代意识的前卫感。

图3-16-2是Sophia Kokosalaki2007年秋冬时装发布上的作品，设计师跳出了传统设计思维的樊篱，更着眼于极富设计性的另类街头风格的表现。设计师同样运用了褶皱这一复杂的古典工艺元素，表现出了极具现代感的清新简洁风尚。这款小

礼服以单一的黑色调出发，运用打褶手法表现出悬垂包裹的古代希腊服饰的感觉，这一效果不同于她的其他设计，是自然和随意的，具有软雕塑的感觉。整款款式简洁，连身裙样式上窄下宽，露肩、吸腰、长至膝盖以上。设计师将品牌风格定位于前卫、街头、中性，因此这款设计又诠释出极富设计性的另类前卫线条。

十七、Stella McCartney（斯特拉·麦卡特尼）

1. 品牌背景

含着金钥匙出生的Stella McCartney1971年9月13日生于英国伦敦，是前披头士乐队成员Paul McCartney和著名摄影师Linda的爱女，从小就生活在名人的光环之下。早在15岁时，就开始在法国名师Christian Lacroix门下学艺，协助Lacroix做晚装设计。1995年从英国著名的中央圣马丁设计学院以第一名的设计成绩毕业。毕业两年后，年仅25岁的Stella从有"时装界凯撒"之称的大师Karl Lagerfeld手中接棒，一跃成为法国高级时尚名牌Chloe的首席设计师，瞬间成为时尚界的焦点人物。Stella不负众望，几季作品即让名声日渐下坠的传统品牌Chloé重新变得生气勃勃。2001年Stella McCartney羽翼丰满，转投Gucci旗下，推出以她自己名字命名的无皮草品牌Stella McCartney。2004年6月，Stella McCartney在伦敦获得了Glamour最佳年度设计师大奖。2005年，Stella McCartney更首次跨足运动品界，与著名运动品牌Adidas展开合作大计，推出专为女性设计的运动系列Adidas by Stella McCartney，将其运动、自由、简练的设计精神延续至运动界。如今，Stella McCartney已经成为触及时尚行业各个层面，极具商业价值的当红设计师。

2.品牌风格综述

设计师品牌Stella McCartney充满矛盾却精致时尚，其风格超越了性别，融入了Stella McCartney所喜爱的20世纪60及70年代的时尚感觉，以略带阳刚气息、精致的西服裁剪技术来诠释浪漫的女性服饰，Stella McCartney一直以自己的着装喜好来设计服装——穿着舒适、性感同时具有现代风格，她的设计信念是以时装带给女性力量与自信的感觉。

Stella McCartney的设计永远洋溢着乐观、自信和一些运动感，追寻一切美好的事物。或许受20世纪60年代风云人物其父的影响，Stella McCartney尤其钟爱20世纪60、70年代甚至80年代的时尚体裁，在2006年秋冬的设计中可看到了她所钟爱的20世纪60年代、80年代的影子，如PVC材质的包、艳丽颜色的鞋履、柔软宽大的针织衫和长袍、刻意设计的大翻领毛衫等，其设计融合了浪漫和摇滚风格。Stella McCartney的作品兼有男装的影子，结构严谨，注重版型，这得益于Stella McCartney毕业后专门在以手工为名人度身订造的伦敦Savile Row名街受训的结果，她曾师从裁剪大师Edward Sexton，以弥补工艺结构上的不足。Stella McCartney常以紧身胸衣和蕾丝花边作设计，在2001年10月的首场个人秀上即采用此种手法，这也软化了品牌相对男性化的倾向。在面料方面，素食主义者Stella McCartney拒绝一切与动物有关的材质，她从不选用动物皮革和皮草，所设计的皮鞋手袋等一律以塑胶或PVC制造。

3. 作品分析

图3-17-1这款富有女性化的高腰长袍出自2006年秋冬系列设计，线条流畅，轻松舒适，简洁大方，

图3-17-1

图3-17-2

而这正是Stella McCartney设计的精髓所在。宽松的裙摆让服装变得舒适性感，美丽无比。整款拼接、宽度不一的黑线成为设计关键，肚兜造型的胸片用黑色的线条强调，突出了结构和造型，长而及地的折褶同样用细黑线条勾勒，肩部的方型风琴褶黑白相间。设计师设置了宽褶，自腰间向下自然张开，形成大大的裤管，这种独到、精细的剪裁技艺造成了长裙错觉，碰撞出一种独特的魅力。

没有浮夸，没有造作，平实而明朗，Stella McCartney已经习惯了用简洁坦率来对待自己的时装品牌。2007年秋冬发布，Stella McCartney在

廓型上做足文章，她汲取20世纪80年代的肩垫造型和美国足球队服的灵感，用宽肩、宽袖，描绘出活力四射的轻松愉快的女孩儿形象。柔软舒适的开司米用在休闲装中，是Stella McCartney最喜欢的风格，图3-17-2这款宽造型表现在宽松、略膨胀的毛衫下摆，还有围巾的松松围系，刻意营造出"宽"气氛，这是20世纪80年代时尚真谛，也是Stella McCartney品牌所欲追求的。黑、灰的色彩组合因为提花围巾的点缀，一点也没有沉闷的感觉。随性、轻松、自信，这就是Stella McCartney带给人们的舒适明朗的生活态度吧。

十八、Vivienne Westwood(维维安·韦斯特伍德)

1. 品牌背景

1941年4月8日,Vivienne Westwood(以下简称 Westwood)出生于德比郡的克劳所普小镇。青年时代正好历经20世纪60年代和70年代以及文化大变动时期,闻名于世的伦敦街头文化对她影响显著。她是历史上与朋克联系最为密切的时装设计师,1971年Westwood与McLaren合伙在国王大道开设首家时装店,名为"Let it Rock",店内专门贩售Vivienne Westwood设计的具有鲜明朋克风格的奇装异服。当时,其他设计师还没有意识到朋克的毁灭性力量之前,Westwood就抓住它的叛逆本质。她的设计带有强烈的特迪青年风貌、摇滚和朋克服饰特征。1981年,Westwood首次个人时装发布会在伦敦上演,作品主题为"海盗",灵感来自于17世纪的英格兰海盗。不少人把Westwood视为颓废派艺术家,将她的名字和"朋克"紧密联系在一起,1982年,Westwood以具朋克概念的"野性女孩"(Buffalo Girls)为题,在传统风格占主流的巴黎首次发布时装作品,这标志着Westwood正式步入主流时装界,也预示着其时装风格向街头文化的转变。

2. 品牌风格综述

素有时装妖后之称的英国设计师Westwood设计怪招频出、不循常规,因而备受争议,并在时装界独树一帜。她给设计师太多的灵感和启发,她坚持时装就要体现性感,她从不认为穿着时装是为了舒适。她一次又一次用作品展现她那不同凡响的想象力和创造力,最终成为时装界一代举足轻重的设计大师,赢得"朋克之母"的称号!

Westwood非科班出身,这造就了她对时装的独特视角。她对剪裁毫无兴趣,她根本不用传统的胚布剪裁,而是用剪开的、以别针固定住的布进行设计,这种以实际操作经验为依据的剪裁方法使她在1979年完成了大量的拆边T恤。Westwood迷恋于撕开的、略略滑离身体的服装,喜欢让人们在身体的随意摆动之间展露色情,因此,她经常会将臀下部分做成开放状态,或者在短上衣下做出紧身装,或者用一条带子连住两条裤管,奇特的垂荡袜也是她的发明。Westwood还善于将设计玩转于过去与未来之间,如将传统束身胸衣重新演绎,设计中融入有裙撑的裙子结构。

3. 作品分析

Westwood从来不理睬当季潮流,她的招牌是"朋克"与"解构主义",每一季的设计中总能找到其影子。2006年秋冬时装秀中,可以捕捉 Westwood由光怪陆离的色彩彰显的另类,如夜光效果的奇幻紫变幻莫测,让你的眼睛也有想舞蹈的律动节奏的感觉。透彻精辟的解构断裂设计出尽风头,衣袖领口的截片,斜挎胸前的褶裥式设计,特意撕裂的突兀开口,拼凑制造出的褴褛破败感,颓废与雅致相辅相成。图3-18-1中这款设计,柔弱的绸缎随着野性的设计思维变得张狂,随意的缠绕、打结,无序零乱,参差不整,层次丰富多变,皱褶此起彼伏。衣服的肩线先向外伸长再陡然下落,形成凌厉的三角轮廓,传教士斗篷般的形状扩大了肩膀的比例,凛凛威严呼之欲出。艳俗的大红吐露出深

图3-18-1

图3-18-2

入骨髓的执著和狂热，看似不经意剪裁布匹随手裹于腰际，分不清头尾的大扭结让人觉得有些不可理喻。正反向安排的绸缎光泽面料，明暗相间，自然形成色彩的变化。夸张的外衣搭配具"朋克"风格的绑带式结构下身，尽显前卫理念，墨绿色与大红形成对比色。这一极具视觉冲击力的款式正应证了Westwood的设计理念：服装早已经不再仅仅是服装了。

Westwood始终不愿意放弃身为一位英伦设计师的职责，她以手绘涂鸦的方式来宣示一些人文关怀的理念，包括了："让Leonard Peltier（美国印第安运动领导人）自由！"以及"我很贵！"这些字眼印制在T-Shirt，再随意搭配五颜六色的印花图腾、饰品配件，呈现缤纷多元的俏丽街头风格。在2007年春夏时装秀上，Westwood推出了各式各样有趣的街头时装，以夸张的童话故事主角，

结合摩登的元素，诠释新兴设计轮廓。图图3-18-2中这款设计，一面彩色卡通图案，一面漫画造型头像的双面飘带巧妙地设计成腰带、胸饰、吊带，正反的变换带出色彩的跳动，"I am expensive"的标语宣告了朋克教母依然玩着令人侧目的游戏，迅速把观众拉回到她富有革命精神的创意世界中。在材质的选用上，轻柔的雪纺被大量运用。不对称的褶裙、像挂条幅一般的锯齿边短装是她一贯信手拉扯出的裁剪风格，令人惊艳，再度展现了Westwood不同凡响的时尚品位。在色彩上，白色与粉色的近色调搭配，营造出清新的风格，洋溢出青春美感，对于习惯于惊世骇俗的Westwood而言，也算是一个巨大的跨越了。但是，Westwood从未背离她一贯的英国式的离经叛道作风，巨型的金属项链，夸张幽默的绿色水壶，仍显出在她的混搭设计构想。

本章小结：

与巴黎、米兰、纽约时装设计师相比，伦敦设计师对时装的理解往往最具前卫、街头、年轻意识，从年轻的Gareth Pugh，到已古稀之年的Vivienne Westwood都不约而同地将设计触角伸向了街头文化，这种根深蒂固的设计思维可以从蓬勃发展的英国流行文化中去探究。比较而言，英国设计师所展露出的设计理念也独具创造力，他们实验性的构思与创作往往能给他人以启迪。

思考题：

1. 分析伦敦设计师的设计风格和特点，试以具体设计师作品作说明。

2. 分析Antonio Berardi的设计特点和内在风格。

3. 分析Paul Smith的设计特点和内在风格。

练习题：

1. 选取Vivienne Westwood一款作品进行模仿，体验设计师的设计理念和设计内涵。

2. 选取Preen一款作品进行模仿，体验设计师的设计理念和设计内涵。

3. 模仿Alexander McQueen的设计风格，在此基础上进行再设计并制作一款服装。

4. 模仿Preen的设计风格，在此基础上进行再设计并制作一款服装。

第四章
纽约时装品牌及作品分析

本章列举纽约时装品牌，其代表着美国时装设计最高水准。通过对这些品牌作品的具体分析，包括具体设计风格、设计思路、设计手法、设计特点等，从中可以深入体味美国设计师对时装的理解。文中具体排序以品牌的起始字母作依据。

第一节 纽约时装品牌概述

一、关于纽约

纽约的现代制衣业形成于20世纪40年代，第二次世界大战后一批美国时装设计师开始崭露头角，纽约也逐渐成为一个重要的时装名城，到20世纪六七十年代纽约时装逐步形成了自己的风格，并受到国际时装界的关注。那么，究竟什么才是纽约的时尚精神？极简自由，优雅低调，抑或是现代奢华？纽约是一个逐梦的天堂，纽约时尚无法一言概之，因为在它的时尚背后，充斥着多元、宽容，甚至有点玩世不恭的文化氛围。

与巴黎、米兰、伦敦等世界时装之都相比，纽约进军世界时装之都起步要晚，以至于历史文化的积淀也略显单薄，但也就是因为它"与生俱来"兼容并举的混杂特性使得纽约的时尚更加贴近大众，平易近人。近年来，许多巴黎、伦敦、米兰的年轻设计师品牌及二线品牌纷纷在纽约走场就不足为奇了。

往往一年两次的"纽约高级成衣时装周"与巴黎、米兰、伦敦时装周并列为世界四大时装展示活动。纽约时装业的快速发展，一定程度上得益于对时装教育的高度重视，全市目前拥有纽约时装学院（FIT）、帕森斯设计学院等8所专门专业院校。

二、纽约时装品牌的设计风格

1. 纽约的简约品牌

在纽约，现代、极简、休闲又不失优雅的气息是很多品牌所崇尚的设计哲学。纽约的时装风格似乎更多地体现了美国这片新大陆快速的生活节奏和开放不羁的生活方式，在设计中，时装大师们将休闲风格和简约主义发挥到了极致。其实，这些看似简单的服饰，仔细端倪，便可发现设计师别出心裁的巧思。

Michael Kors（迈克尔·科斯)的设计师是个极简主义实践者，其设计风格简约明朗，充满了"既休闲又讲究，既遮蔽又暴露"的对立与矛盾气息，女装的华贵艳丽，总是让人眼睛一亮；以运动休闲服起家的高级时装品牌Anne Klein（安妮·克莱因），坚持简洁利落的纽约式风格，被认为是"美国时尚风格"的代表品牌之一；"一切从剪裁开始"

的Calvin Klein（卡尔文·克莱恩）也是极简风格最经典的代表，2002年开始由Francisco Costa（弗朗西斯科·科斯塔）接管设计重任，仍保持Calvin Klein清新简约与自在从容的气质，还展现出低调、典雅以及十分现代摩登的风貌；美国休闲领导品牌之一的Tommy Hilfiger（汤米·希尔费格）是休闲精品，设计师崇尚自然、简洁的风尚，所以设计理念中无不渗透出青春的动感活力；被冠以"奥地利剪刀手""简约大师"美誉的Helmut Lang（赫尔默·朗）曾在纽约时装周上叱咤风云，他善于巧妙地将简约概念与时尚感融合，以精选华丽的质料剪映出都市的美感；世界顶级设计师山本耀司（Yohji Yamamoto）担任创意总监与Adidas合作的品牌Y-3也体现了一种简洁和极具设计感的风格，他们完美地给我们展现一个高档时尚的运动品牌形象。

2. 纽约的典雅品牌

纽约是一个逐梦的天堂，而设计大师的目的就是去实现别人心目中的美梦。在纽约，有这么一种服装风格，它融合了幻想、浪漫、创新，又或是古典……总之，一切都是可以想象到的真生活。

Ralph lauren（拉夫·劳伦）的创始人及设计师Ralph lauren，将浪漫的风格融入了新的严谨与典雅，使服装品位高雅且个性鲜明；Temperley（坦波利）的"布痴"设计师Alice Temperley（艾丽丝·坦泊利），总是以个人原创的印花图案、人工珠饰及刺绣，配合优质的布料，设计出多款充满英式优雅感觉的印花服饰；设计师Oscar de la Renta（奥斯卡·德拉伦塔）深谙女性需求，设计的服装典雅高贵，有着戏剧性的风格；旅美法国设计师Catherine

Malandrino（凯瑟琳 玛兰蒂诺）将艺术与时尚恰如其分的融合在了一起，他的作品让我们深刻体会到了什么是真正的法式浪漫；在美国时装业，特别是在古典优雅派的设计作风里，自然少不了Donna Karan（唐娜 凯伦），正如她的二线品牌DKNY所示，Donna Karan的设计根植于纽约的生活方式和生活节奏，将纽约独立自由的精神融入到设计当中，创造出既朴实无华又高贵优雅的世界性时装。

3. 纽约的新锐品牌

其实，每次纽约时装周，总会出现迫切来纽约寻求发展的新人，他们把纽约变成了一个多重性格的都市女郎，在舞台上展示自己多元化的风姿。

一直备受关注的新锐Zac Posen（扎克 珀森），其创立的Zac Posen品牌以独特的剪裁、面料和色彩获得了巨大的成功，他的服装常运用褶皱、蕾丝等柔美元素将纽约大都会的生活方式体现得淋漓尽致。此外拥有古巴血统的Narciso Rodriguez、来自密苏里州的Jeremy Scott等设计师的作品也备受关注。纽约也吸引了来自世界各地的设计精英，如英国的设计师Luella Bartlett（露娜·巴特利特）、澳大利亚设计师Sass（萨斯）和Bide（比达）、南美设计师Carlos Miele（卡洛斯·美诺）等，他们不约而同选择了纽约这块热土，并成功地迈出了第一步。

4. 纽约的亚裔设计师品牌

在纽约，具有亚裔背景的设计师也是一道亮丽的风景，他们将东方与美国的文化融合在一起，成为推动美国时尚的一支重要力量。

其中炙手可热的女性华裔设计师Anna Sui（安

娜·苏）、Vera Wang(王薇薇)、Vivienne Tam
（谭燕玉），他们的设计都极具张力和个性，各
有千秋；33岁的美籍华裔设计师Phillip Lim（菲利
普·林），他的3.1 Philip Lim品牌在短短两年内，
便在纽约时尚界闯出了名号；Derek Lam（德里
克·赖）的作品集奢华与现代实用性于一体，以优
雅而低调的风格呈现，格调现代感十足但不冷漠，
充满想象而又富于理性；Jason Wu（吴季刚）由
于为美国第一夫人米歇尔·奥巴马设计2009年1月
20日总统就职典礼礼服而一炮窜红，其温柔、性
感、注重个性而不乏现代都市感的品牌形象深受消
费者青睐；Peter Som（邓志明）系列服饰始终
如一地秉承着雅致、简约、迷人、奢华、无拘无束

的设计理念；多次获得CFDA等奖项的Alexander
Wang（王大仁）设计随性、自由，强调穿着搭配
效果；韩裔美国设计师Doo-Ri Chung（郑杜里）
与Richard Chai（理查·柴），以其自然典雅、精
致性感的美学意境给现代美国时尚服饰带来了全新
的视觉冲击，也是现在时装界的焦点。

在纽约这样繁华璀璨，时尚车轮永不停歇的都市
里，设计师们凭着自信与才华坚持着低调简单永不沉
寂的风格，给我们呈现了一个绝对现代且魅力非凡的
舞台。喜欢纽约的设计大师们强调个性而不张扬，简
单却不平凡，在这个游戏规则不明确的时装世界里，
我们期待每一季的惊喜，然后细细品味他们突发异想
的内心世界。

第二节 时装品牌及作品分析

一、3.1Phillip Lim(菲利普·林)

1. 品牌背景

33岁的Phillip Lim走红于2007纽约春夏时装
周。他的作品上了美国版《Vogue》，其主编、具
时尚界的武则天地位的Anna Wintour对Phillip Lim
的设计赞赏有加。如今Phillip Lim已成为与Anna
Sui、Vivienne Tam等齐名的华裔设计师。

Phillip Lim的父亲是广东人，母亲是海南人，
全家在Phillip Lim一岁时移民美国，Phillip Lim从裁
缝母亲那里继承了对服装的敏感。Phillip Lim作为美
国新生代时装设计师通过十年奋斗并于2005年推出

自己的女装品牌——3.1Phillip Lim，随着时尚界跨
界合作的盛行，Phillip Lim与日本大众化零售服装品
牌UNIQLO（优衣库）合作推出了3.1 Phillip Lim x
UNIQLO系列，Phillip Lim也与Bing Bang设计师
Anna Sheffield合作了"88 Fine Jewelry for 3.1
Phillip Lim"饰品系列。

2. 品牌风格综述

Phillip Lim被夹在时尚中间，设计师与明星、华

图4-1-1   图4-1-2

裔脸孔与国际时尚，他的设计似乎更加遵循"中庸之道"，在艺术与商业中寻找平衡感。Philip Lim秉持衣服可穿性这项真理，建立了一套可供时装新锐们参考的典范，他永远都可以设计出各式各样价值比本身看起来还昂贵许多的服装款式，这不得不让人钦佩不已！

在他的作品上可以看出利落的剪裁，服装修身效果奇佳。他装饰能力强，白玫瑰成为他的标志。《Vogue》英国版用"the new Chloe"形容Phillip Lim。其实Philip Lim的修身长裤、短夹克搭高腰茧形小洋装，以及直线条纹的运用，多了一份中性的洒脱，迎合了时尚需求，体现出美国式的悠闲美感。

Phillip Lim的设计并不关注于解构和另类，而是极具亲和力和女人味，一种低调的淡定和流露。

3. 作品分析

2007年秋冬，3.1 Philip Lim整体设计轮廓源自于1975年上映的经典电影《灰圆堡》，设计带点不是那么正式的惬意穿着，Philip Lim称其为伸展后台的随性搭配。图4-1-1作品中有预科生那种带领结的浅褐色衬衫，搭配深色长裤，配上细细的黑背带，蓬松的袖管打着细致的宽褶，直至肩部，与衣片前身上的褶相呼应。裤子选择男裤造型，上松下窄，裤腰上的宽褶剪裁很巧妙，这是Philip Lim特意在服装上设计的耐人寻味的小细节，凸显出大师级的潜质。整体风格和谐统一，莫名地搭出一股清新脱俗的校园风情。

2008年春夏发布会，一款款推陈出新的作品让人从Phillip Lim身上嗅出了一丝远行的气息。身着走俏的卡其色肩章长外套，内搭彰显本季格调的白衬衫及大号同色领带，淡泊明朗如春光般的色彩洋溢着年轻的气息。裤装很独特，宽档、多褶加外贴袋，白色长裤似裙非裙的腰部设计被赋予了女孩般的俏皮感。深咖啡色的瓜皮帽显露出设计师对于多面风情的喜好。图4-1-2中Phillip Lim最钟爱的模特Irina Lazareanu（艾瑞纳·拉扎罗纳）展示的这款服装定下了春夏季悠闲、清爽的主调，让人领略了设计师的灵巧构思。在色彩上，以淡雅、清爽的卡其色、白色为主，腰带也选用柔和的米色，整体营造出轻快、悠闲感。

二、Alexander Wang（王大仁）

1.品牌背景

设计师Alexander Wang（以下简称Wang）是目前华裔设计师中最红的一位。他1984年出生于美国旧金山，18岁时去了纽约，并在著名的帕森斯时装设计学院攻读设计专业，Wang二年级时就在Marc Jacobs品牌和《Vogue》杂志实习，也深得美国版《Vogue》主编Anna Wintour赏识。2004年，Wang创建自己的设计师同名品牌Alexander Wang，并发布了其第一个女装成衣系列。2008年和2009年，Wang连续被提名为美国时装协会年度最佳女装设计师奖项，且赢得由美国时装学会和《Vogue》共同提供的时尚基金20万美元。2009年获CFDA施华洛世奇基金最具潜力女装设计师奖。2009年7月，Wang逆势而上，在经济形势较差的情况下，推出全新的无性别休闲装系列"T by Alexander Wang"，虽然第一个系列的款式不多，还是受到从媒体到粉丝们的热烈追捧。2011年2月，第一个Alexander Wang旗舰店在纽约SOHO开幕。2013年出任法国著名品牌Balenciaga主设计师。

2.品牌风格综述

"每一个人都可以穿得隆重和迷人，但是随性的穿着才是有趣的地方，"这是Alexander Wang品牌的设计准则，他较好地将干净、经典、奢华和优雅的剪裁融入摩登都会的实际需求，既隆重又随性，如2009年秋冬设计就是例证。不同于华裔其他设计师，Wang的设计虽然走休闲和运动路线，但其设计内涵更体现在街头文化，如拳击、自行车、摩托车等，他诠释着美国20世纪80、90后年轻人对生活的态度和观念。纽约东区就是Wang设计的灵感来源之一，尤其是玩滑板的年轻人以及他们的女友身上所体现的自由精神，Wang喜欢他们的生活方式以及孤傲冷漠的态度，并从中得到启发，设

图4-2-1

图4-2-2

计出美式运动风作品。在Wang的女装设计中，表现出对细节的追求，这已成为Wang的品牌特色，例如2013年春夏运用刺绣拼接条纹，2013年秋冬对材质上马海毛刷毛处理、羊驼毛上拼贴皮革贴花，以及2014年将黑色粗体 Logo 转化在蕾丝花边、提花织物和压花皮革上。在他的作品中，美式简约是一贯的，你能体味到设计师对奢华生活的不屑，以及对自身所好的自由精神的偏执。

3.作品分析

每次时装周都会有些突出的流行主题，在2012春夏，运动风潮盛行，对于Wang来说，这一风潮拿捏起来驾轻就熟。这季系列，他强调运动中的速度元素，从众多竞技体育中吸取灵感——包括NASCAR（纳斯卡，全美运动汽车竞赛协会）、BMX（自行车越野赛），以及摩托车越野赛，黑白、性感、网眼、部落风格图案这些元素整合在设计中，充满运动感。图4-2-1这款用针织面料设计的装束修身性感，图案占据视觉的中心位置，速度感锯齿图形穿插在肩、袖、侧缝、膝盖、小腿这些位置，以反差强烈的白色、黄色与深藏青色、墨绿色进行对比，充满动感。拉链两边的镂空镶拼既增加设计细节，又与袖口、帽子的镂空呼应。鞋子的条带和白色的选择，又凸显运动风格的精致感。

对于Wang而言，"时尚充溢着智慧、诙谐、挑战带来的快感，而非严谨压抑的事物。"他对时尚精髓的理解就是 "乐趣"，2014年春夏的时装发布秀，他最大的乐趣就在于玩他的商标游戏，Wang从不掩饰他对20世纪90年代的热爱，Wang形容20世纪90年代是喧嚣浮躁的广告年代、商标年代，他将Alexander Wang这个Logo出神入化地用在他的设计中，或是蕾丝花边，或是手套上的提花，或是印在腰带上，或是穿插在镂空图案中。图图4-2-2中的皮裙Wang延续了这几季流行——几何图形（迪考艺术风格的延续），廓型、结构、

细节处理无不体现规整和秩序感。深灰色的皮裙剪裁利落，风格中性，结构灵感来源于工装，背带、明缉线，宽带襻设计处理精细，镭射激光剪裁的镂空图案仔应都是Alexander Wang字母图样，他将90年代那种大秀Logo的手法拿掉，专注用精细的设计让时装本体低调张扬绽放。裙片上三角形缉线与镂空图案交错，一半是规整机械，一半是繁复精细，Wang将两种风格完美驾驭，展现都市女性的多重时尚感。充满卡通气息的玛丽珍鞋（Mary Janes）厚底休闲鞋又溢出美式的街头运动风。

三、Anna Sui（安娜·苏）

1. 品牌背景

Anna Sui 1955年8月出生于密执安州的Dearborn Heights。父亲来自广东，是个建筑结构工程师，母亲来自上海，是家里第三代美国华裔。Anna Sui在很小的时候得到了曾在巴黎攻读艺术的母亲的影响，萌生了要在时尚圈大展拳脚的梦想。

幼年的Anna Sui已经开始时装设计：替自己的玩偶和邻居小孩的玩具士兵设计出她心目中的出席奥斯卡颁奖的礼服。Anna Sui还将自己画出的作品和从杂志上剪下来的服装剪报装订成书，直到今日，这些伴随她多年的艺术资产，仍是她的"灵感档案"。20世纪70年代早期，她进入纽约帕森时装设计学院学习，当时摇滚乐正风起云涌地刺激着时装的发展，自由精神鼓舞着Anna Sui进入更高的层次，最终，Anna Sui把她的爱好延伸到了时装界，成立了自己的品牌，并不断地把自己的灵感通过出版表达在不同的时尚杂志上。

1993年，闯荡时装界多年的Anna Sui终于得到众人的肯定，获得了时装界最高荣誉奖——CFDA Perry Ellis Award最佳新人奖。

Anna Sui成为炙手可热的设计师的经历是一个经典的美国成功故事。"即使梦想是超越一般人的想象的，仍要坚持"，这就是底特律女孩成为国际知名设计师的秘诀。

2. 品牌风格综述

Anna Sui所有的设计均带有明显的共性：注重细节、喜欢装饰、富有摇滚乐派的叛逆与颓废气质、大胆嬉皮，时髦甜美、强烈的色彩对比和丰富的搭配经常出人意料但又有奇异的和谐。Anna Sui 1991年首场个人服装秀上展出了"head—to—toe（从头至脚）"样式，其设计带有浓烈的20世纪60年代嬉皮

图4-3-1   图4-3-2

风格，同时不乏时尚感，可称为嬉皮和高级定制服的
协奏曲。她那大胆多变的设计从色彩到布料和质感都
经常创造出令人意想不到的和谐组合，正好配合她热
爱摇滚音乐的独特个性。

　　被评论界称为"时尚界的魔法师"的时装设
计师Anna Sui擅长从各种艺术形态中寻找灵感，
Anna Sui的设计灵感总是那么活跃，永无止境：
20世纪60年代的嬉皮、摇滚风格、美国西部牛仔、
民族民俗风都是她作品的灵感来源。她不是单纯的
演绎历史，而是将之看似矛盾的元素更为形象的融
入于现代都市题材：年轻、时尚、前卫。Anna Sui
的服装具有较强的可穿性和市场感，这源于她对于

市场、消费人群的悉心研究和深入了解。这位吉普
赛式的纽约设计师除了略带叛逆的摇滚风格，还略
带幽默，能恰如其分地将绚丽的设计发挥到淋漓尽
致，常给人以神秘和魔幻的感觉，并第一眼就可以
抓住观众和顾客的心。

　　简约主义作为20世纪90年代的一大主题风行世界，
然而Anna Sui却反行其道，她的设计注重细节、重视装
饰、色彩丰富、服装层次多变。2001-2002年的服装展
中，Anna Sui又推出了嬉皮风格，选用了手工织物，色
彩艳丽，并通过一定的工艺—拼接等手法，与皮革、针
织物、毛皮等搭配，营造出一种清新、别具一格的新嬉
皮形象，也让人们领略了一把新时代意义的服装风格。

3. 作品分析

2007年春夏，Anna Sui 推出的系列继续她的魔法秀，将复古浪漫和摩登热情融合。从基本街头风格出发，带出似曾相识的崭新时髦趋势。纽约街头的摇滚娃娃、土耳其奥特曼的苏莱曼大帝，复古与朋克依旧，叛逆和甜美兼融。其中图4-3-1款街头摇滚风格的时装，拿破仑式的草质大宽边帽、缀珠的绕颈金属项链，民俗风格极强的系扎的长头巾和拼接迷你裙，皆展现出摇滚与民俗混融之后的狂野时尚。花纹灵感来自闻名全球的土耳其手工锦织地毯，整款设计让人联想到从充满战争与纷乱的历史走出的美丽多彩的玫瑰天使。在色彩的运用上，红、绿、黑、白都调配在恰当的比例，加上金色的点缀，将妖媚和纯真集于一身。面料图案混融了碎花、条纹、格状花等于一体。

Anna Sui的服装华丽又不失实用性，启发穿着者的未经开启的无限创意。随心所欲的自由组合让Anna Sui一直制造着流行话题，让时尚都会的女子自然不造作，魅力独特，个性张扬。她在2007年秋冬纽约的时装发布会上有许多充满贵族气的时装，她参考了20世纪60年代波普设计大师 安迪·沃霍尔及一些商业艺术家作品，把各式各样花俏无比的窗帘布印花运用在洋装设计上。在图4-3-2的这款她擅长的丝质软缎娃娃洋装上面，可以看见一些熟悉的生活家饰品图案——蝴蝶、挂穗，还有许多精致的雕花设计。黑色和浅棕色两种闪着亚光的面料，领口、袖窿、下摆以金色装饰镶边，无形中带出英伦贵族气息。在款式上，没有过多的变化，高领小宽松袖衬衫外罩长娃娃衫，简单的H型就表达了所有的内涵。注意细节设计的Anna Sui在洋装上拼贴的徽章式饰物也是精致无比，无论造型和位置都是点睛之笔。

四、BCBG

1. 品牌背景

BCBG的设计师Max Azria（马克斯·阿兹里亚）曾在法国长期居住，对法式情调情有独钟，Max Azria曾在巴黎从事了11年的女装设计，深谙巴黎时尚之道。Max Azria 1989年来到美国，创建了BCBG品牌。他别致脱俗的设计与自然流畅的款式，一推出就引起好莱坞明星与时尚名媛的高度关注，略低于一线品牌的定价，更吸引了众多想要拥有摩登精致时尚独特穿着的人士，BCBG无疑是时尚圈内的风向标之一。在BCBG的服饰帝国里，涵盖有晚宴服（evening）、牛仔系列（denim）、鞋子（footwear）、眼镜（eyewear）、泳装（swimwear）及各式各样的饰品，近几年更扩充到男装的领域。BCBG每年生产4000款基本款式。他以降低成本的方式，合理调整售出的价位，创造出一个涵盖男女时尚生活的全面性的品牌，此经营模式，使BCBG成功占有消费市场，亦让美国加利福尼亚成为世界性的流行城镇之一。

1998年BCBG收购了以条状礼服闻名的法国时装屋Hervé Léger，而今经过Max Azria的成熟构思，纽约的秀场上的Hervé Léger by Max Azria已散发出现代版的法兰西气息。

图4-4-1

图4-4-2

2. 品牌风格综述

　　就美国时装风格而言，简洁明了的品牌占据了大部分，BCBG虽然是一个地道的美国品牌，却弥漫着一股优雅、浪漫的法式情调，它更多体现的是松软廓型、流畅线条、丰富细节、多样色调，所以BCBG又被人冠以美式的波西米亚格调。BCBG十分强调服装的搭配性，简洁易搭的套装形式并不被BCBG所推崇，相互混搭，需要花心思搭配的实穿款式占最大比例，这是因为设计师希望不同的人能通过服装的自由搭配，穿出属于自己的风格，这可能就是BCBG服装的本质。

　　从BCBG这一名称就能感受到品牌的风格，BCBG是取自法文的原意"Bon Chic，Bon Genre"——优雅的仪态与得体的款式。有着欧洲、美国生活背景的Max Azria游走于两种文化中，一直希望将欧式设计风格及美式生活形态相结合，以满足现代女性的欲望与需求。希望透过他的服饰，让狂热感染所有的人。"优雅"和"流行感"是BCBG风格的关键词，法兰西式的优雅、精致，是这个服装品牌的风格和精神。BCBG又将精致典雅与美国的时尚精神相结合，简单优雅的款式、流畅的剪裁线条、大气而有整体感的图案使穿着者既优雅又能表现流行感。

3. 作品分析

Max Azria带着欣赏的目光专注着世界上所有美好的东西，并相信它们都是上帝的一种恩赐。作为一个设计师，Max Azria极愿意倾听顾客内心里的声音，好像花儿绽放在夜里一般细微的声响，更多地了解不同女性的需求，让她们能以舒适而富美感的状态生活着。在2006年秋冬发布中，尤其能感受到设计师这种精致的美丽梦想。图4-4-1的一袭红色的薄纱裙，大量铺张融入镂空的同色蕾丝，延续品牌以往飘逸女人味的都会形象，不同的是更添了些许浪漫奔放的波西米亚的味道。依然是Max Azria钟爱的松身宽大造型和擅长的雪纺纱面料，不对称的斜肩大一字领设计，满布下摆处的传统镂空抽纱工艺与整体的浪漫氛围浑然一体，古老与现代融为一体。擅长搭配的设计师这次用同色的腰带作为装饰，在腰间不经意地系扎，将如风似雨般的飘逸巧妙地收服起来，轻灵又不失现代感，这些玲珑剔透的衣衫华服，集优雅、性感、精美于一身，独属于那些风口浪尖上的潮流宠儿。

Max Azria总能将各种风格融合在他的华服中，表现独特的女人味。图4-4-2的这款2007年秋冬伸展台上演绎的BCBG高腰结构服装着实可爱迷人，展现的是年轻的女学生风貌。采用的是偏中性的色彩，米色和咖啡色，古朴而素雅，淡然中带着些许英伦风情。可爱毛线帽、造型方正的皮制手夹包与精致洋装的搭配流淌着当仁不让的自信气质，流行的灰黑色长袜少了些略带天真的女孩气，追求的是时髦姐姐的精致、妖媚。略带前卫的领口设计与肩袖的抽褶是设计师一贯喜欢的波西米亚风格，成为整套服装的设计眼。肩袖的抽褶和大A型的裙身造型，将秋冬的厚重面料营造出飘逸感，法式的轻柔与浪漫也悄然弥散开来。所有的扩张都收缩到领口，由宽扁的咖啡色带子完成，设计师Max Azria在一张一弛之间完美地表现了他喜爱的唯美风格。

五、Calvin Klein（卡尔文·克莱恩）

1. 品牌背景

Calvin Klein 1942年出生于美国纽约，就读于著名的美国纽约时装设计学院， 1968年开始建立与自己同名的公司，被认为是当今"美国时尚"的代表人物，曾经连续四度获得知名的服装奖项；旗下的相关产品更是层出不穷，声势极为惊人。1968年，Calvin Klein首度推出女装大衣，立即受到纽约百货公司的青睐，并下了大量订单，让Calvin Klein知名度大开；之后，Calvin Klein线条干净与造型内敛的设计，不但掳获买家与时尚媒体的肯定，一

种舒适愉快的穿衣态度，更奠定日后庞大时尚产业的基础。2003年，Calvin Klein将品牌出售给制衣巨头Phillips—Van Heusen（菲利普-范·休森）后，亲点Francisco Costa(弗朗西斯科·科斯塔)接棒。这位设计界新锐在设计上依然秉承了Calvin Klein一贯的都会简约精神风尚，维持Calvin Klein经典不衰。

2. 品牌风格综述

美国品牌Calvin Klein是美式简约主义的代表，

图4-5-1

图4-5-2

大量运用丝、缎、麻、棉与毛料等天然材质，简单利落的款型设计和剪裁线条，以及大量无彩色、灰色系的运用，呈现一种简单、干净、完美的形象。极简风格是Calvin Klein的招牌设计，自信的Calvin Klein曾说："我觉得我的设计哲学更趋向现代主义，我会继续专注于美学——倾向于强调一种纯粹简单、轻松优雅的精神。我总是试着表现纯净、性感、优雅，而且我也努力做到风格统一，以及忠于我的梦想。我想人们会因此更了解我想要呈现的是什么，他们会欣赏，并积极地回应。"

Costa接棒以后，一直坚持他随性简洁的设计理念，在他眼中，基本款对女人来说是最重要的，简单

的设计才能带给女人最大化的舒适，最自然的状态。华丽、创新固然重要，但是没有一个女人能够在钢盔连衣裙、报纸堆砌的外套或羽毛大衣的包装下呈现她最自然的美，这与Calvin Klein的观点不谋而合。对于接手Calvin Klein，Costa觉得这是最能代表他设计观点的品牌，除了简约，Costa还加入了华丽而性感的现代风尚。

3. 作品分析

在Calvin Klein时装秀作品中，已能捕捉到Costa的设计风格。在2007年春夏系列中，Costa的女装依然以简洁、性感的姿态引爆观者的眼球。

Costa表示他的创作灵感是撷取于"美式足球"，之所以会运用这样的概念是想营造出有趣、好玩的氛围，让大家感觉到春天轻松愉悦的氛围，当然春天的微风轻拂在脸上那美妙的感觉也是他的联想之一。如图4-5-1Costa一如往常，将干净简洁的线条、清爽素雅的颜色奉为圭臬，用最简单的设计来引领潮流。他将镂空的面料设计成短夹克式样，轻薄外套上有许多网眼和小洞，更具透气及通风的效果。宽松袖子好比美式足球员球衣的保护罩，成为了引人侧目的设计元素。内搭的胸衣式样以结构勾勒出图案，在同色透明的纱料映衬下别具风姿。而如手风琴般的皱褶或如松饼的格子结构等细节，都让服装更显层次感。在色彩上，采用鲜亮的嫩黄与灰色的纯度对比，交替衬托，富有变化。

经过多个季节的磨合，Costa已经对Calvin Klein的风格驾轻就熟了，他认为已经没什么好改变的，只需不断地将Calvin Klein留下的内涵演绎得更精到。在2007年秋冬的时装作品上可以明显感受到Costa的想法，他放弃对服装层次感、图案和设计个性的追求，再度重返Calvin Klein的简约本质，品牌的简约冷艳的影子再度回放。如图4-5-2这款设计，烟囱型衣领的夹克，没有花俏的细节处理，略带新奇的套肩袖拼接勾勒出宽肩设计，塑造出时尚而随性的外观线条。典型的Calvin Klein式中性化设计，在面料色彩上采用的正是Calvin Klein一贯最爱的深黑色，具金属感光泽的黑色上装、墨色短裙，搭配黑色皮质手套，一派大都市职业女性时尚新形象。裁剪上，稍大的尺码带着潜在的夸张概念，似乎在有意制造着衣物与身体之间的空间，模特们犹如抽象的画中人，营造出艺术感的空洞意味。裙装则截然相反，柔软地拥抱着模特身形的每个曲线，膝上短裙紧贴着身线，缎料的裙摆边露出一丝女性化痕迹，这是清晰而自信的极简艺术，再注入别样的性感，Costa已经找到了稳赢的组合。

六、Carolina Herrera（卡洛琳·海伦娜）

1. 品牌背景

Carolina Herrera于1939年出生在南美委内瑞拉首都加拉加斯的一个上流社会家族里，她同时拥有法国与西班牙贵族的血统。13岁那年祖母带她去巴黎看一场时装秀，开启了她对流行的启蒙及灵感。20世纪六七十年代，Carolina Herrera也是社交圈的名媛，与Mick Jagger(米克·贾格尔)、Jackie Onassis（杰奎琳·奥纳西斯）和大艺术家Andy Warho都是好友，在当时曾多次被评为"国际着装最美人士"。40岁时出于对时装的敏感和兴趣，Carolina Herrera于1980年9月发布了第一个成衣系列；1981年在纽约成立Carolina Herrera品牌，她坚信自己拥有一流的色彩和面料感觉，她尝试将高雅品味和个人风格融合到自己的设计中，并创作出婉约又秀丽的时装系列。Carolina Herrera继而在1984年推出了裘皮系列，两年后其二线品牌CH Collections登场，而在为名媛Caroline Kennedy（卡洛琳·肯尼迪）设计了婚纱后于1987年又开创了婚纱系列品牌，2000年Carolina Herrera第一家时装旗舰店在纽约麦迪逊大道开幕，2004年，获"美国时装设计师协会最佳女装设计师"奖项，2008年6月从协会那里接受终身成就奖。如今她还在欧洲拥有13家专卖店，其品牌延伸至男装和珠宝首饰系列。

2. 品牌风格综述

名噪半个世纪的设计师Carolina Herrera是一位强调美国优雅风格的设计师，她的设计简单随性，能充分显现女性的风采，并领导时装风潮，她那热情大胆的阳光般色彩及经典性的服饰风格让人心动。Carolina Herrera似乎兼备了所有成功的要素，这使得她赢得了全球女性的认同与赞赏，成为流行时尚界屹立不倒的大师级人物。

作为纽约老牌时尚名师，Carolina Herrera的设计中没有标新立异的创举以吸引眼球，她说："我喜欢让衣服看上去经典得体，却带着某种现代感的改变。"她的设计的客户群包括社会各界名媛贵妇，而她的设计总是重复自己的贯有风格——基于上流社会的风花雪月情调，如双面的开司米、俄罗斯的猞猁狲、轻薄的缎子、柔软得像丝般的牛皮等的运用，辅助以奇妙配色，如她以橘色的皮套与檀黑的开司米的短裙相配，她运用各类材质、斑斓色彩和配件，带给消费者富感染力的愉悦感。

3. 作品分析

Carolina Herrera2007年春夏的设计以明亮柔美的都会风格为主题，带出2007年春夏新装的崭新概念。整个系列表现出略带赴乡村的度假心情，设计

图4-6-1

图4-6-2

师通过黑与白混搭、蕾丝与立体的缀花装饰、大量的薄羊毛与薄麻质料、细节部分的打褶处理，以及运用修长纤细的剪裁手法，勾勒出坚毅与温柔并存的女性特质。小碎花的印花图案增加了几分田园乡村气息，而轻衫摇曳之处，款型中对过去创意的引用被小心地处理在轻描淡写之间，显示出设计师的悉心。图4-6-1这款连身裙装带有早期玛丽莲·梦露连身小洋装模样，翻领结构，七分袖，裙长不过膝。精细刺绣的雪纺薄纱、网状鸡尾酒裙摆、腰间缠着蝴蝶结与玫瑰花缎带的罩袍式礼服结构传达出高档精致的品味。这款设计不乏2007年流行元素：金色系、高腰系带结构。

晦暗低沉从来不是Carolina Herrera的设计风格，也不归属于她那些公园大道上的客户。但是在Carolina Herrera2007年秋季款式中，有一种忧郁甚至神秘的基调出现在她的设计中，与她早先如糖果般甜蜜的春装截然不同。同样是典雅高贵的贵妇形象，整款线条简洁流畅，外套廓型松身，袖形宽大，长绒毛皮装饰在七分袖口处，配上黑色皮手套，彰显奢华高贵，同时也兼有休闲意味。深色的男式格子花纹与提花织物一同反衬着艺术化的细节设计，成为了Carolina Herrera的新标志。赋予女性化的花边装饰与花苞状短裙一并诠释出女性的优雅气质。模特们挽起发髻继续扮演着翩翩然的贵妇形象，这一切均在设计师的整体设计掌控之下（图4-6-2）。

七、Derek Lam（德里克·赖）

1. 品牌背景

设计师Derek Lam从小在国外长大，深受西方时尚文化熏染的他有着完全西化的思想理念，不过很难得，每次时装发布，他都用流利的中文征服了在场所有的人，让世界看到了他深为中国设计师的骄傲。Derek Lam出生在旧金山市，母亲来自香港，父亲是美籍华人，在加州长大。Derek Lam毕业于纽约的帕森斯时装设计学院，毕业后，他开始在Michael kors旗下进行设计工作，为Michael Kors的标志性和支柱系列设计服务了8年，而后在Geoffrey Beene(杰弗里·比尼)短期工作过1个月，并为香港的中档品牌G2000连锁店工作过两年，并迅速赢得了一批零售商和忠实顾客。在积累了丰富的设计经验后，2002年他创办了自己的同名品牌，开始真正属于自己的设计之路，并以摩登现代的设计风格在时装界赢得关注。2005年，Derek Lam获得CFDA（美国服装设计师协会）年度新锐女装设计师奖。2006年，在与意大利的鞋包品牌Tod's几季合作后，Derek被任命为Tod's的创意总监。

2.品牌风格综述

Michael kors曾经称赞过Derek Lam，说他是个集聪明、成熟、幽默于一身的人，他的服装作品一直呈现出精致、独特的流畅线条，而他的个性也自然融合到了他的设计风格中。Derek Lam的设计常常给人意料之外的惊艳感，同时，又保持了经典上的延续。他对自己品牌的设计理念是:集奢华与现代实用性于一体，同时充满女性化气息，以优雅而低调的风格呈现。他对时装格调的把握极为娴熟：现代感十足但不冷漠，充满想象而又富于理性。他用娴熟的技巧，以超乎寻常的选料和至臻完美的细节，融合了流行服饰的优雅和性感。Derek Lam致力于将时尚的优雅超越时间的桎梏，一个最典型的例子就是业界公认他剪裁风衣的手法最趋完美。他的设计不拘泥于形式的奢华，即使是最具女性风格的服装，也没有过于奢侈或者呆板的感觉。Derek Lam的设计灵感通常来源于人们表现自己的方式，包括表演艺术、画作和街头生活。当见到有趣的人，他会想象他们的生活状态，想象一下虚构的故事。

3. 作品分析

在2007年春夏作品中，Derek Lam设计出一种浑然天成的自在与自然，他的日装呈现出类似法国设计师Azzedine Alaia和Herve Leger的非裸露性感路线。秀场的时装确实展现出洁亮优美、自主独立的都会女性新态度。图4-7-1的这款设计重点放在领部的吊带裙轻柔而有质感，直条纹、斜条纹的面积对比带出飘逸流动的感觉，对襟中式领风格的领圈装饰着细幼的带子，与高腰处的细带联为一体，巧妙地分割大片的素色，也与内衬的吊带裙相呼应，重新塑造出东岸女性的自信与强势的特质，却丝毫不减女人味。采用丝绸、雪纺等面料展现出经典的浪漫风，设计师匠心独具将衬裙缀以蕾丝，以丝绸质料带出高雅与飘逸，用中国元素把潮流演绎得淋漓尽致。A型的小宽松线条打造出风格独特的晚宴装，Derek Lam运用无性别的概念，将希腊女神模样的及地宽大罩袍改造成膝上连身裙，以别致的饰带镶缀、全系列简洁流畅的线条不但实穿易搭，更是Derek Lam个人风格的经典展现。

图4-7-1

图4-7-2

2014年Derek Lam品牌成立已近十年，回顾自己的设计，Derek Lam认为他是以一种比较时髦的方式来看待衣服，挑战在于要有趣味性。在2014年春夏设计中，Derek Lam继续其美式运动风的诠释，并赋予服装一种富有感染力的极简风格。图4-7-2中的设计在织物上、纹理上投入了许多心思和创意，短袖是有些硬质的麻，裙子是飘逸的绉纱，麻料紧密，裙料疏松，两种织物纹理相差甚远，表现效果截然不同，各司其职。上衣线条简洁，廓型张扬硬朗，结构拼接线洗练明确，前领袂自然隐在开刀线中，这都体现了简约派的城市干练风格。褶裙强调面料的轻盈感，摇曳生姿，增强了运动性。在色彩上，浅灰色与明黄色搭配，辅助腰间白色点缀，色彩配置简练，重点突出，Derek Lam极简的色彩观也表现得美轮美奂。

八、Diane Von Furstenberg（黛安娜·冯·弗斯滕伯格）

1. 品牌背景

Diana Von Furstenberg（以下简称Furstenberg）1945年出生于比利时布鲁塞尔，是俄罗斯犹太裔，1969年与德国王室后裔兼时装设计师丈夫Egon Von Und Zu Furstenberg（埃贡·旺·菲尔斯滕贝格）移居纽约。虽然在日内瓦大学毕业的Furstenberg修读的是经济科而不是时装，但凭借其时装天分，成功转行，并成为当红的时装设计师。1969年开始，Furstenberg一直以家庭作坊式为客户定做服装，直至1972年，她设计的一款裙子在《VOGUE》杂志上刊登，令Furstenberg成为纽约时装界的宠儿，并促使Furstenberg在纽约开设第一间门店。20世纪70年代，她标志性的包裹裙问世。在销售出500万套这样的裙子之后，不少时装界的权威人物形容Furstenberg为继Coco CHANEL后最有市场潜力的时装设计师。乘着这股浪潮，Furstenberg又推出了香水和化妆品。2003年，Furstenberg涉足运动界，与Reebok（锐步）合作了一系列"RBK by DVF"的运动服饰，由网球界红人Venus Williams（大威廉姆斯）穿上进军温布顿网球赛，进一步拓展市场。今天Diane Von Furstenberg品牌在全球超过56个国家销售，时尚精致的品牌形象，全球瞩目。在1999年，她成为CFDA的董事会成员，2005年获CFDA颁赠"终生成就奖"，并于2006年当选CFDA主席。

2. 品牌风格综述

Diane Von Furstenberg是一个有着传奇色彩的美国品牌，设计师的戏剧人生给品牌带来更多的谈资。Furstenberg的设计风格古典精致，款式玲珑乖巧，颇具淑女风范，处处都透出可人细节，精致贴体的裁剪技艺，展现完美的女性身材。

长期的市场磨练使Furstenberg深谙穿衣之道，她深谙如何收放自如地穿出女性天赋性感，或许这也正是她的时装最吸引人的地方。1970年，她设计了标志性作品Wrap Dress，这是一种有弹性的印花丝绸裁剪成的长恤衫式裹身裙，造型修身，腰部呈自然流畅的斜裁，用同料细带束在腰间。这个绝

图4-8-1

图4-8-2

顶聪明的剪裁，对女性的身材，有极大的兼容性。任何身材，都能很容易地穿出女性化的线条。扣齐钮扣，斯文淑女，解开至胸口，又性感撩人。海滨度假，能披在比基尼外当浴袍；穿戴整齐，又是一件得体的日装。Furstenberg把收放自如的女性魅力，成功地注入女服设计，让性感变得平易近人。在她以后的设计中，Wrap Dress成为一个常备单品，从单纯的长袖，发展到短袖、吊带，有丝绸，也有纯棉、弹性针织，印花通常以几何图案为主，也不乏花卉、热带雨林图案。现在的Furstenberg系列，比以往成熟很多。虽然仍然围绕Wrap Dress，但更渗入她本人往年穿梭欧美的度假意味，同时有着性感的女人味

和轻松舒适感。近年的设计，更多了点题材，从帮女郎、美艳女间谍、迷你版古希腊女神到窄身剪裁、金属色连帽裙中世纪武士风貌，都能在Diana Von Furstenberg的设计中找到。

3. 作品分析

在一片浪漫艺术色彩的整体时装大气候下，2007年春夏Diane von Furstenberg的系列不论在色彩、材料上都更加轻盈细致，特别是一些考究的丝绸绣花等作品，自然花卉、几何图案将T台装点得格外亮丽。Furstenberg对流行的中性形象从不妥协，一直坚持自己标志性的浪漫设计，轻纱薄绸、亮缎

饰片，体现着女性的柔媚与婉约。图4-8-1的这款是Furstenberg追寻古典浪漫情调的体现，延长洁白的伸展台仿佛走来一位女神，高贵典雅，清新自然。柔滑光亮的长裙随着模特的走动流淌出节拍和韵律，大小不一、不规则排列的铜锭将飘逸的长裙固定出凹凸起伏的人体线条。模特垂直的长发与飘逸的长裙遥相呼应。在造型上，是自然简洁的高腰A造型，胸片的设计巧妙而迷人，完美表现出女性的优雅性感。色彩上，柔和的米色与有光泽的面料配合，显出光彩照人。金属质地的装饰物打破色彩的单调，自然流畅，可见设计师对整体风格的掌控能力。

2007年秋冬Furstenberg推出了La Movida系列，灵感源自西班牙风情，充满动感美态的服装同时洋溢出炽烈情怀。别出心裁的设计，在线条及造型方面尤见心思，散发着华丽而神秘的魅力，典雅精致的围裹裙又焕发出时尚的风采。图4-8-2的这款斜襟连身裙，也是围裹裙的一个变化款，是为女性设计的柔美形象，大红的色彩带来眼前一亮的视觉震撼，选用质料独特的绒针织布，经过精心剪裁，衬托出女性的绰约风姿。胸前、立领边及衣袖装饰荷叶边，为衣服注入丰富质感与细节，加强立体感。同色的腰带洒脱，塑造出诱人而优雅的形象，同时保持一贯的潇洒从容，尽显热情奔放的西班牙风采。弧度圆滑的领口线、模特简单束起的发髻，金色的挂坠项链，精致的荷叶边，Furstenberg运用了所有能够表现优雅的设计元素，让作品散发着无可比拟的淑女气质。糅合美式简单线条以及欧陆的内敛低调风格，老牌设计师洞悉流行的深厚功力果然经典隽永、韵味十足。

九、Donna Karan（唐娜·凯伦）

1. 品牌背景

Donna Karan与Calvin Klein和Ralph Lauren并称美国三大设计师。她创立了以她自己名字命名的高级时装品牌——Donna Karan；还为她年轻的女儿创立了一个二线品牌DKNY，这是一个轻松舒适，为时尚青年一代设计的品牌，其流行性和知名度甚至超过了其正牌。

Donna Karan从小就在纽约服装圈的熏陶下长大，高中毕业之后，即进入以设计闻名的纽约帕森斯时装设计学院研修设计。学习期间，多次到著名的服装公司实习，学到了许多服装制作技能和设计方法，并在服装设计领域崭露头角。后到安克莱公司担任安克莱的助手，在安克莱女士去世后，接过总设计师的担子，以她在服装界独立闯荡的经验和坚韧的决心开始重创事业。

2. 品牌风格综述

Donna Karan 出生于纽约长岛，对纽约这个世界大都会有着一份特殊的感悟。在她的商标中，她特地加了纽约(N.Y.)字样，用以宣示她那富于变换的设计中的基本定位——以纽约为代表的都市人设计。她将纽约独立自由的精神融入了设计之中，逐渐演变成流行界中国际都会风格的代表。她的品牌根植于纽约特有的生活模式，她的设计灵感也都源于纽约特有的都市气息、现代节奏和纽约的蓬勃活力。纽约城黑夜的地平线启发了Donna Karan招牌黑色开司米贴身衣裤的创作灵感，20年前Donna Karan秋季服装的第一个系列正是如此，如今仍是主打设计。她的品牌吸引着以纽约为代表的现代都市生活方式的向往者，是最成功的成衣品牌之一。

Donna Karan把一切看似矛盾的素材，巧妙融合成摩登的时装风格，就如时髦都会的知性女性们，始终抵挡不住浑厚、华丽而原始的非洲珠宝搭配着喀什米尔夹克时，显现出的那种不协调诱惑！她的服饰具有可搭配替换性，既适合朝九晚五忙碌的职业妇女，也受到影视明星、豪门贵妇的热心追捧。

图4-9-1

3. 作品分析

Donna Karan的设计一向我行我素，并以生活态度及个人风格为前提。凭借其低调成熟的风格、流畅的剪裁与精到的细节元素，Donna Karan真是叫人心动。2007年春夏系列是一组以旅行为主题的设计，一次惬意的旅行造就了Donna Karan的这个系列，在这组设计中，Donna Karan充分反映了纽约人的穿着风格，线条简洁、舒适，并能展现曲线美感，图4-9-1的这款设计即表现这种感觉。宽松且层叠收腰的随性设计有美式的悠闲感，不花俏的单色系搭配细绳缠绕的性感鞋款及配饰，利落、舒适而淡雅。轻柔飘逸是设计师表现的重点，在面料的取材上，飘逸爽朗的绸纺成为主角，色彩为自然的米色，一派繁华落尽后返朴归真的清雅悠然。腰部、胸部以面料的透叠效果强调曲线表达，牵引了视线的过渡，同时也有色彩上的微妙变化，产生一种品味独特的时髦感！顺裁的纵深V领开过胸线，影影绰绰的锁骨神韵非常。披

图4-9-2

挂式的袖片设计落落大方，松垮的裤身结构多一份轻快和愉悦，整体纱笼风格的设计隐约中透露出些许民俗风情。Donna Karan这一美国本土色彩的纽约品牌，不离美式休闲风，同时变得越来越经典优雅，并且充满了混融巴黎美感的异国情调。

Donna Karan的设计线条流畅且女人味十足，与她钟爱的黑色成为品牌的招牌。她从多姿多彩的纽约夜色吸取灵感，在黑色中融合她对于快节奏大都市生活的理解和感悟，营造出别具朝气与活力的感觉。在2007年秋冬，Donna Karan用独特且拿手的立体剪裁技术，设计了一系列极富质感与层次感的晚装，尽展品牌一贯无拘无束的都会风尚。黑色小洋装对设计师而言是必备作品，在Donna Karan手下，小洋装颇富都市性感。及膝的黑色大袒领连身裙剪裁修身，使淑女能轻易打造出优雅造型。Donna Karan非常擅长在简单的设计中融入精彩细节，观赏性和可穿性兼备。图4-9-2的这款领子的荡褶使整体造型变得更富女人味，肩部的紧身包裹比露肩晚装更优雅含蓄，却不减性感风情。腰带装饰配合修身剪裁，裙身与腰带之间，亚光与光面配合得相得益彰，天鹅绒镶暗银色边的高跟鞋，黑色的头巾，都是低调而又出彩的设计。

十、Jason Wu（吴季刚）

1. 品牌背景

Jason Wu1982年出生于中国台湾富庶之家，哥哥是名投资商人。Jason Wu从小爱帮玩偶穿衣打扮，14岁前往东京学习雕塑，16岁就以自由设计师的身份为Integrity玩具公司做设计，17岁成为Integrity玩偶产品的创意总监。曾经在纽约帕森斯时装设计学院接受过专业训练的他，2006年2月，在纽约发布了第一个个人系列，迅速在评论界及买手界获得好评，成为了纽约最出色的年轻设计师之一。2008年，荣获了权威的 CFDA/Vogue 时尚基金会颁发的时尚大奖和时尚国际集团的"新星奖"。2009年1月20日，美国第一夫人米歇尔·奥巴马穿着Jason Wu的单肩白色礼服裙在总统就职仪式上跳舞，这一全球最轰动的时尚事件为Jason Wu赚足了眼球并确立了他在时尚界的地位。

2.品牌风格综述

Jason Wu虽然具有中国血统，但他的设计思路却并未受此限制，"今天的时尚几乎没有国家的界限，因此世界性的时装语言是我一直追求的"。Jason Wu一直致力于设计传统、得体的服装，他的设计有着鲜明的新古典主义风格倾向。Jason Wu一直尊崇女人应该保持完美的精致与时尚，致力于重现服饰艺术和完美——同时保持年轻自在的内在精神。他喜欢将摩登时尚的晚装与定制时装相结合，皆在颠覆传统的同时又要表达出一种浪漫风情。他的女装色彩丰富、追求完美、精雕细琢，"优雅，精致，宛若淑女，如同来自另一个年代"是人们对Jason Wu女装的评价。Bergdorf Goodman百货的副总裁 Linda Fargo曾赞扬他说："我很欣喜地看到一位年轻设计师没有用解构的方式定义现代时尚，而是用一种遵循传统的方式表达他的主张。"

3.作品分析

当2009年米歇尔·奥巴马在总统的就职仪式上穿着了Jason Wu设计的单肩裙后，Jason Wu迅速成为时尚媒体瞩目的焦点。2010年春夏，Jason Wu将美式运动风日常休闲的单品，以漂亮而华丽的面料重新整合进行设计，如海军蓝色的斜纹软呢连帽运动套装、单宁丝质面料的宽松连身裤、花苞裙搭配以彩色施华洛世奇水晶镶成条纹的黑色T恤，当然，Jason Wu擅长的单肩式晚装不可或缺的。图4-10-1这款金色棱纹绸花苞造型晚装秉承Jason Wu一贯的精致和优雅风，胸衣结构传递出一丝性感。Jason Wu放弃传统的披挂或抽褶设计手法，将布料以交缠方式斜向由肩至腰装饰，这一线状结构绕胸分布，并由此衬托出左胸，这区域是视觉的中心。布料在腰侧下垂至小腿肚，自然而舒展。而裙侧的褶裥则为设计的细节补充。

图4-10-1

2014年春夏的作品，Jason Wu认为是"结构设计和舒适安闲之间的对话"，依旧精致却不再只是单一的"名媛感"。20世纪90年代风格是当季流行重点，在Jason Wu的作品中，他为20世纪90年代融入了浪漫主义风格，不特别强调廓型和结构，胸前缠绕、抽褶或披挂，以及裙摆飘逸手法散发着一种酷酷的懒散状态。图4-10-2中这款透视上衣加猎装口袋的设计将浪漫材质与20世纪90年代的夹克元素完美结合。领部稍微立起自然形成一个圆领，结构随性自由。猎装口袋因与透视面料的组合，变得流动、轻柔，毫无生硬之感，系绳控制的腰线柔中藏刚。色彩围绕着灰绿色和隐约的肤色展开，很浅的灰调子亦维系着整体的运动风尚。Jason Wu并没有刻意制造性感，只是将摩登凌厉与温柔优雅的风格在女性的身体中彼此碰撞。飞行员太阳镜、平底凉鞋、大号手袋的搭配十分契合，营造出一种轻松与别致、运动与优雅的和谐。

图4-10-2

十一、Jeremy Scott（杰里米·斯科特）

1. 品牌背景

Jeremy Scott1974年生于密苏里州的堪萨斯城，从小就喜欢穿奇装异服去学校，三个最漂亮女同学是他的打扮对象，其中一位因穿得太过火而被学校遣送回家。1985年从纽约帕森斯时装设计学院毕业后，21岁的Jeremy Scott怀揣美梦赴他心目中的神圣之地——时装之都巴黎试试运气。起初困难重重，他只能以护士服和从跳蚤市场捡回的碎布做材料设计。终于在1997年10月Jeremy Scott首次时装秀正式登场，取名"Rich White Women"。1999年Jeremy Scott被聘为米兰的著名皮革品牌Trussadi做艺术顾问。2000年同名品牌建立。2001年他为Bjork(比约克)设计的一袭白裙被大都会博物馆研究所选中，成为该馆的摇滚时尚展作品。2013年10约，意大利著名品品牌Moschino宣布Jeremy Scott成为该品牌新的创意总监至此Jeremy Scott已崭露头角，他的设计得到广泛的关注和肯定，连Karl Lagerfeld都感慨Jeremy Scott作为一名新锐的后生可畏。

Jeremy Scott并无深厚的背景，但经过努力已成为一位非常有个性的设计师，凭借他那奇思妙想的设计赢得了众人的关注，拥有了一批忠诚的追随者，如艺人比约克、麦当娜、Kylie Minogue(凯莉·米洛)等。

2. 品牌风格综述

如果将美国走创意路线设计师与英国的进行比较，可以发现英国设计师的作品形式感强、手法稀奇古怪、风格多样，共同的是他们思路连续，体现浓烈的前卫街头意念。而美国设计师则将随心所欲，轻松调皮、无所顾虑的自由生活态度也在时装上反映出来。Jeremy Scott比较像是调皮搞怪的、不按常理出牌的代表，即使以优雅古典作为灵感，也会在世故的款式上搭配极为休闲的配件，犹如优雅的正装搭配球鞋、蕾丝上衣搭配牛仔紧身裤。

Jeremy Scott常常以20世纪80年代服装激发设计灵感，并时t常在作品中以夸张的图案、幽默的文字常透出讽刺20世纪80年代的意味。在Jeremy Scott色谱中没有常用和无用之分，他的色彩观以艳丽、刺激、明了著称，无论多么艳丽灿烂的色彩都可在他的设计中体现。他的作品表现出太多的关于情感、思想和社会的思考，子弹、枪、螺旋桨、融化的冰激凌、秀色可餐的快餐、背负弹夹的小猪等都可成为设计题材。Jeremy Scott的设计向来我行我素，看他的秀场犹如在逛时尚街道，让你流连忘返。此外Jeremy Scott的发布会独树一帜，场场具轰动效应，他擅长戏剧化的表现效果，在不经意间，将你沉浸在整个"戏剧舞台"上。

3. 作品分析

一如既往，Jeremy Scott在2006年秋冬为大家呈现了一个非常特别的秀。主题为："Right to Bear Arms"，从图4-11-1的这款衣服上可以轻易看出Scott的自由驰骋的设计思想。整款裙装以汉堡包的形式体现，设计师以写实的手法通过服装语言表现，虽嫌过于具体，然不失诙谐。而且衣服显得十分有趣和独特。跳跃的色彩是Jeremy Scott的标志，明黄、大红、橘色和草绿经设计师的精心布置也不显艳

图4-11-1

图4-11-2

俗。类似碎格拼接而成的图案鲜亮醒目，犹如置身于快餐店。不同材质、不同图案的条状布条拼接在一起，由一块大面积的红色背心将其调和在一起，使模特形象生动活泼，充满活力。

在2007年秋冬的Jeremy Scott品牌秀上，我们感受到了Jeremy Scott这个年轻的鬼才设计师带给我们的震撼，果真噱头十足。20个世纪中期的世界音乐，模特们色彩斑斓的彩妆，造型独特的梳发，Jeremy Scott的场场发布会都出奇制胜。2007年秋冬系列设计没有"大龙凤"的舞台效果，纯粹以衣衫设计取胜。Jeremy Scott新系列以太空与音乐为主题，长发女模

的头顶都是筷子姊妹花式的超级高髻，身上穿的衣裙，以平面印花及立体装饰，展示出巨型收音机、吉他、拉丁舞步、黑胶唱片、音符、星球及飞碟等趣味元素，加上耀目的色彩配搭，极尽缤纷抢眼。图4-11-2的这款设计款式简洁，没有特别的结构处理，但奇妙的印花让人过目不忘，钢琴键盘、音符、网球拍等图形经设计师的重新加工演绎出新时尚，工整的印花图案，带着未来时空无限的想象。奇形怪状的超大装饰似救生圈，吸引着人们的眼球。高耸的发髻恰到好处地配合着服装的怪异风格。整款设计表现出Jeremy Scott的幽默和调皮，在惊喜之余充满回味。

十二、Marc Jacobs（马克·雅克布斯）

1. 品牌背景

1963年出生于纽约，并在纽约土生土长的Marc Jacobs，还是孩提之时便从祖母那学会了编织手艺。17岁第一次来到巴黎，做了一个月的短期游学，对法国巴黎和时装产生的热情使这个男孩子终于在这条路上越走越远，最后到达了现在的高度。20世纪70年代，这个感性的大男孩热衷于出入哈拉俱乐部，喜欢漂亮女孩，也喜欢纽约洋娃娃。他的欣赏口味非常特别，这也影响到他后来的设计风格。

1981年高中毕业后，Marc Jacobs进入纽约著名的帕森斯时装设计学院攻读时装设计，在学期间获得了多项奖项，初显设计才华，赢得"神童"美誉，从此正式晋身时装界。1986年得到赞助支持，首次推出以个人名字 Marc Jacobs命名的品牌系列，1987年夺得美国时装界最高荣誉"美国时装设计师协会最佳设计新秀奖"。后又得到国际头号奢侈品集团LVMH的赏识，于1997年被委任为 LV 的艺术总监。2007年秋冬，Marc Jacobs又创建了针对年轻消费者的副线品牌Marc by Marc Jacobs。

2. 品牌风格综述

Marc Jacobs一向被冠以时尚界的另类分子，是"时尚简约主义"的代表，设计理念大胆自由且创意无穷，"稍微离经叛道"，却总能设计出时尚人士最想穿到的时装。自从让模特们穿着军靴和花裙走上T台之后，Marc Jacobs就被美国Women's Wear Daily的编辑冠上了颓废古怪的称号。无论是2005年春夏季的"像是去到游乐园般嬉戏般"的玩耍风格，

还是玩了数季的复古风，他设计的服装绝对不入正统主流，却十分昂贵，给予穿着者年轻的、隐匿的豪华感觉，十分迎合消费者心理。Marc Jacobs喜欢长长的裙子或直脚裤和无跟鞋的搭配，随着随意走动，能映衬出Marc Jacobs所倡导的迷人中性风貌，一种女性的柔和和男性的坚强交融的混合气质。

3. 作品分析

在2007年春夏，Marc Jacobs结合17世纪德国作曲家Pachelbel（帕卡贝尔）的卡农以及极简音乐大师Brian Eno（布莱恩·埃诺）的影像，以油漆粉刷出草绿色伸展台走道，营造了一个春意盎然的乡村风貌的舞台背景，这种隐约散发神秘气息的美，深深地令大家着迷于Marc Jacobs难以形容的设计魅力。Marc Jacobs又回到他最擅长做的设计：涵盖多重元素的颓废造型和垃圾摇滚风貌。有光泽的薄纱衬衫，对比着收腰短夹克，露出足踝的宽松郁金香花型泡裤，看起来有着说不出来的突兀与怪异，这些风格鲜明的单品出色地表现出设计师天马行空的设计风格和"怎么混搭怎么配都行"的精神。Marc Jacobs依然钟情玩味复古趣味的设计，并将20世纪60年代甜美元素作了些微妙变化：发带上的金色花饰，大版本的蝴蝶结，短装的抽褶大翻领等。乳白色、水蓝色的浅色调与金色相互搭配，表现出轻盈、友善、和平与丰富（图4-12-1）。

2007年秋冬，Marc Jacobs再度以精准的标题"Girl with a Monogram Handbag"来诠释所有

图4-12-1

图4-12-2

作品，品牌形象广告代言女星、丰腴娇嫩的Scarlett Johansson（斯嘉丽·约翰逊）是所有概念的主角，她主演的电影《戴珍珠耳环的少女》以及荷兰17世纪的神秘画家Vermeer（维梅尔）的同名画作剧情一并成为新季节的灵感。在系列中有很多整体的、非常女性优雅的设计，但是这些都是很容易拆开来，成为有趣的单品，能和衣橱里面的衣物来做搭配。Jacobs提出的创意是优雅浪漫的线条，强调的是他一向主张的层次穿着态度，不论是毛衣、及膝窄裙、后长前短的上衣、窄裤或外套，细看每一件都是混搭性强的单品。如4-12-2这款设计中，优美古雅的黑色长针织套衫做成前开口，露出里面的带有光泽的直筒长裙和方形金属扣环皮带，形成款式和色彩的强烈对比。大大的交织字母提包、散发皮革天然亮度的长靴是重点配饰。裙摆上的流苏装饰线分明是浪漫随意的写照，与套衫的前开口直线、微露的白色衬衫袖口，构成多样化的利落线条，以此勾勒出秋冬的鲜明轮廓：成熟、精致和时髦。

十三、Michael Kors(迈克尔·科尔斯)

1. 品牌背景

大多知名设计师都在孩提时代与时装有过不寻常的接触，或感悟体验，或耳濡目染，美国设计师Michael Kors则是作为《Vogue》的小读者而受到熏陶。当年《Vogue》上一张超级名模Lisa Taylor（利萨·泰勒）的照片，她驾着快车，身穿休闲时髦的针织毛衫，栗色的头发在风中飘荡，散发着无限的优雅和青春气息，完全不像欧洲那些被奇奇怪怪的服装包裹起来的洋娃娃女人，Michael Kors被那种动感、典型的美国味道、兼有的性感所吸引。如今这些形容词正是Michael Kors设计风格的写照，无论他为Celine还是Michael Kors为自己同名品牌做的设计，都能找到那种独特的美式风格。

1959年Michael Kors出生在纽约长岛的一个富裕家庭，小时候同妈妈一起经常外出购物中他发现了自己对服装的热爱。10岁的时候，Michael Kors便在地下室的专卖店"Iron Butterfly"开始出售自制的印花T恤衫和皮背心。1977年求学于纽约时装学院，学习期间于1977年至1978年在著名的Lothar's（洛塔尔）精品店从事销售工作。22岁那年为自创同名品牌发布首次个人系列作品，受到Bergdorf Goodman等高档精品店的青睐。1990年创建Kors系列和男装系列。Michael Kors最擅长设计实际而又奢华的作品，他将20世纪70年代最好的休闲服装和明星魅力以幽默的方式融合起来，达到了嬉皮的新巅峰，这些顺应潮流的设计给他带来无数的注目，不久他就扩张到男装上，同时吸引了法国奢侈品集团的注意，1997年时装业巨头LVMH老板

Bernard Arnault作出了Celine走高雅年轻化路线，遂聘请Michael Kors出任Celine设计总监。1999年Michael Kors获美国时装设计师协会颁发的年度女装设计师大奖。2004年退出Celine，返回纽约继续经营自己的品牌。

2. 品牌风格综述

Michael Kors如同Donna Karan都追求简约风格设计，并从男装中汲取灵感。Michael Kors特别钟情于20世纪80年代后期和90年代初期具动感的体形，因此在简约明朗设计风格隐隐地透出运动气息，他的服装体现的正是美式的简约运动休闲风格。虽然Michael Kors也有图案面料的表现，但他更青睐中性色彩，并注重面料独一无二性，以此提高品质，营造奢华的感觉。如他喜爱运用高级面料缝制带运动感服装，开司米针织款式也是他的拿手好戏。他那清新且充满幻想力的时装系列俏丽光鲜，即便休闲服也选用名贵面料，这已成为Michael Kors品牌的招牌。此外他的夹克、裤装也是名媛淑女们的最爱。

3. 作品分析

Michael Kors对风格的把握成熟老到，早期他为Celine的设计定位在女性放纵奢华的表现，而Michael Kors自己品牌则力求简洁，具可穿性。在2007春夏时装秀中，Michael Kors展示的是一组轻盈的舞蹈风格服装。图4-13-1的这款不对称、斜露肩的蝙蝠袖大套衫线条简洁，一字领和延长的肩线

图4-13-1

图4-13-2

与紧身包裙构成倒三角造型，随意的露肩和窄裙的侧抽带改变整体的视觉效果，恰当地表现优雅的性感。色彩上没有花俏的色彩组合，纯度较低与裸肤色接近的驼色贯穿于服装和夹包，不同的材质形成略微的色彩变化，其中蕴含着浓厚的都市熟女沉着稳健风格。羊毛的针织面料因宽松设计而显出舞动感，光面弹性面料将时髦潇洒的轮廓尽情表达。在细节方面，Michael Kors带子的安排颇具特色，肩部的细吊带、裙侧的宽边抽带都集中在左侧，将视觉焦点引到一侧，把现代感和利落的气质表现得淋漓尽致。

运动休闲是Michael Kors一贯提倡的，2007年秋冬季擅长运动感的设计师推出了具明朗性感的美式运

动风。图4-13-2的这款设计柔软的灰色是主角，短袖的上装、褶裙、内衬的针织衫和帽子都是一律灰色，只是深浅不同。一根同质精良的腰带是塑造身形的最好道具，纯粹中演绎着不事张扬的上流优雅，传达出惬意的优质生活。腰带系在较高的位置，与超短的宽褶裙一起提升视觉重心。Michael Kors在设计中融入许多运动休闲的元素，自然的小圆肩、收成宽边克夫造型的裙摆、过肘的长编织手套，都透出浓厚的休闲味。擅长运用超级奢华材质的设计师当然不会放过皮草，具爱斯基摩情调的圆顶毛皮帽，兼顾华丽与实用，表现出奢华又具勃勃生机。Michael Kors很好地掌握住了其中的平衡点，整体高贵的同时又不失运动感。

十四、Narciso Rodriguez（纳西索·罗德里格斯）

1. 品牌背景

拥有部分古巴血统的Narciso Rodriguez，1961年出生于美国的纽泽西，1982年毕业于纽约帕森斯时装设计学院，毕业后的首份工作是进入Anne Klein品牌公司，随当时的主设计师Donna Karan工作，在那里学会了"从头到脚进行包装"的设计哲学，同时在时装剪裁技艺上达到目的精准拿捏的水准。6年后转至Calvin Klein旗下，从事女装设计。1995年赴法国巴黎，任Cerruti（赛露迪）品牌的艺术总监，全面负责其男女装设计。两年后Narciso Rodriguez的首次个人秀1998年春夏设计在米兰上演，一炮而红，不可限量的黑马气势浑然形成。1998年Narciso Rodrigues同名品牌创建。Rodriguez的实力倍受肯定，随即获得VH1设计师协会的Perry Ellis Award奖项，同时以精良皮件闻名的西班牙品牌Loewe邀请其担任全新女装系列之创意总监。2003年Narciso Rodriguez获得"美国年度最佳女装设计师"的称号。

2. 品牌风格综述

受到极简大师Calvin Klein的熏陶，Narciso Rodriguez的设计不可避免在简约风格的方向探索。简单实穿的极简主义在Narciso Rodriguez的设计中占相当重要的分量，简洁又不失优雅、风趣而具奇特感是他的品牌风格。Narciso Rodriguez一直着眼于个人风格上的缔造，而不是亦步亦趋跟随流行的时尚趋势，他所扮演的角色，不仅只是着装上的纯粹提供，更希冀呈现一种全面性的生活形态，包括追求品质上好的面料与近乎完美的剪裁，如他不时传递出的极简但具20世纪80年代风格的建筑风，这正是Narciso Rodriguez设计服装时的切入点。

Narciso Rodriguez的服装不体现众多美国设计师追求的休闲风尚，但素雅而舒服，既非摩登亦非经典。他的设计很合女子的形体和个性，容易穿着同时给了人们很大的想象空间。他曾说过要使女性美丽动人，让服装更贴近她的肌肤。就如同他一贯秉持的设计哲学，即使他在服装中增加了些许的装饰，但整体来看依然是相当流畅，现代感十足。他柔美性感的优雅设计、细致的裁剪、精巧的细节、一丝不苟的品质获得时尚媒体的肯定和世界各地女性的拥戴，Narciso Rodriguez已成为美国新一代设计师的象征。

3. 作品分析

Narciso Rodriguez一直追寻经典与摩登的平衡，追求一种纯粹，在2006年秋冬的设计中，他用白色和黑色来诠释他的设计思想。令人耳目一新的连衣裙，由黑白色块和线条组合，极具装饰风格，同时表现了纯粹色调下的清新简约风。多片的分割仿佛一幅意境深远的抽象画，精准的剪裁，使图4-14-1这款裙装有强烈的雕塑感。线条的安排自然区分出领片、肩片和胸片，前开衩的设计使黑白巧妙分出左右片，黑色的腰带更是浑然天成，这也是欧洲雕塑风与美国风格融合的最佳表现。Narciso Rodriguez强调手工和细节装饰，这款工艺考究的裙装设计证明了他对剪裁和结构的出色把握，也正是设计师精致奢华设计理念的表现。

图4-14-1

图4-14-2

Narciso Rodriguez 2014年春夏设计突破以往的习惯思维，那就是全新的比例运用，Narciso Rodriguez将下摆提至了大腿中部（有时甚至更高），他将这种"半裙"称为某种混合体。整体上设计师继续其一贯的简约路线，但每件单品在色彩和面料的拼接组合极为新奇和巧妙。图图4-14-2中一件无袖外套由白色织锦和透明薄纱组合，短裙是黑色绉纱，重点在于没有一点看上去是多余的；斜向、三角形、横向的图形组合很丰富，远远地望上去，感觉好像是透明纱斜着覆盖在上装和裙子上，视觉观赏效果极好，这样制成的服装也着实雍容华贵。Narciso Rodriguez一直注重剪裁，这一款分割清晰又颇具几何美感，在结构上有更多细节处理，胸、腰、袖身分割线处理曲直相间，工艺独特，所带来的大小比例完美而有节奏感，设计师意欲塑造出率性、优雅、迷人的都会形象。色彩方面，设计师以质料所体现出的不同黑和白谱写一曲丰富而和谐的色彩乐章。

十五、Oscar de la Renta(奥斯卡·德·拉伦塔)

1. 品牌背景

Oscar de la Renta（以下简称Renta）1932年出生于中美洲的多米尼加共和国，18岁时远赴西班牙马德里学习绘画，但学习期间迷上了时装设计，他尝试将设计草图寄给Christobal Balenciaga公司，不久即获得做大师Balenciaga助手的工作，后又到巴黎在Lavin公司担任设计助理。1963年到美国的Elizabeth Arden公司从事设计，两年后创立自己的同名品牌Oscar de la Renta，成为美国当时的时尚标杆，他的设计一改美国服装的牛仔、休闲风貌，注入优美、典雅气氛，如今Renta经营的时尚品类包括男装、女装、香水和各类装饰品。20世纪90年代，Renta与CK、DK、Ralph Lauren等并称为美国十大设计师。Renta曾获得时尚界的多项大奖，1990年获得CFDA终身成就奖，2000年获得CFDA女装设计奖。

2. 品牌风格综述

在礼服设计领域，Renta因其设计高雅脱俗、制作美轮美奂、用料名贵考究而闻名于世，被评论界誉为"最佳的晚礼服系列"。Renta的设计区别于当今走前卫路线的新锐设计师，他设计的晚装突出了传统审美情趣，以优美的曲线结构、和谐的比例分配、起伏的节奏变化而赢得众多王室贵族和社交名媛的追捧和欢迎。

Renta的设计华丽、精致、典雅，虽然有点老气，但这是他设计的精髓，是吸引众多社交名流关注点。Renta的时装设计常伴随着艺术气息，这可能源于他早期的绘画学习，如2008年秋冬设计灵感来源于奥地利画家克里姆特画作的设计。Renta对材质的要求较高，如华丽皮草、人字呢、法兰绒、粗尾羊羊绒、反光的薄纱、透明的雪纺、光亮感的面料织物等，此外在女装设计中也大量运用金银色绣花、水晶等装饰，以体现奢华感。他深谙女性的需要，总能够创造出时装经典。在品牌亦奢亦简风格下，高贵脱俗、气质非凡的穿着效果使服装受众者很多，Renta说："我的顾客里，既有20岁的模特，也有年届百岁的女性，她们都充满了惊人的活力和热情。"这位设计师不愿意根据女性的年龄来划分她们的着装，他的服装也因此受到了各阶层女性的青睐。

3. 作品分析

Renta十分了解他的顾客群，在他的设计中，经典、优雅、高贵是永恒的主题，这也是名媛淑女们不可或缺的服装。2006年秋冬系列中，奢华的大衣、毛皮的围巾、绞花的针织衫是Oscar de la Renta品牌系列主角，晚礼服一如既往地美丽、华贵。图4-15-1这款贴身剪裁的红色鱼尾裙晚装，精致典雅，大气稳重的铁锈红主色上有晕染的处理。颇具异域风格的印花斑驳迷离，鱼尾裙上如荷叶边的裙裾动态十足，有轻盈的空气感，行走间流淌出优雅的气质。短小精悍的针织短外套拼缀毛绒线球，大翻领的设计细腻温和，黑色与红色的色块对比，设计师把握得恰到好处。华丽的丝绸面料加上高超的立体裁剪，勾勒出凹凸有致的曲线。两种女性化面料的组合，于

图4-15-1　　　　　　　　　　　　　　　　　　　　　　　　　图4-15-2

细微处显出设计师的妙思精工，悠悠传递出女性的性感，凸显高贵与时尚。

　　就像是电影般完美精彩，Renta在2007年纽约秋冬时装展上，从头至尾、无论是白天的服装还是夜间的礼服，都极尽奢华动人，如镶上亮丽夺目水晶的刺绣碎格子印花紧身上衣、层叠的粗花呢外套、搭配厚实皮草制成的飞行帽、带有光泽感的貂毛披肩晚礼服等。图4-15-2这款长露肩礼服作品同样是Renta

奢华风格写照，展现出喜爱Renta的信徒们渴望的衣着轮廓：极简派艺术+高腰纱笼礼服+深 V领剪裁，融合成公主般梦幻情调。设计师将颈部和胸前成为设计的焦点，精致的V领上缠绕编织，加上璀璨夺目的水晶点缀，华美至极，令人赞叹。抹胸设计抬高了腰线，透出帝政风尚。覆着深灰色薄纱长裙自上而下层层叠叠，互为映衬。Renta以老练的设计技巧传递出恬淡的雅致，也诠释出他所尊崇的传统时装美学。

十六、Peter Som（邓志明）

1. 品牌背景

Peter Som生长于旧金山，他的父母都是早年由香港移民至美国的建筑设计师。第一次梦想当设计师是在五年级时，他迅速翻阅着女性杂志，并画着自己设计的草图。为了追求梦想，他进入康涅狄格学院（Connecticut College）修读艺术和艺术史，然后在著名的纽约帕森斯时装设计学院系统学习设计技巧。由于在两位著名美式风格设计师Calvin Klein和Michael Kors手下做实习生，因此获得了学校颁发的金顶针奖。离开学校后，Peter Som的第一份工作是在老牌设计师Bill Blass下做设计助手，在那里呆了一年半。后曾有一段时间替Emanuel Ungaro作设计。这些为他建立自己的品牌奠定了基础。1997年他第一个设计系列推出，作为一个冉冉升起的设计新锐，Peter Som得到了美国时装设计师协会奖学金项目，随后被提名为CFDA的Perry Ellis奖的候选人。1999年，Peter Som正式推出同名服装品牌。至此，Peter Som已在时装界奠定了地位，他的设计频繁出现在《Elle》《Glamour》《WWD》《Vogue》等杂志报刊中，而且总是处在受推崇的行列。他的新作更在电视剧《欲望都市》和Elsa Klensch（埃尔莎·克伦斯克）的《CNN风格》中亮相。30岁出头的Peter Som已得到时装界的关注，2004年，被纽约《时代》评为"当今最佳年轻设计师之一"。2008秋冬，Peter首次为美国经典品牌Bill Blass操刀，他设计的系列成为纽约时装周的亮点。华裔设计师的整体崛起是迟早的事，但因为Peter Som的走红，这一天或许会大踏步地提前到来。

2. 品牌风格综述

性感、奢华从来都是繁复的代名词，而能用简洁的语言来充分表达并做到几近完美毫无疑问应属美国年轻的华裔设计师Peter Som。的确最简单的东西是最难设计的，而Peter Som所选择的这一设计风格应该算是比较另类的。从其系列作品来看，Peter Som的设计带有美式休闲简洁风格，这也是媒体给他的评价。但Peter Som想创造出对立的两面：虽然简洁，但也穿插着浪漫风韵，如大量的鸡尾裙、不规则裙边的印花裙的设计。正如Peter Som所说："我想要呈现的是一种简化的奢华质感，但并非极简派艺术。"他认为自己的风格是性感、简洁而带有流线型，具有女性特质，也强调服装的实用性与趣味性。由于受过美式运动风格设计师Michael Kors的熏陶，Peter Som的设计颇具运动感，而这恰好平衡了在细节上过于讲究的女性化和奢华感。

Peter Som喜爱在纽约或巴黎的日常生活的人们中寻找灵感，他对设计时装充满了乐趣，并从设计具有妇女特质和性感，同时又显示妇女重要性的现代时装的挑战中得到满足。作为一名新一代的"华裔"——这样一个在欧美人种占优势地位时尚圈里看来有点另类的身份，Peter Som并不刻意追求中国传统元素的运用，而是在作品中以隐藏在作品中的红色或传统纹样来显示他对中国传统的赞美和对东方文化的致敬。

3. 作品分析

Peter Som擅长优雅的小礼服设计，从他设计的2006年秋冬系列女装中可嗅出他所推崇的复古典

图4-16-1

图4-16-2

雅气息。如图4-16-1，这款适合宴会的连身裙款式上半身合体收腰，自腰线处张开，款型带强烈的浪漫情调。整款从胸线至下摆处层次分明，张弛有度，展露了女性流线型的美感。设计师以不过膝的灯笼造型裙摆处理随意自然，并彰显出新颖独特的造型。用具反光效果的鸽子灰塔夫绸料制成的灯笼裙颇具华丽感，设计师别出心裁地以黑纱与细肩带连成一体，胸部的黑色薄纱更衬出性感娇媚，并使整款更显华贵优雅，同时还略带一点小姑娘似的轻松、悠闲和运动味，这正是设计师坚持的设计倾向——带些懒散感和浪漫风。

在往季作品中，可以发现Peter Som擅于以强调光泽度而非闪亮度的布料运用于礼服设计中，在2007年秋冬女装系列中也不例外。如图4-16-2这款设计同样是小礼服款式，整款无肩带设计，廓型利落舒畅。设计师在简单的款型上，以带复古风格的自然随意捏褶作为主要手段，以疏密变化、方向不同和交互穿插来表现捏褶的不同效果。清淡的灰色主调，以柔软飘逸的材质配合，这一切让Peter Som的时装充满了亲和力。黑色宽腰带既简洁，又将随意的捏褶置于整体之中，体现出设计师的独具匠心，并展现了Peter Som所要表达的简洁的奢华质感。

十七、Ralph Lauren(拉夫·劳伦)

1. 品牌背景

Ralph Lauren1939年出生于纽约布鲁克斯，在服装方面，他很早就展现出过人的天赋，在他还是个中学生的时候，他就曾尝试着将军装与牛仔服结合起来表现个性感受。20世纪60年代在推销领带过程中成功地设计了首批"唤醒时尚的领带"，命名为POLO，这种加大两倍宽度、色泽鲜艳的领带给当时千篇一律的黑色领带以强烈的震撼，也为Ralph Lauren日后的成就奠定了坚实的基础。1968年，Ralph Lauren成立了与自己同名的男装公司，在服装风格上Ralph Lauren倡导简洁舒适的时尚情趣，不论正装还是休闲装，都洋溢着一股富于现代感的高贵气质，非常适合有身份、有地位的男士穿着。20世纪70年代，Ralph Lauren开始进军女装市场，全面继承了"简洁舒适"的风格，采用男式版型，女式剪裁，灵活的搭配和闲逸而又硬朗的内涵，吸引了众多职业女性的目光。80年代初，Ralph Lauren推出了POLO SPORT（POLO运动系列），迎合了热爱运动和提倡健康的美国人口味。1994和1995年又推出了两个年轻的副牌系列——RALPH和POLO JEANS COMPANY，并在这两个系列中通过英气、含蓄、性感等元素的巧妙混合，将爽朗而朝气蓬勃的美国精神全面展现出来。

2. 品牌风格综述

Ralph Lauren的品牌理念源自美国都市文化：舒适而不引人注目，但品质上乘。世界大都会——纽约赋予一直生活在此的Ralph Lauren以别样情调，

每季作品都可发掘出这种韵意。此外RalphLauren在设计中还融合了西部拓荒、印第安文化、昔日好莱坞情怀等美国元素，因此Ralph Lauren被杂志媒体封为最具美国经典代表的设计师。

如提及款式简洁、穿着舒适、体现个性的POLO恤，很多人都会联想到被誉为美国三大服装设计师之一的Ralph Lauren，这是一位强调美国风格——舒服、自由的感觉的设计师。Ralph Lauren设计的POLO恤比传统衬衫少了些拘束，比无领T恤多了几分严谨和个性。这种以马球运动命名的T恤展现出舒适而悠闲的美国上层社会生活——源自美国历史传统，却又贴近生活，传达出高品质而不过度奢华的简洁生活理念。如今，POLO恤已成为Ralph Lauren的代名词。

3. 作品分析

在每一季的时装中，我们都能感受到Ralph Lauren浓浓的"美国味"——简洁、都市感、休闲味和可穿性。2006年秋冬Ralph Lauren宣称他的灵感来自于"摩登猎人"的帅气印象，这样的设计主轴，对于常年生活在都会里、且崇尚以徒步远足代替真正狩猎的时尚女性而言，自然非常具有吸引力。图4-17-1展现的是职业女性套装，整体设计以咖啡色调为主，延续一贯的男式版型、女式剪裁结构。高脚西装戗驳宽领给人硬朗感觉，合体的西式短装配长裤点出中性味道，配合女性化的蕾丝形成了强烈对比。内衣结构上，高领绣花透明薄纱与绸缎低胸内衣互为映衬，同时又具高贵

图4-17-1

图4-17-2

感。在细节方面，添加了许多女性化的元素：外套线条强调窄腰曲线，全蕾丝的手套突出妖媚，合身裁剪的裤装强化女性独有的丰腴性感魅力。

　　Ralph Lauren秉承品牌不随波逐流的态度，创作每个系列，就如一幕幕电影的诞生，创作者便是说故事的人，来自不同季度里的不同作品，都有其鲜明个性。2007年春夏系列设计立意为优雅赋予新定义，以其独特风格延续品牌的优雅姿态。灵感来自英式皇家狩猎盛会装扮、以及大英帝国昔日的北非与印度殖民风格，作品表达出独特的都会休闲风。面料以上乘的质料为主，如柔软的手织面料及金属色系的呢绒等，倍添贵族气度，加上绝不掉以轻心的结构性剪裁，以线条道尽女性美态。图4-17-2，黑白细条纹的马甲背心外罩在男式剪裁白色线条衬衫外，下搭宽口纯白运动裤，清新可人而兼有中性感。端庄典雅的马甲剪裁兼具男装版型，以细腰设计突出女性的曲线。整体色调以黑白灰为主，黑马甲、白领白袖口、白裤，加上宽檐绅士帽黑白两色配合，变化的是灰色条纹的粗细和深浅，白色占到较大面积，有夏季明快的节奏感。Ralph Lauren在这黑白灰基调中，仍然幻化出迷人的女性风采。

十八、Rick Owens（里克·欧文斯）

1. 品牌背景

Rick Owens 1961年出生于美国加州的一个小镇Porterville（波特维尔），在帕森斯时装艺术学院学习绘画，离开学校两年后将兴趣移至时装设计。Rick Owens没有进入专门的时装院校学习，而是选择一所贸易学校攻读纸样裁剪技术，并在一家企业从事纸样工作长达6年。1994年创建了同名品牌，并于2002开始在纽约时装周中亮相，这一由美国《Vogue》赞助的设计一推出便引起许多时尚评论家的赞赏，包括麦当娜在内的许多明星都成为了他的客户，Rick Owens获得同年CFDA大奖中专为表扬新锐设计师的Perry Ellis奖。随后在2003年辗转至巴黎推出春夏新装中，Rick Owens延续他一贯的设计风格，以不对称剪裁，配合简约低调的色彩，将他偏爱的WABI SABI（WABI指的是用天然质朴的素材表现出别具风味的意境，而SABI则是充满禅意与冥想的古典情境）日式唯美主义的东西方融合穿衣哲学。

2. 品牌风格综述

Rick Owens是一位新世纪崛起的设计新星，他的设计以20世纪90年代的街头亚文化为启迪，追求一种反传统审美的设计路线，创造出看似都会简约却不失年轻朝气的新时代风格。

Rick Owens设计的服装深或黑色占大部分，作品充满了前卫时尚的街头文化，同时也流露出东方日式禅意韵味。Rick Owens的设计带有浓浓的后现代痕迹，朋克感强烈的重金属元素、带破坏性的剪裁和后现代风格的摇滚解构手法，Rick Owens将自己的设计归纳为"Glunge"——一种混融了Glamour（魅惑）和Grunge（流行于20世纪80年代末90年代初的后朋克文化）的风格。

Rick Owens的设计注重剪裁结构，以布料的悬垂斜裁结合复杂的剪裁技艺，创造出复杂多变的造型，这是Rick Owens最让人赞叹之处，也是他超强的制版能力体现，另一方面是设计师运用解构理论的结果。他将每件作品都视为自己意志的实践，是对服装设计语言的深化和体验。Rick Owens不像有的设计师为搞怪而搞怪，做一些只能观赏而无实用价值的设计，他的每一件单品都具有独特个性与前卫色彩，但具有可穿性（这也是许多美国设计师的设计原则）。

3. 作品分析

2008年春夏设计以轻盈的造型为主，犹如蚕蛹的层层裹缠的裙衫，并结合具有体积感的尝试。这一季铺天盖地是黑白灰的间隔条纹，用斜拉、回旋、羽化或者扩散效果表现，造型有生硬的袖管，烟囱状的领子直接顺着颈项的线条盖过肩胛，呈现生动的茧形外观。在这季系列设计中，Rick Owens将自己对春天的美妙想象赋予给了服装。浅淡灰色调的缤纷色彩与轻柔的面料组合成云朵般的衣衫，像个童话的世界。图4-18-1的这款设计上衣强调领部和肩部线条，哥特风格巨大的V字型领口，以宽条纹做装饰，左右对称式的拼接，配上黑色小领子，刻板呆滞的样子像是从童话故事里跳出的木偶。幸而在几条深色条纹

图4-18-1

图4-18-2

的引导下，飘扬起轻薄的纱裙，层叠的手法让柔软的布料呈现更轻盈的面貌。黑色的底布在薄纱的笼罩下隐隐约约显现。袜口的条纹与服装遥相呼应。略显体积感的上衣在轻盈的下装的加入后带上了几分活泼和精巧。

Rick Owens 2013年秋冬秀充满了浓烈的原始部落风格，Rick Owens 把主题设定为"伤痕累累的战斗英雄主义"，头发卷曲成超大的蒲公英造型的模特们出来之后穿过云层，进入残酷的混凝土碉堡，嘶嚎的背景音乐来自瓦格纳，热情地结合了爱与死这两个概念。设计师展示了他最吸引人的三大标志性作品：大外套、长靴子和长T恤。大衣设计了像和服一样的长袖，靴子是精美细高跟鞋而不是大块头，T恤长到大腿中部，分层结构体现运动风格，其中还有不对称和轻微修剪的边。图图4-18-2中这款呈当季流行的帐篷形，宽松的短外套设计了像和服一样的宽口长袖，领子也是日式的和服领，超长的T恤长到大腿中部，并在边缘作折边处理，搭配其标志性的长靴。Rick Owens 很少尝试装饰性的设计，但在本款中加入了日本风格的结形花饰。在色彩上，以黑色为主，通过白色体恤点缀穿插，与大块面外套、短裙和靴子形成节奏变化。

十九、ThreeAsFour（不三不四）

1. 品牌背景

ThreeAsFour原名AsFour，共有四名成员。在20世纪90年代中叶，来自以色列的Adi（艾迪）在德国的一所时装院校遇见了来自塔吉克斯坦的Ange（安吉），两位女孩后赴纽约发展，并成为了造型师。1997年两人在纽约，与来自德国的Kai（凯）和来自黎巴嫩的Gabi（加比）共同创建了AsFour品牌，Kai曾是模特，而Gabi曾在美国的主流品牌Kate Spade（凯特·斯帕德）做过设计。AsFour的前卫风格设计系列刚推出即在纽约时装周引起高度关注，他们的光碟包甚至出现在风靡全美的电视连续剧《欲望都市》中。2004年对AsFour品牌而言是一痛苦的日子，Kai离开了与其他伙伴创立7年的品牌，如今只剩下三位设计师，他们通过革新和合作创造了ThreeAsFour这一AsFour衍生品牌。

2. 品牌风格综述

美国设计组合ThreeAsFour集合了三位设计师的智慧，它将艺术与服装生动地结合在了一起，以艺术的形式来装点服装。不仅如此，他们还运用精湛的立裁手法裁剪出颇具风格的款式造型。在平面视觉冲击的同时还能感受到服装本身的美，真是一场不容错过的视觉盛宴。

ThreeAsFour设计团队追求原创性、唯一性和无时间性，他们的设计都源于自身对时装的理解和需求。对于ThreeAsFour这一新生品牌，设计师Ange，Adi 和 Gabi不断进行时装的设计思考，完成了时尚和艺术世界的融合，他们带给我们的是奇异的外轮廓

造型、具创意感的裁剪、独创的图形和色彩设计，以及融未来风格和优雅高贵于一体的成衣系列。

3. 作品分析

ThreeAsFour的作品强调视觉冲击力，无论是肌理印花还是几何构成，都给人强烈的视觉刺激，让眼球随着游走的图形不停转动，并被那些神奇的纹样深深吸引。这是ThreeAsFour2007年春夏秀场，在刺眼的地灯别出心裁地照耀下，模特带着几分神秘和未知款款走来，充满科技感的光芒暗示着远方不为人知的无限魅力，这是当时流行的未来主义风格演绎。现代时尚科技在服装上精彩的流入，一种对未知世界的猜测和好奇带领着我们细细品味ThreeAsFour的服装。图4-19-1这款裙装设计异常简洁，没有特设的曲线结构，而设计师将松软的布料随意拿捏使外轮廓自然成型。奇特的剪裁斜向围裹，发散出对外星生物的想象，像是电流般的闪烁刺激着人们的眼球，让人欲探求神秘远方的讯息。抽象的图案和银灰色的运用加强了整体风格的表达。

2008年春夏ThreeAsFour再度以先锋和创意姿态亮相纽约时装周，在诸多设计师开始涉足层叠拼贴之时，设计师用硬纱制成红玫瑰，一朵一簇散落于裙身，春夏的气息随着飘动的花瓣播撒到模特的身前左右。在用色方面，本季ThreeAsFour以红为主调，辅以白、黄和淡紫。图4-19-2的这款不对称裙装充分展示了ThreeAsFour立体裁剪水准。作品延续了品牌标志性的斜向裁剪手法，并进一步翻新了拥有

图4-19-1

图4-19-2

"ThreeAsFour灵魂"之称的硬纱褶边设计。柔软的面料被大胆地层叠于肩、胸处，经巧妙构思和立裁手法，显出万种风情。暗蓝色的单肩一反常态在左肩设置（右肩居多，更具视觉平衡感），流畅的剪裁将衣片分解，并呈不同面积排列，和谐而有序。柔软滑爽的面料在腿根处抽褶戛然收紧，与肩部同方向斜至右腿膝盖上，形成独特的造型，随着模特的走动轻盈舞动。

二十、Tommy Hilfiger(汤米·希尔费格)

1. 品牌背景

Tommy Hilfiger生于1951年的美国纽约，他自幼想成为一名运动员，但因身材矮小，令他未能如愿。在高中毕业后，Tommy Hilfiger没有升读大学。18岁那年，即1969年，他只以150美金为成本，开设了他的第一间时装店，名为"People's Place"。开店初期，店内只有二十条牛仔裤而已。但只在短短六年后，"People's Place"已扩充至有七间分店了。在这段岁月里，Tommy Hilfiger以Jacob Alan之名设计衣服，并在自己的店里售卖。这位年轻才俊于1976年陷入破产，幸好这一摔没有摔破他的斗志。Tommy Hilfiger随即到Jordache担任时装设计的工作，在累积了相当的经验后，他1978年再次成立自己的公司，店址设在了纽约市的繁华街头，并在1984年发表了首个以自己名字命名的时装系列。Tommy Hilfiger最初的时装，还没有形成固定的风格，直到1985年，才推出了真正属于自己的时装品牌"Tommy Hilfiger"男装，并迅速占领了美国市场。

1992年，公司在美国上市，占领了Hilfiger利用筹集得来的资金来扩充业务，再开设数以百计的分店。20世纪90年代，Tommy Hilfiger被视为与Ralph Lauren同一般风格的品牌：同样的以中产白人为目标顾客，同样以中产休闲为品牌风格。那时不少饶舌歌手(rapper)如Snoop Doggy Dog等开始流行穿着特大号尺寸(over-sized)的Tommy Hilfiger衣裤。这意外地为Tommy Hilfiger开拓了年轻人及黑人市场，令Tommy Hilfiger的销量急剧增长。于是，Tommy Hilfiger渐渐设计多些宽身而轻便的衣服，以迎合新顾客对街头时装的渴求。1995年，Tommy Hilfiger的时装天分终受认同，获得美国时装界最高荣耀，成为美国设计师协会的年度最佳男装设计师。至今，Tommy Hilfiger不只在美国流行，更行销全球。1998年获纽约时装设计名校帕森斯时装设计学院颁发的"年度设计师"奖，1995年被美国设计师协会选为最佳男装设计奖。

2. 品牌风格综述

Tommy Hilfiger是美国最受欢迎的时装设计师之一，作为美国中产阶级服饰的典型代表，Tommy Hilfiger的简洁、舒适、运动、阳光的设计，深受世界各地消费者的喜爱。Tommy Hilfiger的衣服看起来就是很简洁、用色鲜明，无论斯文庄重，还是轻松随意都能很好表现，这造就了Tommy Hilfiger有很强的配搭可塑性。"服装应该是利用趣味和创意的方式来表达自我，娱乐个人！我的设计即在反映各种不同形态的人生。"从Hilfiger的这段话语，可以了解到这个充满美式休闲风味的服装品牌，是如何成功地占领了美国青少年的心。

年轻、性感与真实是现代年轻人的追求，凸显个性、讲求自由是当代人的风格，而这正是美国服饰风格的精髓所在，Tommy Hilfiger正是这样一个体现美国时尚文化的经典美国服饰品牌。总体而论，品牌风格崇尚自然、简洁、充满活力，与美国本土的风格特点相符合，受到年轻一代的关爱。由于Tommy

Hilfiger品牌浓郁的美国特色，以及品牌标志与美国国旗的相似，让Tommy Hilfiger品牌在美国公众中，树立了良好的形象。品牌独有红、白、蓝的品牌标志已成为美国崇尚自由精神的象征。

3. 作品分析

经典地优雅是Tommy Hilfiger永恒不变的调子，2007年秋冬系列展现校园预科生的服饰风格。图4-20-1的款式是经典性的设计，简单和随意，为青春气息作出有趣和出其不意的诠释。H型的啡黄方格呢经典外套，简洁的白色衬衫，深蓝色大摆及膝裙搭配可爱的深棕色小圆呢帽，带来一派贵族学生气质，面料名贵而高雅，做工精巧而细致，简洁的线条和剪裁充分演绎出穿戴者的独特个性。

2008年春夏的Tommy Hilfiger以休闲度假为主题，似乎都是为那些向往舒适度假生活的中产阶级准备的，作品展现实穿性并能表现轻松休闲的度假心情的单品，给人一种远离城市的悠闲自在感。系列设计以海军服为灵感的设计融合品牌经典的美式风格，作品融入运动休闲元素，体现出品牌一如既往的时髦潇洒风格，如双排扣海军夹克外套、搭配宽松裤装的丝质翻领衬衫、鞘式连衣裙、无腰线直筒裙、具乡村风貌的条纹裙等。图4-20-2的这款具有海军风情的条纹衫搭配浅色偏襟宽松裙，简洁、大方，是典型的美式格调。为体现一份女性的柔美和设计情调，设计师在领部与袖口处别出心裁地安排了抽褶细节处理。配件方面，黑色皮质腰带以及宽沿草帽反映出Hilfiger所要提倡的随心所欲的放松心境。此外设计师没有遵循常规的面料搭配原则，而是将光柔的丝质和厚实的卡其料相配，具有不一般的感觉。

图4-20-1

图4-20-2

二十一、Vera Wang(王薇薇)

1. 品牌背景

华裔设计师Vera Wang1949年6月27日出生于纽约，早先并没受过正统的设计训练，她对时装的兴趣最初来源于她的母亲,Vera Wang一直把她的"潇洒、富有创造性和文化修养"都归功于母亲，这位老人酷爱穿旗袍，也喜欢伊夫·圣洛朗。小时候，Vera Wang被送入纽约城市芭蕾舞团，还被送去学习花样滑冰。8岁那年，在稿纸上涂抹出了她有生以来的第一件时装设计稿，她幻想着自己穿着图画上的衣服，在冰场上成为众人的聚焦中心。十几岁时，Vera Wang随父母移居到巴黎，母亲经常带她看时装发布会，这对她日后从事时装设计产生了重要的影响。23岁那年，Vera Wang进入了《VOGUE》杂志，成了一名时装编辑，她是《VOGUE》有史以来最年轻的编辑。Vera Wang在美国版《VOGUE》杂志工作16年后，开始她的时装生涯。她先是到世界著名时装品牌Ralph Lauren公司担任品牌配饰与居家服装的设计总监。当Vera Wang准备完婚定制婚纱时，发觉市场上的设计不是传统就是琐碎，她嗅到了商机。于是在1990年，Vera Wang以同名品牌在曼哈顿凯雷饭店开设了第一间门店，专门定做高价位新娘婚纱礼服设计，以现代、简单、尊贵的风格，打破繁复、华丽的传统，逐渐在上流社会打开了知名度。

2. 品牌风格综述

Vera Wang品牌以优雅、富罗曼蒂克的婚纱和礼服为主，尤其是Vera Wang的新娘礼服如今已经成为全球高档新娘礼服的代名词，是女人一生的梦想。

Vera Wang用奢华的面料以及合体的裁剪重新定义了新娘婚纱的风格，用简约的线条取代了以往过于繁复的装饰，时髦而不失于流俗，简约而不过于刻板。Vera Wang认为婚礼是女人一生中最重要的时刻，婚纱是最值得拥有的艺术品，她的设计就是要打造最有魅力的新娘。穿上传统风格的婚礼的新娘就似结婚蛋糕上隆重累赘的小人，而Vera Wang设计的新娘礼服使新娘们如经过精雕细琢的工艺品，美丽动人。Vera Wang的婚纱风格浪漫富且富有童话般的色彩，丛林、小溪、阳光、蓝天，一切可以制造浪漫的事物和场所均是她的创意源泉。如今，Vera Wang已将在礼服设计方面取得的成果和经验运用于成衣女装中同样获得了不凡的结果。

3. 作品分析

被誉为是打造女人一生中最罗曼蒂克画面的高手，不论在定制礼服或是高级成衣领域，Vera Wang都堪称永不出错的安全首选。2007年春夏，Vera Wang以实穿的柔美和精致为主轴，融合了成熟与纯真，依然成功以干净简单的设计，掳获观众。图4-21-1的这款浅褐色礼服裙代表了典型的Vera Wang式设计。闪烁着亮眼却不嚣张的光泽，Vera Wang运用透明的灰薄纱，自上而下的若隐若现中有种不言自明的高贵，让礼服显得华丽无比。在细节上，立体刺绣手法做成的格纹装饰在胸前，高腰结构

图4-21-1

图4-21-2

帐篷状外形，仿如翩然下凡的仙女，展示出优美体态。设计师还玩弄充满文学气息的透明感：经过抓皱处理的半透明纱，内衬淡米色的绸缎，光线呈现细致的流转动态，脚步的荡漾有着风尘仆仆的味道。吊带的设计简约而摩登，选用衬裙同样的颜色和面料，短窄而不起眼。模特的化妆也是清新淡雅，不加装饰修理的长发更是随意，这正是Vera Wang的简约美学。

Vera Wang的内心是个不折不扣的运动爱好者，总是偏爱T恤搭配紧身弹力裤的装扮，2014年春夏，她应景地把这种喜爱带到了秀场上，这一季的作品中包含许多款运动元素单品，如露脐小上衣、短款小外套、薄如蝉翼的连衣裙等。当然，Vera Wang的礼服手法还是随处可见，如紧身裙贴身剪裁与分割、透明薄纱与不透明材质的透叠运用，曼妙的身体曲线若隐若现，十分性感撩人。图4-21-2中这款设计轻松自在，表现出无所拘束的自由情愫。薄纱料吊带衫内衬打底，同质料的超长不对称背心裙外搭，两层都印有似水墨画图案，如行云流水般，蕴藏着速度与活力——依旧不失妩媚动人。款式结构随意自然，自上而下舒展飘逸，并传递出运动的气息。搭配黑纱的低腰超宽松长裤，黑色从下向上，由浓重向装饰过渡。模特的化妆也是干净淡雅，包头装束更突显运动感。

二十二、Vivienne Tam(谭燕玉)

1. 品牌背景

以结合东方传统元素和西方时尚形象的创新意念在时装界不断走红的Vivienne Tam是近年来美国时装界备受追捧的设计师。她出生于广州，成长于香港，就读于香港理工大学时装设计专业。20世纪80年代初移居伦敦，于1982年迁往纽约，并在当地充满刺激和活力的时装界开始发展她的事业。早先在East Wind Code品牌下首次推出系列服装，非常成功，后于1990年开始设计以Vivienne Tam为名的系列作品，并将其发展为时装系列。1995年，推出了极大影响力的"毛"系列，成功实现从时装界向艺术界的跨越。1997年，她又推出了庄严的佛教系列，其中一些图像非常受欢迎，以至于有几十个设计师甚至将这些图像用于他们自己的设计中。这些系列中的一些作品被永久地保存在几家国际性的博物馆里。

感，将之转化成全新的设计，屡屡让人惊艳，令人叫绝。

在设计创作过程中，Vivienne Tam关心她的每个设计，希望能突出每个人的独特性格。她的设计和谐而美丽，能突出个人的个性，且易于与其他服饰搭配，亦能表现自己的风格。Vivienne Tam认识到时装设计必须立足于民族文化的"根脉"，才能在西方设计界获得认可。在多年的设计生涯中，她对中国民族设计艺术的精髓进行了逐步深入的挖掘和了解，用开放兼容的西方式的审美视角对中国优秀的民族设计艺术的技艺、各种元素的精神意蕴在作品中得以淋漓尽致的体现。在她的作品中既有中式的含蓄、温婉和谐美感，又蕴含西式审美的整体节奏平衡，最终得到东西方消费者的认可和青睐。

2. 品牌风格综述

Vivienne Tam虽然成名在纽约，但她的作品极具中国特色，这和她的中国血统、生活经历不无关系。Vivienne Tam始终相信，要坚持民族的，才能成为世界的。在融合中西方文化的香港长大的她一直觉得中国文化博大精深，可是许多传统的东西显得老套，没有时尚的感觉，很难让年轻一代、让不甚了解东方的外国人喜欢。所以，她一直在发掘中国传统文化在现代社会中的闪光点，让更多的西方人接受、喜爱古老的东方文明。她身上同时有着传统与反传统的气质，拥有东西方的视野，并致力于跨文化的交流。她以设计师的创意巧思，大量从东方文化中撷取灵

3. 作品分析

Vivienne Tam对中国文化有深入的研究，她巧妙地将中西文化相融合。如图4-22-1的2006年秋冬系列中，她就从传统的中国纹样、绣花中汲取灵感，创作出有中国古典韵味的洋装。精细手工的刺绣，形象取自荷花淀和牡丹花丛，这些丰富的手绣，使得衣服仿佛成了艺术品。在结构上也加入套袖、滚边这些传统的中国工艺，配合现代感浓烈的毛皮饰领，西式裁剪，将中国工笔画一并转化成服装符号。色彩方面，中国青花瓷的深蓝色与绸缎的藕荷色形成深浅对比，清新亮丽让人着迷不已。中式的直发发型也传达出设计师的东方情调，宛如千金小姐般高贵优雅。

图4-22-1

图4-22-2

　　Vivienne Tam一直在中国元素中寻求灵感，2014年春夏，她将灵感缪斯锁定在被称为东方巴黎的老上海旗袍女郎身上，她从书籍和自己搜集的印花资料中拾取元素，参考中式经典含有比喻的美学意象，并将这些加入本季的设计之中。图4-22-2中的连衣裙是一款亦中亦西完美结合的设计。本季Vivienne Tam将图案作为主打，本款中高密度堆叠的荷花图案就十分出彩，荷花在中国一直是神圣净洁的象征，Vivienne Tam用白色与荷花印花搭配，将西方白色代表的纯洁与中式的圣洁结合在一起，两种文化的融合很有韵味。斜裁的黑色过肩形成变相的中式领，蓝色的纵向镶条将裙子分成一半中式、一半西式氛围。为了突出印花效果，Vivienne Tam简化了服装的廓型，采用了简单的X造型，袖子、裙摆都是中规中矩，可穿性极强。

二十三、Zac Posen(扎克·柏森)

1. 品牌背景

　　1980年Zac Posen出生在纽约布鲁克林，从小就对服装感兴趣的他在4岁的时候就开始勾画一些简单的效果图了。凭借这样的天分与兴趣，16岁他已经在纽约大都会艺术博物馆服装部接受指导，在随后的两年中，使他有机会与时装先驱Dior、Vionnet的原作朝夕相处的机会，耳濡目染的氛围使年纪轻轻的Zac Posen对现代时装史有了深入的了解，这在日后其作品中表现出来，如褶皱、鱼尾造型的裙摆、斜裁手法等。18岁那年，Zac Posen加入了纽约帕森斯时装设计学院的预科班，1999年到伦敦中央圣马丁艺术学院攻读女装设计学士学位，开始接受正规的服装设计教育。在中央圣马丁艺术学院这座神圣的艺术殿堂里，Zac Posen从未停止过自己的社会实践。2000年，当他的同学、美国女明星帕兹·德拉维尔塔穿着Zac Posen所设计的礼服作品在派对上大放异彩时，众人哗然。这件作品随后被《纽约时代》杂志称之为"本年度最佳服装"。而当时的Posen连发布会都未曾举办过，在设计师这个庞大的王国里他根本是个名不见经传的小孩。这些仅仅是他艺术之路的开始。后来Zac Posen争取到了在Tooca（托卡）服装品牌做正式设计助理的机会。这期间，Zac Posen成立了属于自己的公司，创建了以自己名字命名的品牌。他的品牌无论是在设计上还是在运作上都相当成功，以至于他不得不在2001年放弃学业来专心经营他的品牌。2004年他举办的首场时装发布取得了成功，同时也让他获得了美国时装设计师协会成衣奖项，并确立了Zac Posen在时装界的地位。如今，Zac Posen拥有以自己名字命名的品牌，经营范围除了时装，还有手套、梳子、皮包等配饰。

2. 品牌风格综述

　　Zac Posen走的是唯美的设计路线，在设计风格上大肆张扬女性美，特别注意强调20世纪40年代好莱坞的性感夸张风范，既创意十足又深谙女士着装之道。他的设计风格与另一美国著名设计大师Marc Jacobs的设计风格很相似，线条流畅、凹凸有致，Zac Posen的经典连身小洋装即体现这一特点。他的鱼尾造型的裙摆设计及斜裁手法运用既有Vionnet夫人的影响，同时也尽情展现了Zac Posen的独创性。除此之外，尖角领、20世纪20年代的平板款式、带有印花图案细节的雕塑一般的造型、绳带捆绑与不规则图案创意、绸缎面料中表现出了不凡的造型效果等都是他针对品牌而经常运用的。他还摒弃了当下最风靡的女孩子风格，将设计视角选定在成熟的女性身上，使设计带有纽约都市女郎的时髦形象。

3. 作品分析

　　图4-23-1的这款2007年春夏装灵感来自Zac Posen 最钟爱的1930年代风格，薄绸拼接雪纺的上衣，配合泡泡五分袖，袖口装饰洛可可风格的卷皱花边，有着维多利亚时代的繁复奢华感。若隐若现的薄透面料，性感而不失贵气。外套合身丝缎背心，是富有创意的搭配。色彩上，运用淡淡的杏色系与沉稳的

图4-23-1

图4-23-2

中性灰色，营造出都市女郎的风采。造型上，上装篷起外扩的袖子强化了丝缎薄绸的轻飘感，束在风格硬朗的裤装中，系上极细的皮带，像把飞扬的气球牢牢拴住，一松一紧，一柔一刚之间，形成妙不可言的对比设计。

在2007年秋冬成衣发布会上，Zac Posen推出图4-23-2所示的娇俏可人的迷你裙小洋装，紧身剪裁、简约合身的廓型设计令穿着者显得非常高挑，完美地构建着设计师独有的清新时尚观。整款以褶皱作元素进行变奏，胸前和下身均有大面积的褶皱。灵活律动的荷叶立体剪裁再现了20世纪40年代的优雅气质，女人味十足。精致繁复的皱褶，类似解剖学概念的裁剪结构是Zac Posen的拿手好戏！他采用了弧线结构，巧妙的分割线以扇形的裁片增添服装的柔美气息。色彩是柔和暗哑的银色，这再次点出设计师的现代都市风格的考虑。

二十四、Zero Maria Cornejo（哲洛·玛利亚·科奈约）

1. 品牌背景

Maria Cornejo，出生于智利、生长在伦敦，在纽约发展自己的时装事业。将商店取名为Zero（零），并非因为店里陈列的服装异常简洁，也非因为店外充满原生态特色的混凝土建筑本身，而是对Maria Cornejo来说，这是一个时装老兵的新路程。早在20世纪80年代，当Maria Cornejo20岁的时候，就与当时的男友，现已是名设计师的John Richmond一起创立了Richmond/Cornejo品牌，并且迅即获得了成功，当时他俩是媒体的宠儿。

不幸的是，Maria Cornejo26岁的时候，两人的合作结束，同时也解除了他们的工作关系和私人关系。1988年Maria Cornejo搬到了巴黎继续自己的服装设计，建立了同名服装品牌，同时为一些大公司打工，这些经历锻炼了她的商业才能和市场经验。经过了十几年的高级打工生涯之后，2005年Maria Cornejo在纽约重新开设了自己的专卖店。事实证明这是一个非常明智的决定，"零"在短短的一段时间里迅速建立起忠实的客户群，包括各类社会名流、顶尖模特和那些热衷追赶时尚的人们。

2. 品牌风格综述

作为一个年轻的美国时尚品牌，Maria Cornejo的设计整体简洁大方，细节精密细致，Zero的服装简单实用，但能穿出非常特别的感觉。作为设计师，Maria Cornejo的设计流露出美国式的简约倾向，其独特、简约的设计风格赢得了众多女性的青睐，总在不经意间带给人们惊喜。

3. 作品分析

没有繁复的装饰、没有层叠的结构，Maria Cornejo以其特有的干净利索风格清爽上阵，Maria Cornejo的服装始终贯穿着简洁大方的设计理念。在2006年秋冬系列设计中，Maria Cornejo尝试以黑白灰为主调。图4-24-1中，设计师以大块黑色为主色，辅以白色相间，黑白强烈的对比摄人眼球，一下将人们的视线锁定在服装上。Maria Cornejo运用其娴熟的设计技巧，通过巧妙搭配，塑造出一个新时代的女性形象。在具体细节上，她在内衣安排了古朴的棉质抽褶小立领衬衫，随意自然的褶皱在整款设计中很夺目。外配黑色连帽紧身针织衫，让人联想到教堂里的修女形象，烘托出浓浓的怀旧气氛。紧身裤袜配以长统靴，没有过多的修饰，简洁流畅，一下子让人嗅出了现代时尚气息。袖口外露的白色克夫，与领口处的白色相呼应，使黑白色调在服装整体穿插中自然和谐，并打破了沉闷的黑色带给人们的压抑，通过黑白强对比使服装更加突出，低调含蓄却又夺人眼球。

好的面料、好的裁剪、即使没有华丽的设计元素，也能够营造出简洁、独特的服饰风格。如图4-24-2为Maria Cornejo 2007年秋冬系列作品，整款设计简洁大方，设计以紫色为主调，以纯度稍低的紫色与淡雅的紫色相搭配。作品外形较特别，下落的肩线、前后相连的X字拼接使整款服装组成了O字造型，作品具有强烈的形式美感。细长的边缘装饰，使大面积拼色的整款设计显得更加精致和有内涵。黑裤袜配黑色短靴，相当干练，也更衬出连衣裙紫色的高

图4-24-1   图4-24-2

雅。Maria Cornejo简洁大方的设计打造出轻快、流
畅的设计印象，为女孩儿们创造出属于他们的单纯，
并表达她们细腻的心思。

本章小结：

　　纽约时装代表着一种实用主义倾向，与追求创意的伦敦设计师形成极端对应，纽约设计师更加注重消费者的口味和市场的反应，所以简约之风在纽约盛行就不足为怪。在具体设计中，设计师更关注人与服装的关系和穿着效果，而不是夸张的外在廓型、惊人的色彩对比和哗众取宠的细节，这就是纽约时装的设计特点。

思考题：

　　1. 分析纽约设计师的设计风格和特点，试以具体设计师作品作说明。

　　2. 分析纽约与其他时装之都在设计风格和构思上的异同性。

　　3. 分析Marc Jacobs的设计特点和内在风格。

　　4. 分析几位华裔设计师的设计特点和内在风格。

练习题：

　　1. 选取Anna Sui一款作品进行模仿，体验设计师的设计理念和设计内涵。

　　2. 选取Zac Posen一款作品进行模仿，体验设计师的设计理念和设计内涵。

　　3. 模仿Calvin Klein的设计风格，在此基础上进行再设计并制作一款服装。

　　4. 模仿Rick Owens的设计风格，在此基础上进行再设计并制作一款服装。